깊은 시간으로부터

깊은 시간으로부터

발아래에 새겨진 수백만 년에 대하여

NOTES FROM DEEP TIME

헬렌 고든 | 김정은 옮김

까치

NOTES FROM DEEP TIME : A Journey Through Our Past and Future Worlds

by Helen Gordon

옮긴이 김정은(金廷垠)
성신여자대학교에서 생물학을 전공했고, 뜻있는 번역가들이 모여 전 세계의 좋은 작품을 소개하고 기획 번역하는 펍헙 번역 그룹에서 전문 번역가로 활동하고 있다. 옮긴 책으로는 『부서진 우울의 말들』, 『이토록 놀라운 동물의 언어』, 『유연한 사고의 힘』, 『바람의 자연사』, 『바이털 퀘스천』, 『진화의 산증인, 화석 25』, 『미토콘드리아』, 『세상의 비밀을 밝힌 위대한 실험』, 『신은 수학자인가?』, 『생명의 도약』, 『감각의 여행』 등이 있다.

편집, 교정_김미현(金美炫)

깊은 시간으로부터 : 발아래에 새겨진 수백만 년에 대하여

저자 / 헬렌 고든
역자 / 김정은
발행처 / 까치글방
발행인 / 박후영
주소 / 서울시 용산구 서빙고로 67, 파크타워 103동 1003호
전화 / 02 · 735 · 8998, 736 · 7768
팩시밀리 / 02 · 723 · 4591
홈페이지 / www.kachibooks.co.kr
전자우편 / kachibooks@gmail.com
등록번호 / 1–528
등록일 / 1977. 8. 5
초판 1쇄 발행일 / 2023. 11. 22

값 / 뒤표지에 쓰여 있음
ISBN 978–89–7291–816–5 03450

조니에게

차례

인간이 만든 경관

누대	대	기	시간 (100만 년 전)	세
현생누대	신생대	제4기	2.58	홀로세 플라이스토세
		신원기	23	
		고원기	66	
	중생대	백악기	145	
		쥐라기	201	
		트라이아스기	252	
	고생대	페름기	299	
		석탄기	359	
		데본기	419	
		실루리아기	444	
		오르도비스기	485	
		캄브리아기	541	
선캄브리아 시대		원생누대	2,500	
		시생누대	4,000	
		명왕누대	4,600	

01

케임브리지 히스 로드 위의 깊은 시간

"1만 년은 아무것도 아니에요." 지질학자가 내게 말했다. "1만 년 전은 기본적으로 현재나 다름없어요."

1만 년 전, 브리튼 섬은 아직 유럽 대륙 본토에 연결되어 있던 반도였다. 아메리카 대륙에서는 빙상이 후퇴하면서 녹아나온 물이 거대한 호수를 채우고 있었고, 이 호수들이 오늘날의 슈피리어 호, 미시간 호, 휴런 호, 이리 호, 온타리오 호가 되었다. 전 세계 인구는 수백만 명에 불과했다. 1만 년이 기본적으로 아무것도 아니라면, 문자의 발달에서 우주여행, 원자폭탄에 이르기까지 기록으로 남아 있는 인간의 역사 전체가 아무것도 아닌 것이 된다.

나는 지질학자들이 다른 사람들과는 세상을 보는 시각이 조금 다르다는 점을 깨달아가고 있었다. 그들의 절반은 우리가 인간의 시간이라고 부르는 시간 속에서, 절반은 더 거대하고 더 이상한 규모의 시간, 즉 깊은 시간deep time 속에서 살아간다. 인간의 시간이 초, 분, 시, 년으로 측정된다면, 깊은 시간은 수만 년, 수백만 년, 수억 년의 시간을 다룬다.

그런 아득한 시간을 생각하면 살짝 현기증이 나는 기분이 든다. 깊은 시간 속에서 산다는 것은 조금 다른 곳을 장기적인 시각으로 보아야 한다는 뜻이다. 깊은 시간 속에서는 지난주, 작년, 지난 10년 동안 일어난 일만이 아니라 100만 년 전, 5,000만 년 전, 5억 년 전에 일어난 일도 중요하다. 우리가 바로 지금 이 특별한 순간, 이 특별한 장소에 있는 이유는 그런 오랜 시간에 걸쳐 일어난 사건들의 연속으로 설명된다고 말할 수 있다.

얼마 전부터 나는 런던 남부의 교외를 따라 긴 능선을 이루며 하얗게 빛나는 노스다운스의 백악에 살짝 집착하게 되었다. 1월 말이었다. 그 전 해에는 제법 길게 이어져온 관계가 정리되었고, 새해 첫날에는 새롭게 이어졌을지도 모를 관계도 끝이 났다. 그 남자의 변명은 조금 혼란스럽게도 J. M. 쿳시의 『추락*Disgrace*』 속 결말과 비슷했다. 그 소설을 읽기는 했지만, 나에게는 그 특별히 로맨틱한 상황이 그때나 지금이나 조금 견디기 어려운 것 같다. 나는 다른 풍경을 보면서 머리를 식히고 싶어서 기차표를 샀다.

런던을 벗어나 남쪽으로 가다가 노스다운스에 닿으면 도시를 벗어난 기분이 들기 시작한다. 쓰러진 참나무의 너른 등걸에 앉아서 황량한 들판 너머로 멀리 보이는 회색과 은색의 고층 건물들을 바라보다 보면 사물에 대한 관점이 조금 생길지도 모른다. 적어도 거리에 대해서는 그럴 것이다.

점심을 먹고 난 후, 희고 무른 바위 위로 찐득한 갈색 진흙이 미끄러지는 산등성이에 난 길을 따라 걸었다. 런던의 베드타운인 콜스던과 케이터햄 사이의 어딘가에서 나는 단순하지만 당혹스러운 몇 가지 사실을 전하는 안내판과 마주쳤다. 내가 걷고 있는 땅은 오래 전에 사라진 선사시대 대양의 잔해였다. 그 대양은 공룡시대가 끝나고 얼마 지나지 않아 사라졌다. 그곳이 어디든지, 당신이 만약 백악 위에 서 있다면 한때 바다였던 곳에 서 있는 셈이다.

조금 더 알고 싶어진 나는 사우스켄싱턴에 있는 자연사 박물관을 찾아갔다. 그리고 더 작은 지역 박물관들에도 방문했다. 지역 박물관의 먼지 덮인 진열장 속에는 표본들이 가지런히 전시되어 있었고, 오래 전에 타자기로 쳐서 만든 기다란 이름표들도 함께 놓여 있었다. 나는 지질학 입문서들을 읽었고, 퇴적학자, 층서학자, 고생물학자들과 이야기를 나누었다. 발굴지와 노출된 절벽 면을 조사하는 답사에 참여했고, 우리 주변과 발아래에 있는 암석에 쓰여 있는 깊은 시간의 역사를 배웠다. 한 백악 덩어리에서 유백색이 도는 회색의 동그란 해면 하나를 찾기도 했다. 크기가 내 새끼손톱만 한 그 해면의 표면에는 수많은 작은 구멍들이 있었다. 일부 과학자들은 우리의 진화계통수에서 공통 조상으로부터 처음 갈라져 나온 동물군이 해면이라고 믿는다는 글을 읽은 적이 있다. 그렇다면 해면은 다른 모든 동물군과 자매지간이 된다.[1]

그렇게 노스다운스 여행을 다녀오고 몇 년이 지나, 런던 동부 케임브리지 히스 로드에 서서 철망으로 둘러싸인 한 공사 현장을 물끄러미 바라보던 어느 여름날 오후였다. 오후 5시가 조금 지나 일꾼들이 모두 돌아

간 그곳에는 굴삭기 한 대만 덩그러니 남아 있었다. 여느 굴삭기와 마찬가지로 각진 목을 축 늘어뜨리고 거대한 금속 턱을 검은 흙더미 위에 얹은 굴삭기의 모습은 조금 야수처럼 보였다. 내 관심을 끈 것은 그 굴삭기가 파고 있던 구덩이였다.

런던을 돌아다니면서 조금 관심을 가지면, 우리의 발아래에 수많은 암석층이 있다는 사실을 알게 된다. 그 암석층 대부분은 한 번도 인간의 눈에 띈 적이 없다. 암석들이 처음 형성되었을 때 인간이 없었기 때문일 수도 있고, 그 암석들의 오랜 이야기가 파묻히고 감춰져서 잊혔기 때문일 수도 있다. 테라 인코그니타terra incognita, 즉 미지의 땅에 발을 딛고자 하는 열망이 있는 사람이라면, 마치 남극 대륙 한복판으로 여행을 떠나듯이 자신의 뒷마당을 파볼지도 모른다. 지질학자들은 이런 암석층을 읽는 법을 배우고, 그것을 통해서 과거의 이야기를 재구성하는 법을 익힌다. 각각의 층은 이전에 있었던 하나의 세계를 나타낸다. 그 세계는 수천 년 또는 수백만 년 동안 이어지다가 사라지고, 그 위로 다른 암석층이 덮인다.

지질학자 마샤 비오르너드는 "사람들 대부분은 시간 혐오자chronophobe이다"라고 썼다.[2] "우리는 시간이 어디로 가는지, 우리가 시간을 지혜롭게 쓰고 있는지, 시간이 얼마나 남았는지를 염려한다. 지질학은 사물을 시간의 원근법으로 배치한다." 도시 한복판에 있는 굴삭기는 과거로 가는 입구이다. 이로써 과거는 돌이켜볼 수 있고 다시 측정할 수 있는 하나의 공간이 된다. 지난 한 달 동안 나는 그런 곳을 찾아다녔다. 그러던 중 남편 조니가 자신의 사무실에서 보낸 메시지를 받았다. 리버풀 스트리트로 향하는 기차 안에서 케임브리지 히스에 있는 그 굴삭기를 보았다는 내용이었다.

구덩이 가장자리로 3개의 뚜렷한 층이 보였다. 흙과 암석으로 이루어진 그 층들은 마치 분홍색, 흰색, 노란색이 층층이 쌓인 엔젤케이크처럼 다른 층 위에 깔끔하게 놓여 있었다. 정확히 구별되는 층의 모습은 지질학 교재에 실린 그림을 떠오르게 했다. 가장 위에 놓인 층은 깊이가 1미터쯤 되었다. 주황색과 칙칙한 분홍색의 깨진 벽돌 조각들, 검은색 아스팔트 덩어리들, 울퉁불퉁한 시멘트 덩어리들이 가득 들어찬 옅은 회갈색 흙이었다. 이런 층을 지질학자들은 "매립지made ground"라고 부른다. 도시에서는 이런 층이 세대를 이어가며 끊임없이 재활용되고 추가된다. 매립지는 인간의 역사이다. 어릴 적, 비 오는 토요일 오후에 부모님이 나를 데리고 가던 빅토리아 앨버트 어린이 박물관에 있는 인공물 같은 것이다. 만약 우리가 이 행성에서 사라진다면, 더 올바르게 표현해 우리가 이 행성에서 "사라졌을 때", 매립지는 우리가 남긴 것들 중 하나가 될 것이다. 그것은 하나의 발자취로서, "우리가 여기에 있었다"라고 말하는 표지판이 될 것이다.

매립지 아래에는 마치 홍차를 적신 노란 스펀지케이크와 같은 색깔의 축축한 모래와 자갈층이 있었다. 17세기 덴마크의 의사 닐스 스텐센 덕분에 우리는 이 층이 매립지보다 더 오래되었음을 안다. 니콜라우스 스테노라는 이름으로 더 잘 알려져 있는 그는 런던의 지하에 있는 것과 같은 퇴적암의 형성을 연구하고 있었다. 퇴적암은 암석의 작은 조각이나 생물의 잔해가 (주로 물속에서) 쌓이거나 바닷물의 증발과 같은 화학적 과정을 거쳐서 형성되는 암석이다. 스테노는 새로운 퇴적물의 층이 점점 두껍게 쌓이려면 그것이 쌓일 수 있는 단단한 층이 이미 존재해야 한다는 사실을 간파했다. 즉, 더 오래된 퇴적암 층일수록 더 새로운 층의 아래에 놓인다는 것이다.

축축한 모래와 진흙은 지표면에서 그리 멀지 않은 곳에 있었다. 그곳에서 불과 1미터 남짓 위에는 출퇴근 시간에 덜컹거리며 달리는 버스와 고가 선로가 있었고, 그 선로의 아치 아래에는 "테킬라와 예거, 하루 종일 한 잔에 2.50파운드!"라고 쓰인 광고판을 내건 술집이 있었다. 그러나 이 지층에는 어떤 인간의 흔적도 없었다. 공사 현장에서 땅을 파고 내려간 인부들은 편안하고 친숙한 인간의 시간을 벗어나 깊은 시간의 세계로 여행을 했다. 진화생물학자인 스티븐 제이 굴드는 지질학이 "인간 사고에 가장 독특하고 변혁적인 기여"를 한다고 말했다.[3]

케임브리지 히스 로드의 파헤쳐진 땅속에 있는 모래와 자갈층은 지금으로부터 약 200만 년 전인 플라이스토세에 퇴적되었다. 당시 템스 강은 현재 위치보다 조금 북쪽으로 흘러서, 오늘날 베스널그린이 있는 자리를 지났다. 나는 젖은 모래층을 빤히 내려다보면서 200만 년이라는 시간을 헤아려보려고 애썼다. 손으로 쓰기는 쉽지만, 실제로 이해하기는 정말 어려운 수이다.

"우리가 다루는 엄청난 시간을 다른 사람들에게 실제로 이해시키기란 대단히 어려운 일이에요." 내게 지질학에 대해서 가르쳐주는 한 친구는 이렇게 말했다. 영국 국립 자연사 박물관의 의뢰로 작성된 한 보고서에는 깊은 시간이 "생명의 기원과 다양화를 온전히 이해하기 위한 토대이며, 지질학, 물리학, 천체물리학을 이해하기 위한 결정적 개념"이라고 쓰여 있다.[4] 우리를 둘러싼 세계와 진화라는 장대한 행진을 이해하고 싶다면, 우리가 알고 있듯이 점점 더 급변하면서 생명을 위협하는 기후 변화의 문제점을 이해하고 싶다면, 우리는 깊은 시간과 씨름해야 한다. 깊은 시간에 대한 이해 없이 우리는 "나는 왜 여기에 있는가?", "나는 어디에서 왔는가?", "나는 어디로 가고 있는가?"라는 질문의 답을 찾을 수 없을 것이다.

깊은 시간의 세계에서, 모래층이 퇴적된 200만 년은 그리 긴 시간이 아니다. 최초의 척추동물은 5억 년 전부터 살았다. 광합성의 시작은 최소 30억 년 이상 거슬러 올라간다. 이렇듯 수백만 년, 수억 년이라는 시간을 마주하면 뇌는 처리를 거부하고 저항한다. 아마도 심리적 방어 기작일 것이다. 영국의 평균 기대 수명은 81세이다. 미국은 그보다 조금 짧은 79세이다. 일본은 84세가 조금 넘는다.[5] 우리는 5세대, 즉 자신을 중심으로 위로 2대, 아래로 2대 이상을 넘어가면 개념화하기를 어려워한다. 스코틀랜드의 과학자이자 수학자인 존 플레이페어는 1802년에 지질시대에 대해 이렇게 썼다. "때로는 이성이 상상보다 훨씬 더 멀리 나아가기도 한다."[6]

빅토리아 앨버트 어린이 박물관에는 17세기 네덜란드에서 제작된 인형의 집이 있었다. 스테노가 퇴적암을 연구하던 무렵에 만들어진 그 인형의 집에는 델프트 타일(흰 바탕에 주로 파란색 그림이 그려진 타일/옮긴이)을 붙인 아주 작은 네덜란드풍 주방이 있었고, 주석 접시와 화려한 모양의 젤리 틀이 있었다. 어린이보다는 부유한 성인 여성을 위해서 만들어진 것 같았다.

어떤 여성이었을까? 그 정보는 기록되어 있지 않았다. 3세기는 한 여성의 이름이 사라지기에 충분히 긴 시간이다. 그러나 깊은 시간의 관점에서 보면, 이름 모를 그 17세기 네덜란드 여성과 나는 기본적으로 같은 순간에 존재하며, 나머지 모든 인류의 역사도 마찬가지이다.

모래와 자갈층 아래로 다시 층이 바뀌었고, 나는 그 층이 런던 점토층임을 알 수 있었다. 대단히 찐득하고 간간이 보라색이 도는 음울한 짙은 갈색을 띠는 런던 점토층은 여타 다른 암석과 마찬가지로 인간에게는 보이지 않는 아주 느린 속도로 작동하는 "깊은 시간"의 지질학적 과정(이 경우에는 퇴적과 매몰)을 거쳐서 형성되었다. 약 1미터 두께의 런던 점토층이 만들어지는 과정을 지켜보려면 타임머신도 필요하지만, 선사시대의 바다 밑바닥에 쌓이는 퇴적층을 수만 년 동안 지치지 않고 촬영할 수 있는 엄청나게 강력한 저속 촬영 장비도 필요하다. 깊은 시간 동안에 일어나는 일들은 아주 천천히 진행되지만, 충분히 오랜 시간에 걸쳐서 일어나기 때문에 그 효과가 어마어마하다. 여기서는 새로운 암석층이 놓이고, 저기서는 바다 밑바닥의 한 부분이 밀려 올라가면서 산꼭대기가 되기도 한다. 에베레스트 산의 정상은 한때 바다의 밑바닥이었다.

베스널그린에 있는 런던 점토층의 존재는 약 5,500만 년 전에는 이 일대가 따뜻한 열대 바다였음을 보여준다. 만약 당시의 이곳을 돌아다닐 수 있다면, 근처 어딘가에서 초록이 무성한 해안선을 볼 수 있었을 것이다. 기후는 오늘날의 인도네시아와 비슷했을 테고, 몸집이 여우만 했던 말의 조상 히라코테리움*Hyracotherium*이 맹그로브 숲의 니파야자와 밀랍 같은 꽃잎이 달린 목련 사이에서 풀을 뜯고 있었을 것이다.

"지질학자들과 현장 답사를 갈 때 가장 흥미로운 것은 그들의 상상력이에요." 내가 런던 피커딜리에 있는 지질학회 본부를 방문했을 때, 런던 지질학회의 사서이자 시인인 마이클 맥킴은 이렇게 말했다.[7] "당신이 해변에 마냥 서 있는 동안 그들은 어떤 암석 구조가 왜 존재하는지, 그 지점에 이르기 위해서 과거에 무슨 일이 일어났는지를 상상해보려고 하죠." 19세기의 저명한 지질학자 찰스 라이엘의 말처럼 "우리는 사라진 고대 대륙의 모양을 상상 속에서 복원하려고 한다."[8]

과학 분야 중에서 지질학은 다소 별나다. 지질학은 당신이 마음속으로 만든 세상을 서술적인 언어로 다른 이들에게 설명하는 학문이다. 지나치게 많은 시간을 언어에 대해서 생각하며 보내는 사람들이 주로 모이는 문학출판계에 종사하는 작가인 내게 지질학은 한눈에 봐도 매력적인 분야였다. "깊은 시간"이라는 표현을 처음 쓴 것으로 유명한 미국의 작가 존 맥피의 글에서도 내가 느낀 것과 비슷한 자극을 찾을 수 있다. 그는 『분지와 산맥*Basin and Range*』(1981)에서 지질학과 처음 만난 시절을 떠올리며 이렇게 묘사했다. "지질학에는 정말로 인문학적인 면이 적지 않은 것 같았다. 지질학자들은 영어로 소통했고, 뼛속까지 전율이 일게 하는 방식으로 사물의 이름을 붙일 수 있었다."[9] 맥피는 그런 이름들을 하나하나 써나갔다. **비조화 저반. 포획암. 사막 포도. 바르한 사구의 활주 사면.**

유명한 지질학 교재 중 하나인 『영국과 아일랜드의 지질 역사*Geological History of Britain and Ireland*』의 서론에서, 저자인 나이절 우드콕과 롭 스트라챈은 이렇게 썼다. "과학철학자들은 지질학자들이 연구하고 생각하는 방식의 특징을 찾으려고 애써왔다. 물리학을 전형적인 과학으로 규정한 그들은 이른바 객관성과 예측 가능성과 정확성이라는 물리학의 잣대로 다른 과학을 평가했다. 이에 따라 지질학은 물리학에서 파생된 부정확한 학문에 불과하다고 간주되었다."[10] 과학의 텃세 서열에 따르면 이론물리학자는 실험물리학자를 무시하고, 실험물리학자는 지질학자를 무시한다. "지질학자는 누구를 무시하죠?" 나는 내 친구인 지질학 선생님에게 물었다. "지리학자요." 그가 답했다.

우드콕과 스트라챈은 이렇게 썼다. "지질학은 본질적으로 역사적 차원이 있다는 면에서 순수물리학이나 화학, 생물학과 구분된다. 지질학적 기록은 필연적으로 복잡하고 불완전하다. 그래서 그 기록을 해독하기 위해서는 인간의 역사에 적용되는 것과 비슷한 해석학적 추론이 필요하다."[11]

또는 한 지질학자가 내게 말했듯, 지질학은 "회색 자료를 해석할 재주"가 필요한 학문이다. 불완전하거나 사라졌거나 단편적인 자료의 조각들을 맞춰서 한 편의 이야기를 자아내는 능력, 상상력을 발휘해서 반쯤 있는 그림을 완성하는 능력이 필요하다. 또는 다른 누군가의 말처럼, 지질학자는 "기본적으로 셜록 홈스 같다."

몇 년 전, 지질학회에서는 시와 지질학을 기념하는 행사를 개최했다. "내가 아는 한, 우리는 구성원들의 주도로 시의 날을 개최한 정말로 유일한 과학학회입니다." 맥킴은 내게 이렇게 말했다. 당시, 학회장인 브라이언 러벨은 앨프리드 테니슨의 「A. H. H.를 추모하며In Memoriam A. H. H.」의 발췌문을 읽었다. 이 시는 세계에서 가장 오래된 국립 지질학 단체인 런던 지질학회가 설립되고 불과 40여 년 후인 1849년에 완성되었다. 이

시에는 빅토리아 시대의 지질학자들이 새롭게 밝혀낸 깊은 시간 동안 바뀌고 있는 세상의 모습이 반영된 구절들이 있다.

언덕은 환영이고, 언덕은 흘러간다.
형태는 바뀌고, 굳건히 견디는 것은 아무것도 없다.
언덕은 안개처럼 녹아 없어지고,
단단한 땅은 구름처럼 피어올랐다가 사라진다.[12]

“시인과 지질학자에게는 공통된 명분이 있습니다.” 러벨은 한데 모인 사람들에게 이렇게 말했다. “우리가 무엇을 하고 있는지를 이해하는 데 도움이 되는 말들을 찾고 있다는 것이죠.”

처음 케임브리지 히스 로드를 갔던 날로부터 몇 년 후 나는 그곳을 다시 찾았다. 구덩이가 있던 자리에는 6층짜리 호텔이 들어서 있었다. 호텔 술집에는 커다란 전구들이 달려 있었고 파이프들이 노출되어 있었다. 객실마다 마사지 비디오와 캡슐 커피 기계가 있었다. 내가 진저에일을 마시는 동안 한 스페인 커플은 각자의 휴대전화를 들여다보았고, 유럽투자은행 스포츠 문화클럽 회원들은 엇비슷한 스포츠 가방을 어깨에 메고 서성였다. 도로 건너편에는 밝은 노란색 조끼를 입은 한 무리의 학생들이 박물관 입구 앞에 두 줄로 서 있었다.

우리가 있는 곳 아래에는 2개의 지하층이 있었는데, 그보다 더 아래는 런던 점토층의 세계였다. 런던 점토층 아래로 이어지는 다른 층을 따라서 3,000만 년을 더 거슬러 오르면, 턱이 긴 어룡, 지느러미가 있는 수장룡, 날카로운 이빨과 뭉툭한 코를 지닌 상어가 그득한 광대한 바다를 발견하게 될 것이다. 거기서 다시 5,000만 년을 더 거슬러 오르면 가파른 산 하나가 솟아 있는 마른 땅을 만나게 된다. 그 산기슭을 둘러싼 열대 숲과 호수, 습지에는 고대 악어들이 한가득 모여서 반짝이는 선사시대의 진흙 위에서 햇볕을 쬐고 있었을 것이다. 세상 아래에 세상이 있고, 그 아래에 또다른 세상이 있다. 수백수천만 년의 시간은 그렇게 한 벌의 트럼프 카드처럼 차곡차곡 쌓여 있다.

이 모든 깊은 시간이 쭉 이어지는 또다른 형태의 저속 촬영 영화를 볼 수 있다면, 우리는 뜨겁고 건조한 사막이 무성한 정글로 바뀌는 모습, 그 정글이 험준한 산맥으로 솟아오르는 모습, 그 산맥이 닳아 없어지면서 낮은 언덕 지대로 바뀌는 모습을 볼 수 있을 것이다. 깊은 시간에서는 모든 것이 일시적이다. 뼈는 바위가 되고, 모래는 산이 되고, 대양은 도시가 된다.

이런 경이로운 변화들이 모두 일어나는 데 필요한 엄청난 시간을 생각하면, 한 개체로서, 하나의 종으로서 우리에게 주어진 시간이 극히 짧음을 깨닫게 된다. 내 친구는 주말 도예 강좌에서 형편없이 울퉁불퉁한 갈색 꽃병을 빚었다. 강사는 집으로 돌아가는 학생들에게 해맑게 말했다. "한번 생각해보세요. 여러분은 오늘 여러분보다 더 오래 남을 무엇인가를 만든 거예요." 내 친구는 그 흉측한 찰흙덩이를 빤히 쳐다보면서 겁에 질렸다. 이것이 남는다고? 무심하게 지나가며 서서히 침식을 일으키는 세월은 온갖 것을 기념하려는 우리의 본능에 도전의식을 불러일으킨다. 우리에게는 사진과 증명서를 액자에 넣고, 묘비를 세우고, (여

웃돈이 있다면) 화랑이나 대강의실에 명패를 걸고, 고속도로 굴다리와 공중화장실 문에 이름을 써넣고자 하는 욕망이 있다. 그런 우리에게는 질문이 필요하다. 우리는 무엇을 남기게 될까? 무엇이 우리를 살아남게 할까?

❖ ❖ ❖

특별한 형체가 없어 보이는 백악 덩어리 속에서 찾아낸 해면 화석처럼, 내 기억 속에는 어린 시절에 실제로 있었던 일인지 아닌지 모를 사건이 남아 있다. 그 불명확성은 기억이란 믿을 만한 것이 못 되기로 유명하다는 점에서, 혹은 다른 목격자가 없었다는 데에서 비롯된다. 게다가 너무 어릴 적의 일이라서 언제쯤이었는지 짐작할 수도 없고 그저 머릿속을 떠다니는 기억이라 더욱 미심쩍다.

그 기억 속에서 나는 부모님과 오빠들과 함께 영국 남부의 해안 도시인 헤이스팅스 근처에 있던 파이어힐스 둘레길을 걷고 있었다. 그 길은 가시금작화로 덮인 절벽 꼭대기에 있었다. 앞장서서 달리던 내 앞에 갈림길이 나타났고, 나는 절벽 끝으로 향하는 오른쪽 길로 들어섰다. “둘레길 없음”이라는 표지판은 보지 못했다. 내가 혼자서 곱씹고 또 곱씹은 그 기억 속에서, 그 길은 살짝 오르막이어서 나는 앞에 무엇이 있는지 보지 못했다. 오르막 바깥쪽으로는 최근에 절벽에서 무너져 내린 것이 분명한 돌무더기가 길을 막고 있었다. 그리고 갑자기 탁 트인 세상이 넓게 펼쳐진 기억이 난다. 햇살이 쏟아지는 드넓은 절벽, 샛노란 가시금작화의 따스한 코코넛 향기, 그리고 저 멀리 아래에서 반짝이는 바다. 나는 절벽 가장자리를 겨우 몇 발자국 앞두고 아슬아슬하게 달리기를 멈췄다.

그 기억, 또는 기억은 아닐지라도 내 머릿속을 맴도는 그 이미지는 공포가 아니었다. 개체는 보잘것없고 세상은 거대하다는 사실을 갑자기 강렬하게 실감한 순간이었다. 어딘가 불안했지만, 한편으로는 기운이 나기도 했다. 밤하늘을 가로지르는 별들, 마리아나 해구의 깊이, 깊은 시간의 광대함을 떠올릴 때처럼, 우리의 시선이 닿지 않는 곳에서 맴돌고 있는 이전 세계의 모든 것들은 바삐 몰아치는 현재라는 일상의 그늘에 가려진 채 다시 밝은 곳으로 나오기를 기다리고 있다.

암석과 얼음

02

48903C16 상자

2015년 12월 2일 저녁, 파리 라탱 지구 팡테옹 광장 한가운데에는 12개의 얼음덩어리가 둥글게 배치되었다. 각각의 무게가 10톤에 달하는 이 얼음덩어리들은 한때 그린란드 빙상의 일부였다. 그리고 이제는 덴마크/아이슬란드 예술가인 올라푸르 엘리아손과 그린란드의 지질학자인 미니크 톨레이프 로싱의 새로운 예술작품 「아이스 워치Ice Watch」의 일부가 되었다.

그린란드 빙상은 지구의 과거 기후, 즉 깊은 시간의 기후를 담고 있는 독특한 기록 저장고이다. 엘리아손과 로싱의 작품을 보는 일은 그 기록 저장고를 직접 경험할 기회였다. 따라서 나는 작품이 대중에 처음으로 공개되는 날 아침에 유로스타 열차를 타고 파리로 향했다. 파리는 화창했고, 겨울답지 않게 따뜻했다. 햇빛을 받아 반짝이는 얼음덩어리 중 몇몇은 엘리아손과 그를 돕는 사람들보다 훨씬 높게 솟아 있었다. 그 얼음덩어리들은 신석기 시대의 선돌 같기도 했고, 거대한 시계판 같기도 했다. 얼음덩어리들은 저마다 개성 같은 것이 있었다. 어떤 것은 우윳빛을 띠며 거의 불투명했고, 어떤 것은 얼음 속에 갇힌 공기방울 하나하나가 보일 정도로 투명했다. 나는 이 광경을 지켜보기 위해서 대단히 멋진 신고전주의 양식의 건물인 팡테옹의 계단에 앉았다. 내 뒤로는 볼테르, 빅토르 위고, 마리 퀴리 같은 죽은 위인들이 잠든 프랑스 최고의 묘당이 있었다. 내 앞에는 녹아내리는 중인 얼음덩어리가 있었다. 조금 떨어진 곳에서 보면 차갑고 푸른 윤기가 흐르는 그 얼음덩어리들은 익숙하면서도 동시에 낯설고 아름다웠다. 행인들은 얼음덩어리 쪽으로 발길을 옮겼다. 걸음을 멈추지 않고는 배길 수 없었다. 사람들은 얼음을 빤히 쳐다보고, 손을 대보고, 울퉁불퉁한 표면을 쓸어보았다.

「아이스 워치」는 파리 기후를 위한 예술가들Artists 4 Paris Climate이라는 단체가 2015년 파리 기후 변화 협약(공식 명칭은 제21회 기후 변화에 대한 국제연합 기본협약 파리 회의, 줄여서 COP21)에 맞춰서 파리 전역의 공공장소에서 선보인 예술 프로젝트 중 하나였다. 팡테옹 광장에서부터 도시 전체에 걸쳐서 정치가들과 관료들이 하고 있던 일은 파리 협약이라고 알려지게 되었다. 파리 협약은 "이번 세기의 지구 기온 상승을 산업화 이전 대비 섭씨 2도 이하로 유지하고, 더 나아가 섭씨 1.5도까지 낮추려고 노력하기로" 한 국제적인 약속이었다.[1] 파리의 다른 곳에서는 아르헨티나의 예술가 토마스 사라세노가 은색과 투명 플라스틱으로 만들어진 거대한 둥근 조형물 2개를 그랑팔레 전시장의 천정에 매달았다. 「공기세Aerocene」라는 제목의 이 작품은 배출가스가 없는 미래를 상상한 것이다. 그런 미래에는 어쩌면 그 작품처럼 생긴 생명체가 태양열과 지표면의 적외선 복사열만으로 둥둥 떠다닐지도 모른다. 센 강 건너편에 있는 프랑스 국립 자연사 박물관에서는 오스트레일리아의 재닛 로런스가 탈색된 산호와 해양생물의 뼈대를 채운 유리 수조들로 이루어진 연작을 전시했다. 어떤 것은 하얀 모슬린 수의처럼 보이는 천으로 감싸놓았고, 어떤 것은 시험관에 붙이거나 실험실 비커 속에 매달았다. 로런스는 이것을 「심호흡–산호초를 위한 소생법Deep Breathing–Resuscitation for the Reef」이라고 불렀다(엘리아손과 로싱의 얼음덩어리는 그린란드 남동부의 누프캉게를루아 피오르에서 떨어져 나온 것이다. 작품을 만들면서 어떤 빙하도 훼손되지 않았음을 밝힌다).

지난 258만 년의 깊은 시간 동안에는 빙기(흔히 빙하기라고 한다)와 간빙기가 번갈아 이어졌고, 우리는 이를 통해 행성 단위의 주기적 변화를 알 수 있다. 현재 우리는 간빙기에 살고 있고, 그린란드의 빙상은 지표면의 상당 부분을 하얗게 덮고 있던 지난 빙기의 잔존물이다. 당시 북반구에는 두께가 킬로미터 단위에 달하는 빙하가 넓게 펼쳐져 있었다. 불과 1만 년 전까지만 해도 얼음으로 덮여 있던 캐나다, 스코틀랜드, 스칸디나비아를 포함한 대부분의 지역에서는 이제 얼음이 녹아서 사라졌지만, 그린란드에는 아직 남아 있다. 그린란드 빙상의 미래는 이제 국제적인 협력과 COP21 같은 정상회의의 결과에 달려 있다.

기온이 상승하고 있고, 빙하의 얼음은 눈이 쌓여서 빙하가 되는 것보다 더 빠른 속도로 녹고 있다는 것은 익숙한 이야기이다. 이는 중요한 문제이다. 빙하가 모두 녹으면 해수면은 런던과 맨해튼을 수장시킬 뿐 아니라 몰디브의 섬들을 집어삼키고도 한참 더 높아질 것이기 때문이다. 그린란드의 빙하가 녹으면서 멕시코 만류의 흐름이 약화된 탓에 기온과 해수의 염도도 바뀌고 있다. 해류가 크게 약화되면 서유럽에는 더 큰 폭풍이 몰아치고, 미국 동부 해안에서는 해수면의 높이가 상승하고,

생명을 위해 중요한 열대 지방의 강우에도 지장이 생긴다.[2]

문화적으로도 이 문제는 중요하다. 만약 그린란드 빙상이 지구의 과거 기후의 기록 저장고라면, 그 빙상이 사라질 때 우리의 공통 조상인 초기 인류의 역사를 포함하여 지구의 과거 중 많은 부분이 사라지기 때문이다.

이 기록 저장고에 대해 좀더 배우기 위해서, 나는 예르겐 페데르 스테펜센을 만나러 코펜하겐으로 갔다. 덩치가 크고 행동이 느긋한 스테펜센은 코펜하겐 대학교의 빙하학 교수이자 얼음코어ice core 기록 보관소의 학예사이다. 우리가 만난 날 그는 그의 29번째 그린란드 원정에서 막 돌아온 참이어서 수염이 텁수룩했고 꼬질꼬질한 흰색 티셔츠 차림이었다. 내가 대학에서 고대 스칸디나비아어를 공부했다는 이야기를 꺼내자, 스테펜센은 눈에 생기를 띠며 최근에 북유럽 신화를 다룬 13세기 산문집인 『스노라 에다*Snorra Edda*』가 새롭게 출간되었다고 말했다. "빅토리아 시대 이래로 처음 나온 덴마크어 번역본이고, 예전 책에 비해 훨씬 재미있어요."

역사는 스테펜센에게 늘 중요했다. 학창 시절에 그는 수학과 물리학을 잘했지만, 정말로 뛰어난 과목은 역사였다. "최고점을 받았어요. 그래서 모두 나한테 역사를 공부해야 한다고 말했지만, 난 싫다고 했죠. 실업자가 될 수도 있으니까요. 하지만 수학과 물리학에서 어느 정도 실력을 갖추면 어디를 가도 무시당하지는 않아요. 새로운 라틴어나 마찬가지죠."

그린란드에서 스테펜센은 11명의 과학자와 보조 인력으로 이루어진 원정팀에 대한 후방 지원을 맡았다. 이번 원정의 목적은 연구소 전체를 이전하는 것이었다. 이는 4층 높이의 돔을 포함해서 150톤의 장비를 스키에 싣고 그린란드 빙상을 가로질러 465킬로미터를 옮기는 일이었다. 새로운 캠프 자리에서는 건물 배치 계획을 짜고, 가장 중요한 구조물인 돔을 제자리에 고정시키고, 차고를 짓고, 스키를 단 비행기가 착륙할 수 있도록 스키 활주로를 만들었다. 사진으로 본 돔은 검은색 지오데식 구조물(같은 크기의 삼각형으로 이루어진 다면체/옮긴이)이었고, 꼭대기에는 창문이 달린 작은 탑이 있었다. 그 모습은 마치 하얀 눈 위에 떠 있는 검은색 다이빙벨 같았다. "이 작업에서는 사소한 사건이라도 엄청난 결과를 초래할 수 있다." 스테펜센의 현장 계획안에는 이렇게 적혀 있다. "우리는 과학자이기는 하지만, (뱃사람들과) 비슷하기도 하다. 우리는 미신을 믿는다. 따라서 우리는 (무엇인가 잘못될지 모를) 특정 사건에 대한 언급을 조심함으로써 스스로 마음을 편히 가질 수 있도록 한다."

이 과학자들은 이동 중에 눈 표본을 채집하기도 했지만, 그들의 연구에서 중요한 것은 얼음이었다. "내륙에 내린 눈은 절대 녹지 않아요." 스테펜센은 설명했다. "층을 이루며 쌓이기만 하죠. 그리고 그 층이 압축되어 얼음이 되고, 각각의 얼음층에는 눈이 내린 해의 날씨 조건에 대한 정보가 담겨 있어요."

과학자들은 이런 압축된 눈을 원기둥 형태의 표본으로 채집하는데, 이를 얼음코어라고 한다. 코펜하겐 대학교는 약 25킬로미터 길이의 얼음코어를 보관하고 있으며, 세계 최대 규모의 심부 얼음코어(지표면에서 2킬로미터 이상의 깊이에서 채취된 얼음코어)를 소장하고 있다. 얼음층에 구멍을 뚫고 들어갈 때, 그들은 깊은 시간을 거슬러 여행을 떠나는 셈이다. 그리고 그들이 꺼낸 얼음코어에는 고대의 물뿐 아니라 빙상 속 깊은 곳의 공기방울 속에 갇혀 있던 선사시대의 공기도 있다. 그들은 그린란드 빙상의 밑바닥에서 50만 년 전에 내린 눈의 표본을 채집하고 있다. 얼음코어는 과거의 대기와 직접 접촉할 흔치 않은 기회를 제공한다. 공기, 물처럼 덧없어 보이는 것들이 그렇게 오랫동안 보존된다는 것은 어딘가 환상적이다. 만약 그 얼음코어가 녹으면, 50만 년 전에 내린 눈이 녹은 물을 마실 수도 있고 그 얼음 속 기포에서 방금 방출된 50만 년 된 공기를 들이킬 수도 있다.

과거의 기후 연구에 얼음코어를 활용한다는 기본적인 아이디어를 처음으로 떠올린 사람은 윌리 단스고르였다. 단스고르가 1950년대 초반에 그런 발상을 떠올린 코펜하겐 대학교의 바로 그 건물에 현재 스테펜센의 사무실이 있다. 2011년에 사망한 단스고르는 고기후학자였고, 전문 분야는 강수였다. 빗물 표본이 제시되면, 그는 동위원소의 조성을 조사해서 그 비가 형성된 기온을 결정할 수 있었다(가령 무거운 산소 분자가 더 많으면 기온이 더 따뜻하다는 뜻이다). 그는 눈과 얼음에도 같은 방식이 적용될 수 있음을 깨닫고, 얼음코어 기후과학이라는 분야를 개척했다. 1950년대와 1960년대 초반까지 단스고르는 빙산에서 채취한 표본으로 연구를 해야 했다. 그러던 중 1964년에 더 깊은 곳에 있는 눈층의 표본을 채취하기 위해서 그린란드 북서부에 주둔해 있는 캠프 센추리 미군부대를 방문한 그는 미군의 한대 지방 연구 및 기술 실험실에서 그린란드 빙모氷帽에 구멍을 뚫고 있다는 사실을 알게 되었다. 단스고르는 시추가 끝나자마자 캠프 센추리의 얼음코어에 대한 산소 동위원소 측정을 신청했다. 이 연구는 순수한 과학 연구를 목적으로 하는 최초의 빙하 시추 프로젝트로 이어졌다. 미국, 스위스, 덴마크의 과학자들이 1970년대와 1980년대에 추진한 이 프로젝트는 DYE-3 시추라고 알려졌다.

스테펜센은 그의 빙하학 연구 경력이 시작된 순간을 지금도 또렷하게 기억한다. 단스고르는 DYE-3를 위한 인력을 찾고 있었고, 누군가가 복도에서 열심히 공부하고 있던 젊은 물리학과 학생을 추천했다. “1980년 7월 4일 금요일 오후 2시였어요. 윌리 단스고르가 나한테 다가와서 그린란드에서 진행되는 8주간의 시추 프로젝트에 참여하고 싶지 않느냐고 물었어요. 정말 신나는 일이라고 생각했고, 화요일 아침에는 이미 길을 나서고 있었죠.” 스테펜센이 말했다. 이 프로젝트에 참여하면서 그는 빙하학의 매력에 빠졌고, 동료 과학자인 도르테 달-옌센과도 사랑에 빠졌다. 달-옌센은 스테펜센의 최근 원정 프로젝트의 대장이었다. 두 사람은 현재 부부이고, 달-옌센이 단스고르의 연구 집단을 이끌고 있다. 두 사람은 아이들이 어렸을 때에는 돌아가면서 한 해씩 그린란드에 다녀왔지만, 이제는 함께 원정을 떠날 수 있다. 달-옌센은 자금을 조달하고, 스테펜센은 원정대의 살림을 맡고 있다. “도르테는 지원금 신청서를 기가 막히게 잘 쓰고, 나는 아내가 내 앞에 던져놓은 돈을 기가 막히게 불살라버리죠.” 그가 말했다.

그린란드 얼음코어 기록 보관소는 섭씨 영하 28도로 유지되는 어둑한 지하실에 있다. 바닥부터 천정까지 이어지는 선반에는 종이상자들이 차

곡차곡 쌓여 있다. 즐비한 종이상자들에는 일련번호가 붙어 있고, 상자 양 옆면에는 "냉동 유지"라고 쓰여 있다. 그 상자들을 옮기기 위한 수레도 있다. 어딘가 창고형 매장과 비슷한 느낌이다.

얼음코어를 연구하는 과학자들은 시간을 거슬러 오르면서 작업한다. 1년 동안 내린 눈이 압축된 층을 눈으로 보며 세는 작업은 나무의 나이테를 세는 일과 비슷하다. 여기에 지구화학적 분석과 같은 다른 방법을 접목해서 얼음코어 기반 연대표를 만든다. 과학자들은 얼음 자체의 화학적 조성을 연구해서 우리 행성의 과거 기후에 대한 자세한 그림을 그린다. 이 그림에는 국지적인 온도, 이산화탄소 농도, 얼음 속에 갇혀 있는 흙먼지를 토대로 한 지구의 바람 유형에 대한 정보가 포함된다. 연구진은 이런 자료를 통해서 기후 체계가 과거에는 어떻게 작동했고, 현재는 어떻게 작동하고 있으며, 미래에는 어떻게 바뀔지를 이해하는 데 도움을 얻기를 바란다.

1980년에 스테펜센이 첫 그린란드 원정에 참여했을 때, 원정대에는 그처럼 역사를 매우 좋아하는 헨리크 클라우센이라는 동료 과학자가 있었다. "그는 지금 우리가 닿은 층은 프랑스 혁명이 일어난 시기에 해당한다는 이야기를 하고는 했죠. 당시에는 날씨가 추워서 흉년이 들고 배가 고팠을 거라거나, 지금은 바이킹이 내려와서 아이슬란드와 그린란드에 정착한 해라거나 하는 말을 했어요." 스테펜센이 말했다. "얼음코어는 시기에 따라 기후가 어땠는지, 그것이 역사의 추이에 어떤 영향을 미쳤을 가능성이 있는지를 우리에게 알려주죠. 나는 정신없이 빠져들었어요."

역사에 관심이 많은 방문객들은 종종 특정 시기의 얼음 조각을 볼 수 있는지를 묻는다. 나보다 조금 앞서서 그곳을 방문했던 미국 대사에게도 보고 싶은 얼음이 있었다. 스테펜센이 "성탄 얼음nativity ice"이라고 부르는, 기원전 1년과 기원후 1년 사이에 내린 눈으로 만들어진 얼음이었다. "그래서 나와 동료는 언젠가 연구비가 다 떨어지면 저 얼음을 녹여서 특별한 시기에 산 피에트로 대성당에서 팔 수 있지 않을까하고 생각했어요."

스테펜센이 내게 보여주려는 얼음은 성탄 얼음보다 오래된 것이었다. 북그린란드 얼음코어 프로젝트NorthGRIP라고 알려진 얼음코어에서 나온 얼음인데, 과학자들이 이 얼음코어에서 헤아린 얼음층은 무려 6만 년 전까지 거슬러 올라갔다(얼음코어에서는 깊이가 더 깊을수록 더 과거이며, 구분도 더 불명확해지므로 시각에 의존하여 세는 방법은 적합하지 않다). 그는 나를 문가에 남겨두고는 통로를 따라 내려가면서 혼자 중얼거리며 48903C16 상자를 찾았다. 그가 사라지는 것을 지켜보면서 나는 냉동 육류 창고에 사람들이 갇히는 영화들을 떠올리지 않으려고 애썼다. 영하 28도는 매우 추웠다. 콧털이 얼기 시작했고, 이윽고 볼펜의 잉크도 얼어붙었다. 나는 두 발을 구르면서 기다렸다. "우리 인간의 관점은 먼 과거를 압축시키는 경향이 있어요." 스테펜센이 말했다. 깊은 시간을 다룰 때 우리는 수천 년, 수백만 년, 심지어 수십억 년을 태평하게 입에 올린다. 역사책에서는 인간의 시대조차 수 세기의 삶을 "중세", "르네상스"로 묶어서 적당히 건너뛴다. 그러나 현재에 가까워질수록 시간은 우리의 의식 속에서 더 확장된다. 만약 인간의 뇌가 과거를 자연스럽게 압축한다면, 깊은 시간을 연구하는 과학자들의 일은 그 압축을 해제하는 작업이라고 할 수 있다. 지나간 시간의 회복. 이것이 바로 내가 찾던 것이었다.

스테펜센은 48903C16 상자를 들고 다시 나타나서 상자를 열었다. 스티로폼을 두른 상자 안에는 각각 55센티미터 길이의 얼음코어가 번호가 적힌 비닐봉지로 싸여 있었다. 그는 2712번 봉지를 꺼냈다. 우리는 1,400미터가 넘는 깊이에 파묻혀 있던 얼음을 보고 있었다. 영국 최고봉인 벤네비스 산보다 더 깊고, 에펠탑을 4개 쌓아놓은 것보다 더 깊은 곳이었다. 그 얼음은 불과 1만1,700년 전, 플라이스토세의 마지막 겨울 중 한 시기에 형성되었다.[3]

자기중심적인 시각에서 보면, 258만 년 전에 시작된 플라이스토세는 중요한 시기이다. 호모 사피엔스가 출현하여 수렵채집을 하면서 호모 네안데르탈렌시스와 공존한 시기이기 때문이다. 우리가 보고 있는 그 얼음이 그린란드에 눈으로 내리고 있었을 때, 매머드 무리와 털이 무성한 코뿔소가 그 눈을 맞았을 것이다. 고대 브리튼 섬은 아직 유럽 대륙의 어딘가에 붙어 있는 반도였고, 북아메리카는 얼음 아래 파묻혀 있거나 영구동토층의 춥고 척박한 불모지였다. 오스트레일리아 남부의 산맥에는 작은 빙하들이 자리를 잡고 있었다. 2712번 봉지 속에는 플라이스토세의 마지막 얼음코어가 들어 있었다. 얼음 결정들이 희미한 불빛 속에서 반짝였다. 얼음코어를 따라서 흐릿한 띠가 이어졌는데, 스테펜센은 그 띠에 아시아에서 온 흙먼지 입자가 갇혀 있다고 말했다. 그는 그 기간에서 더 후기에 해당하는 얼음코어의 한 부분을 꺼내서 내밀었다. 더 따뜻하고 평온한 기후 조건에서 형성된 그 얼음은 좀 전의 것과 사뭇 달라 보였다. 훨씬 깨끗했고 공기방울도 거의 없었다. 이 두 얼음코어 사이에, 세상은 완전히 바뀌었다. 기후는 급속도로 따뜻해졌고, 빙상은 물러갔다. 매머드와 다른 대형 포유류, 그리고 네안데르탈인도 멸종했다. 그리고 홀로세가 도래했다.

홀로세("완전히 최근"이라는 뜻)는 1만1,700년 전에 시작되었다(현재의 기준을 기원후 2000년으로 잡을 때, 오차 범위는 99년이다). NorthGRIP 얼음코어에서 홀로세의 시작은 1,491.4미터 깊이에 있는 하나의 층으로 나타난다. 홀로세는 이 글을 쓰고 있는 순간이고, 우리 자신의 지질시대이며, 우리가 살고 있는 깊은 시간의 일부분이다. 내가 보는 그 홀로세의 얼음 속에는 완전히 새로운 세계에 내린 첫 눈의 일부가 담겨 있었다. 홀로세에는 이리저리 떠돌던 수렵채집인들이 농사법을 개발하고, 한곳에 모여서 정착해서 살아가는 법을 배우기 시작했다. 그 결과 인구가 증가했고, 우리 조상들은 야금술, 문자, 화폐, 방적기를 개발하고 마침내 화석 연료를 태우는 내연기관을 만들어냈다. 어떤 면에서 생각하면, 우리가 보고 있는 것은 문명의 시작이었다.

1970년대에 단스고르의 얼음코어 연구에서는 전혀 예상하지 못한 것이 나타났다. 연구실로 돌아온 스테펜센은 그의 컴퓨터로 새로운 표를 작성했다. 마지막 빙하기의 중간, 그린란드에서는 채 20년이 되지 않는 시간 동안 기온이 약 16도까지 치솟았다.[4] 그것은 맨체스터가 갑자기 리우데자네이루가 된 것이나 마찬가지였다. 더 이상한 점은 요요 현상처럼 기온이 갑자기 다시 뚝 떨어졌다는 것이다. 이런 급작스러운 변화는 한 번이 아니라 여러 번 이어졌다. 단스고르가 그의 자료를 발표했을 때, 과학계는 회의적이었다. 만약 이것이 옳다면 지금까지는 왜 몰랐을까?

이를 입증할 만한 보강 증거는 어디에 있을까? 단순히 기술적 결함은 아닐까?

"증거가 없었던 것은 그저 사람들이 제대로 찾지 않았기 때문이었어요. 아무도 그 정도로 자세하게 파고들어야 한다고 생각하지 않은 거죠." 스테펜센이 말했다. 시간이 충분히 압축 해제되지 않았기 때문에, 그렇게 급속한 기온 등락을 알아챌 만큼 세부적인 부분까지 제대로 펼쳐지지 않은 것이다. 그러다가 1981년에 DYE-3 위치에서 나온 얼음코어들에서 단스고르의 첫 연구 결과가 확인되었다. 그리고 이후 40년에 걸쳐서 꽃가루 퇴적층, 대양 퇴적물, 종유석을 포함한 다른 기후 기록들에서도 같은 결과가 도출되었다. 이 기온 변화는 단스고르와 그의 스위스인 동료 한스 외슈거의 이름을 따서 단스고르-외슈거 사건으로 알려졌다.

20년이 되지 않는 기간 동안 일어난 섭씨 16도의 변화. "그 정도의 기온 변화는 한 지역과 지구의 절반에서 기후가 완전히 바뀌지 않는 한 생길 수 없어요." 스테펜센이 말했다. "동시에 유럽의 바람과 강우 유형도 달라졌을 거라는 뜻이기도 해요. 아마 인간과 동물도 떠나야만 했을 거예요." 살기 좋았던 곳이 20년도 되지 않아서 더 이상 살기 좋은 곳이 아니게 되었다. 우리는 지질학적 과정이 육중한 동물의 움직임만큼이나 천천히 일어난다고 생각하는 경향이 있지만, 여기서는 끔찍할 정도로 급작스러웠다.

우리가 이해하는 바로 빙하기는 지구 궤도의 작지만 복잡한 변화로 인해서 지표면에 도달하는 태양빛의 양이 달라지기 때문에 일어난다. 그러나 단스고르-외슈거 사건은 이상하다. 이 사건의 원인에 대해서는 아직 의견이 분분하지만, 일부 과학자들은 이산화탄소의 농도가 지난 빙하기 동안 어떤 한계치에 다다르면서 기온이 급작스럽게 상승했을지도 모른다고 주장한다.[5] "특정 시대의 기후 체계는 안정과는 거리가 멀었어요. 그렇게 아주 조금씩 가해지는 불안정이 쌓이다가 결국 엄청난 작용을 하게 되죠." 스테펜센이 말했다. 현재의 기후 변화가 그렇게 급속하게 진행될지는 분명하지 않지만, 중요한 것은 그런 급속한 변화도 가능하다는 점이 밝혀졌다는 사실에 있다. 그전의 플라이스토세와 비교하면 우리의 홀로세는 예외적일 정도로 기후가 안정적이다. 농업이 융성하고 인간 사회가 확장과 발전을 이룰 수 있었던 것은 이런 안정된 기후 덕분이다. 우리에게 익숙한 이런 안정이 반드시 정상적인 것은 아니다.

나와의 일정이 끝나면 스테펜센은 딸을 데리러 학교에 가야 했다. 우리는 함께 주차장으로 걸어갔다. 교통이 혼잡해지는 퇴근 시간이 다가오고 있었다. 창문에는 햇살이 반짝였고, 머리 위로는 비행기 한 대가 꼬리에 비행운을 매달고 유유히 날아가고 있었다. 고기후학자의 관점에서는 앞으로 어떤 문제가 기다리고 있을까?

"농민은 사냥꾼을 죽였어요. 이제 우리 모두는 카인의 자식들이에요. 그래서 우리는 인간 역사의 그 어느 때보다도 기후 변화에 훨씬 더 민감하죠." 스테펜센이 말했다. "나는 우리가 무심코 식품 생산에 영향을 주는 일련의 사건을 유발하는 게 가장 두려워요. 비가 내려야 할 곳에 갑자기 비가 내리지 않고, 비가 오지 않아도 되는 곳에는 난데없이 비가 내리고……. 변화가 너무 갑작스럽게 일어나서 농민들이 아무 대처도 할 수 없는 것, 그게 나는 가장 두려워요."

❖ ❖ ❖

오후 2시가 되자 팡테옹 광장에서는 얼음덩어리들이 녹아내렸다. 바삐 움직이는 엘리아손은 지쳐 보였다. 나는 빙하 형태로 주얼리를 만드는 회사에 다닌다는 한 젊은 남자와 이야기를 나누었다. "우리는 빙하 표면에서 곧바로 틀을 떠요." 그가 열정적으로 말했다. 예술 집단들이 환경에 미치는 영향을 측정하고 관리하여 이를 줄이는 것을 돕는 단체 줄리의 자전거Julie's Bicycle에서 나온 한 여자는 내게 「아이스 워치」가 이산화탄소 30톤의 탄소 발자국을 남겼다고 말했다. 이는 프랑스 파리에서 그린란드 누크까지 30명의 사람이 왕복 비행을 했을 때와 맞먹는 양이었다. 한 아이는 부모의 눈길을 피해서 빙하를 핥아먹었다.

「아이스 워치」는 엘리아손의 여러 작품들과 마찬가지로 거의 물리적인, 감각적인 반응을 먼저 유발한다. 그런 다음 한발 물러서서 그 경험에 대해 생각하게 한다. "와우"라는 경탄이 "아하"라는 감탄으로 이어지게 하는 것이다. 그리고 COP21에서 그가 사람들이 생각하기를 바란 것은 당연히 기후 변화이다. 그의 웹사이트에는 다음과 같은 글이 있다.

> 나는 한 사람의 예술가로서 내 작품이 사람들의 마음을 움직일 수 있기를 바랍니다. 그래서 그전까지는 추상적으로 보였을지 모를 무엇인가를 현실로 바꿔놓을 수 있기를 희망합니다. 예술은 세상에 대한 우리의 인식과 관점을 변화시킬 능력이 있고, 「아이스 워치」는 우리가 직면한 기후 문제를 직접 체감하게 해줍니다. 나는 이 작품이 기후 행동을 위한 공동의 노력에 영감을 불어넣기를 바랍니다.

나는 얼음덩어리에서 녹아내린 물이 도로의 포석 위로 떨어져서 광장을 가로질러 흘러가는 것을 지켜보았다. 태양, 그리고 지나가는 사람들의 손길이 그 얼음을 데우고 있었다. 기후 변화는 작지만 분명하다. 기후 변화는 손으로 만질 수 있다. 그린란드의 지질학자인 로싱은 누구보다도 뛰어난 사람이었다. 그의 아버지인 옌스 로싱은 그린란드의 국가 문장紋章을 만들었고, 로싱 자신은 방대한 고대 그린란드 암석에 대한 최근 연구를 통해서 지구에서 생명이 지금까지의 생각보다 수억 년 더 일찍 기원했음을 밝혔다. "과학자들은 과거의 기후를 알기 위해서 얼음층을 연구하지만, 인간 사회에서 일어난 일도 알 수 있어요." 그는 내게 이렇게 말했다. 얼음 속에서 산업혁명은 이산화탄소, 황, 메탄 농도의 급등으로 나타난다. 돈의 발명(또는 적어도 기원전 6세기 무렵에 그리스에서 주화가 널리 이용된 것)은 은 생산의 부산물인 납의 급증으로 드러난다. 1929년의 이산화탄소 농도 급감은 경제 불황을 나타낸다. 빙하는 홀로세 동안의 인류 역사를 간직한 기록 보관소이다. "지금 당장 일어나는 과정(기후 변화)을 우리에게 보여주는 동시에 이런 현재가 어디에서 유래했는지를 이해할 수 있는 역사적 배경을 알려주기도 해요." 그가 말했다.

그리고 아득한 미래에도 그 얼음 속에는 우리가 남긴 흔적이 있을 것이다. 지금 우리가 2만 년 전 플라이스토세에 무슨 일이 있었는지에 대한 증거를 찾을 수 있듯이, 만약 그린란드의 얼음이 보존된다면 2만 년 후의 지질학자가 그 얼음을 보고 파리 협약이 성공했는지를 판단할 수 있을 것이다. 만약 얼음이 사라진다면, 그 자체로도 당연히 답이 될 것이다.

❖ ❖ ❖

파리 협약은 2016년 11월 4일에 발효되었고, 곧바로 많은 사람들에게 실망을 안겨주었다. 사람들의 불만은 협약이 기본적으로 약하다는 것이었다. 각 나라의 참여는 기본적으로 강제성이 없고, 설사 자발적 참여로 목표를 달성한다고 해도 지구 온난화는 여전히 위험한 수준이기 때문이었다. 낙관적인 사람은 기후 변화에 대해 전 지구적 합의를 이루려는 노력이 20년 넘게 무산되어온 상황에서 어떤 식으로든지 합의에 이른 것만으로도 역사적 성과라고 봐야 한다고 지적할지도 모른다. 서명을 하지 않은 국가는 시리아와 니카라과뿐이었다. 시리아는 협상 당시 전쟁으로 초토화된 상태였고, 니카라과는 합의가 너무 약하다고 주장했다.

그러던 2017년 6월에 도널드 트럼프가 이 협약에서 미국이 탈퇴하겠다고 선언하며 국내외적인 경악을 불러일으켰다. 「블룸버그 비즈니스위크*Bloomberg Businessweek*」에는 "트럼프가 기후 협약을 파기한다면, 미국은 패배자이다"라는 제목의 기사가 실렸다. 미국의 다국적 석유회사인 엑슨모빌조차 형편없는 결정이라고 생각했고, 캘리포니아 주와 뉴욕 주와 워싱턴 주는 모두 파리에서의 결정을 지키기로 합의했다(이 글을 쓰는 시점에는 조 바이든 미국 대통령 당선인이 2021년에 취임하면 파리 협약에 복귀할 것으로 보인다).

나는 스테펜센의 말을 생각했다. 내가 기후 변화를 부정하는 시각에 대해 물었을 때, 그는 이렇게 대답했다. "내가 매번 감탄하는 사실이 있는데, 유전적으로 사람은 증거를 묵살하면서 세상을 더 단순하게 보는 쪽으로 만들어져 있다는 거예요. 어떤 사람은 그런 세계관에 종교와 기후 변화가 공존할 수 없다는 믿음을 포함시키죠. 나는 여러모로 독실한 기독교인이지만, 내 마음속에는 과학과 종교의 자리가 따로 있고 그 둘은 전혀 연관이 없어요. 과학은 신의 존재를 증명하거나 반증하는 게 결코 아니에요. 하늘을 보세요. 은하들이 있고, 암흑물질이 있고, 온갖 쓰레기가 있다는 사실을 안다고 해서 그 아름다움과 경이로움이 사라지지는 않잖아요."

한편 그린란드에서는 빙상이 계속 녹아가고 있다. 매해 여름뿐만이 아니라 심지어 빙상이 전체적으로 커지는 시기에도 빙상의 가장자리는 녹아내리고 있다. 「사이언스*Science*」에 게재된 한 기사에 따르면, 2016년에는 "빙상이 일찍 녹기 시작했고 해빙 현상은 내륙으로 빠른 속도로 퍼져나가고 있다. 4월에 이르자 빙상 표면의 12퍼센트가 녹아가고 있었다. 평년에는 6월까지도 녹는 범위가 10퍼센트에 이르지 않는다." 변화의 속도는 연구자들을 충격에 빠뜨렸다. 지구물리학자인 이사벨라 벨리코냐는 "변화가 우리의 예상보다 훨씬 빠르게 진행되고 있다"라고 말했다.[6]

위성 관측과 얼음코어 및 모형에 대한 분석을 기반으로 하는 새로운 연구를 통해서 2018년에 밝혀진 바에 따르면, 그린란드 빙상은 적어도 지난 350년 사이에 가장 빠른 속도로 소실되고 있다.[7] 과학자인 앤디 애쉬원든은 2020년에 「네이처*Nature*」에 기고한 글에서 "온실가스 배출을 충분히 줄이지 않는 한, 그린란드의 빙하가 유례없이 빠른 속도로 사라지는 것"을 21세기에 보게 될 것이라는 예상이 "점점 더 확실해지고 있다"라고 썼다.[8]

❖ ❖ ❖

오후 3시가 되자, 물은 내리막을 따라 에펠탑 방향으로 흘러내려갔다. 사람들은 얼음을 배경으로 셀피를 찍거나 서로 사진을 찍어주었다. 북극 얼음의 냉기를 느끼려면 아주 가까이 가야만 했다.

나는 코펜하겐의 지하실에 있던 얼음코어를 다시 떠올렸다. 그린란드의 빙상이 더 많이 사라질수록 그 얼음코어들의 중요성은 더 커질 것이다. 어쩌면 언젠가는 코펜하겐의 그 지하실에서 내가 본 얼음코어가 현재 넓이 170만 제곱킬로미터인 빙상에서 남아 있는 전부가 될 날이 올지도 모른다.

엘리아손은 CNN과의 촬영을 끝내고 로싱과 내가 서 있는 쪽으로 왔다. "회의 기간 동안에는 버틸 수 있을 거라고 생각했는데……." 그는 얼음덩어리를 가리키며 이렇게 말하고는 고개를 가로저었다.

로싱이 고개를 끄덕였다. "지금 봐서는 사나흘밖에 못 갈 것 같아요."

03

얕은 시간

지질학자들에게 메카가 있다면 단연 시카 포인트일 것이다. 바위투성이의 작은 곶인 시카 포인트는 에든버러에서 동쪽으로 65킬로미터쯤 떨어진 스코틀랜드 동부 해안을 따라 넓게 자리 잡은 베릭셔 카운티의 한 절벽 아래에 있다. 많은 지질학 교재의 앞부분에는 이곳의 그림이 있고, 뉴욕의 미국 자연사 박물관에는 청동으로 만든 이곳의 모형이 있다. 지질학도들에게는 "허턴의 부정합Hutton's Unconformity"이라고도 불린다. 18세기 스코틀랜드의 농부이자 자연학자인 제임스 허턴은 지질학이라는 과학의 등장을 위한 토대를 다졌고, 시간에 대한 우리의 이해에 일대 변혁을 일으킨 인물이다.

시카 포인트로 향하는 길은 콕번스패스라는 작은 마을에서 해안을 따라 이어져 있다. 길을 사이에 두고 한쪽에는 북해의 옅은 회색 바다가, 한쪽에는 푸른 들판이 펼쳐진 곳이다. 들판의 붉은 흙은 풀과 대조를 이루어 더욱 발갛게 보였다. 노란 가시금작화가 핀 곳에서는 어울리지 않게 달콤한 코코넛 냄새가 났다. 하늘에는 구름이 가득했고 나는 방수 재킷을 입고 있었다. 비닐로 된 투명 지도 케이스에는 남편 조니가 한사코 가져가지 않으려고 했던 영국 국립지리원의 지도가 들어 있었다. 시골에서 자란 남편은 밝은색의 비옷과 지도 케이스와 요란한 산행 장비를 질색한다. 걸스카우트 단원이었던 나는 이런 것들을 준비라고 부른다.

투명한 하늘을 배경으로 윤곽을 드러낸 세인트헬렌 성당의 돌무더기 폐허와 채소 가공공장의 입구를 지나자 가파른 언덕이 나타났다. 풀이 무성한 그 언덕은 거의 직각에 가까울 정도로 가파른 절벽의 꼭대기였고, 그 절벽에서 한참 아래에 시카 포인트의 바위가 있었다. 제임스 허턴은 친구인 존 플레이페어, 제임스 홀 경과 함께 1788년에 배를 타고 이곳에 왔다. 육지 쪽에서 시카 포인트에 가려면 풀이 난 가파른 절벽을 기어서 내려가야 했는데, 나는 그 자리에 이르러서야 그 사실을 깨달았다. 이 순례길의 마지막 구간은 붉은 진흙이 번들거리는 길고 좁은 길이었다. 안내판에는 이렇게 쓰여 있었다. "경고. 바위로 내려가는 이 비탈은 가파르고 위험합니다. 안전사고는 본인의 책임이니 조심해서 내려가십시오." 자신감을 북돋아주는 문구는 아니었다. 낡은 나무 울타리 기둥에 누군가 묶어둔 붉은 밧줄이 있었다. 파도가 덮치는 바위를 보지 않으려고 애쓰면 그 밧줄에 매달려 조금씩 내려갈 수 있을 것 같았다.

마침내 우리 중 하나가 입을 뗐다. "그럼, 가볼까?"

예전에는 시간의 깊이가 얕았다. "이 불쌍한 세계는 거의 6,000년이 되었답니다." 셰익스피어의 『뜻대로 하세요*As You Like It*』에서 로절린드는 올

랜도에게 이렇게 말한다.[1] 셰익스피어의 희곡집이 처음 출간된 1623년 당시에는 이것이 정설이었다. 극작가들뿐만 아니라 독일의 천문학자인 요하네스 케플러 같은 위대한 과학자들도 그렇게 받아들였다. 1658년, 아마의 대주교이자 아일랜드의 총대주교인 제임스 어셔는 『세계의 연대기*The Annals of the World*』라는 책에서 이 문제를 확실하게 못 박았다.[2] 그는 성서의 연대표를 활용해서 세계사의 연대를 정하려고 시도했고, 기원전 4004년 10월 22일에 세상이 시작되었다고 발표할 수 있었다. 심지어 요일은 토요일, 시간은 저녁 6시쯤으로 특정되었다(역사학자인 마틴 러드윅의 지적처럼, 이런 계산을 한 어셔는 오늘날 우리가 말하는 "창조론자"나 "젊은 지구론자"가 아니라 "그 시대의 문화생활에서 주류에 속했던 사회 참여적 지식인"으로, 당시에 가장 널리 통용되던 과학 이론을 활용했다.[3] 아이작 뉴턴도 이런 위업을 시도했던 지식인 가운데 한 사람이었다). 어셔가 죽고 약 50년 후, 그의 연대표는 제임스 1세의 명으로 새롭게 번역된 영어 성서에 실리면서 권위를 얻게 되었다. 그 권위는 그로부터 200년간 유지되었다.

18세기 중반이 되자, 이 이야기 속의 결함들이 드러나기 시작했다. "이를테면 중국인들은 노아의 홍수가 기원전 2300년경에 일어났다는 이야기를 비웃었다." 전기 작가인 스티븐 백스터는 이렇게 썼다.[4] 유럽 선교사들은 "중국인들의 역사 기록은 그보다 수 세기 전으로 거슬러 올라가는데, 거기에는 전 세계적인 대홍수에 대한 언급이 없다"는 점을 발견했다. 유럽에서는 과학적 소양을 갖춘 사색가들이 곤란한 문제들을 스스로 고민하기 시작했다. 프랑스의 자연학자인 뷔퐁 백작 조르주-루이 르클레르는 지구가 6,000년보다 훨씬 더 오래되었다고 확신했다. 그는 그 점을 증명하는 작업에 착수했다.

17세기 독일의 박식가인 고트프리트 빌헬름 라이프니츠는 지구는 원래 액체 상태의 구였으며 지금도 액체 상태의 핵을 가지고 있을 것이라고 추측했다. 이 추측은 뷔퐁이 직접 관찰한 결과와도 일치했다. 이를테면 뷔퐁은 광산에서는 지하로 내려갈수록 온도가 높아진다는 점을 알고 있었다. 만약 그가 액체 상태의 구가 냉각되는 속도를 구할 수 있다면, 지구의 나이도 알아낼 수 있을 것이었다. 1760년대에 뷔퐁은 강철 공을 거의 녹는점에 이를 정도로 가열한 다음 냉각되는 시간을 측정하는 일련의 실험을 시작했다. 당시의 조악한 온도계를 믿을 수 없었던 그는 강철 공을 1분 동안 들고 있어도 손을 다치지 않을 정도로 충분히 식을 때까지 걸리는 시간을 측정했다. "이 과정의 중대한 문제점은 가끔씩 부상을 입는다는 것이다." 층서학자이자 고생물학자인 얀 잘라시에비치는 이렇게 썼다. "게다가 뷔퐁은 여성의 손(알다시피 더 민감하다)을 최고의 측정 장비로 여겼던 것 같다."[5] 1778년에 뷔퐁은 자신의 가장 유명한 책인 『자연의 시대*Des Époques de la Nature*』에서 그 결과를 발표했다. 잘라시에비치는 짬이 날 때마다 이 책을 틈틈이 번역하고 있는데, 그는 이 책이 과학을 토대로 한 최초의 지구 이야기라고 지적한다. 이 책에서 뷔퐁은 지구의 새로운 나이를 발표했다. 그가 추정한 지구의 나이는 6,000년이 아니라 무려 7만5,000년이었다.

그 당시에 종교적 교리에 도전하는 글을 썼다가는 자신의 경력을 스스로 망칠 수도 있었기 때문에, 실리적이었던 뷔퐁은 "순수하게 가설에 불과한" 지구에 대한 그의 생각이 "어떤 가설에도 얽매이지 않는" 종교적 믿음이라는 "변함없이 자명한 이치"를 조금도 손상시킬 수 없다고 주장하는 단락을 그의 책에 포함시켰다. 잘라시에비치의 글에 따르면, 대체로 "그 전략이 통해서" 지구의 진짜 나이가 7만5,000년 이상일지도 모른다는 믿음이 암암리에 퍼지는 와중에도 뷔퐁은 골칫거리와 구설수를 피할 수 있었다. 출판되지 않은 뷔퐁의 원고 중에는 300만 년에 더 가까울지도 모른다는 주장도 있다.[6]

300만 년이라고 해도 뷔퐁의 지구는 지나치게 젊었지만, 이는 깊은 시간 속에 존재하는 지구를 상상하려는 초기 시도라는 점에서 중요하다. 이런 개념 없이는 오늘날의 지질학, 물리학, 천체물리학 이론은 물론이고, 심지어 진화론도 나올 수 없었을 것이다. 다윈의 이론은 진화적 변화가 일어날 수 있는 충분한 시간이 주어질 때에만 이치에 맞기 때문이다.

1778년에는 시간의 깊이가 아직은 너무 얕았다. 그로부터 10년 후, 제임스 허턴은 시카 포인트에서 이 난제를 이어받게 되었다.

내가 도서관에서 빌려온 에든버러 안내서의 에든버러 출신 명사 목록에는 제임스 허턴의 이름이 없었다. 로열마일의 거리에도 허턴과 계몽주의 시대를 함께 보낸 경제학자 애덤 스미스와 철학자 데이비드 흄의 동상은 있어도, 허턴의 동상은 없었다. 데이비드 흄의 동상은 축 쳐진 가슴 한쪽이 드러나는 로마 시대 의상을 걸친 꽤 화려한 모습으로 만들어졌는데, 시험 전에 행운을 기원하는 철학도들의 손길에 닳아서 발가락이 황금색으로 반질거렸다. 허턴은 에든버러 구시가에 위치한 그레이프라이어스 교회에 묻혔지만, 그 교회 웹사이트에서는 그의 이름을 찾아볼 수 없었다. 잔뜩 흐리고 꿉꿉했던 어느 날 아침, 우리는 그의 무덤을 찾아 그레이프라이어스 교회로 향했다. 교회 경내는 매끄럽게 윤을 낸 분홍색 화강암 묘비 앞에서 사진을 찍는 스페인 관광객들로 북적였다. 죽은 주인의 무덤을 14년 동안이나 지켰다는 이야기가 전해지는 그레이프라이어스 바비라는 스카이 테리어의 무덤이었다. 확실히 이 테리어의 무덤이 허턴의 무덤보다 더 눈길을 끌었고, 허턴의 무덤은 어디에도 보이지 않았다. 우리는 교회 안을 돌아다니다가, 일요 예배가 끝난 후 뒷정리를 하고 있던 백발의 교구 위원과 이야기를 나누게 되었다. 그는 허턴을 찾아왔다는 우리의 말에 매우 반가워했다. 원래는 물리학도였다는 그는 자신의 교회가 허턴이라는 위인과 연관이 있다는 점을 자랑스러워했다. 그는 열쇠 꾸러미를 가져다놓을 동안 기다려달라고 우리에게 양해를 구했다.

허턴의 무덤은 눈에 띄지 않는 곳에 있었다. 담장으로 둘러싸여 있고 따로 출입문이 있는 조용한 그 구역 안에는 가족 묘역이 두 줄로 늘어서 있었다. 그는 그의 어머니 덕분에 밸푸어 묘역에 있었다. 허턴에 대한 언급은 수년 동안 그 무덤 어디에도 없었다. 그러다 1947년에 빨간 벽돌담에 연회색의 소박한 직사각형 화강암 명판이 부착되었다. 명판에는 "제임스 허턴 이곳에 잠들다. 왕립 에든버러 학회 회원, 1726-1797, 근대 지질학의 창시자"라고 쓰여 있었다.

나는 교구 위원에게 조금 서글프다고 말했다. 18세기의 가장 중요한 사상가들 중 한 사람이 그렇게 오랫동안 이름도 없는 무덤에 누워 있었고, 지금도 그를 알려주는 것이라고는 초라한 명판뿐이라는 점이 쓸쓸해 보였다. 교구 위원은 고개를 갸웃했다. "그건 당신이 죽음을 단지 끝이라고만 생각하는지, 아니면 어딘가로 가는 여정이라고 생각하는지에 따라 다른 것 같아요." 그가 말했다. 또는 허턴 자신의 말처럼, "우리는 죽음이 사유의 한 상태에서 다른 상태로 가는 통로일 뿐이라고 생각해야 한다."[7]

제임스 허턴은 1726년에 그레이프라이어스 교회에서 그리 멀지 않은 곳에서 태어났다. 상인이자 에든버러 시의 회계 담당자였던 그의 아버지는 그가 세 살 때 세상을 떠났고, 베릭셔에 있는 두 농장과 가족을 부양할 책임을 그에게 남겼다. 에든버러에서 의학을 공부한 후, 그는 에딩턴이라는 아가씨와 사귀게 되었다. 에딩턴이 1747년에 낳은 아들이 허턴의 유일한 자식이었다. 이 시기 허턴의 삶이나 에딩턴의 운명에 대해서는 별로 알려진 바가 없다. 추측컨대 허턴은 경제적 도움을 준 것 외에는 아들과 교류가 별로 없었던 것 같다. 그는 파리와 라이덴에서 의학 공부를 이어갔지만, 의사로 개업을 하기보다는 이스트앵글리아 지방과 북해 연안의 국가들을 다니며 농업 기술을 공부하는 데 1750-1754년의 많은 시간을 보냈다. 1754년, 그는 자신이 배운 근대적인 농업 방식을 실행하겠다는 열망을 안고 저지대에 있는 그의 농장 슬라이하우스로 이주했다. 일부 전기 작가들은 사생아에 대한 추문과 가장으로서 직면한 금전적 압박이 그가 에든버러를 떠나기로 결정한 요인으로 작용했으리라고 추측했다. 진실이 무엇이든, 슬라이하우스로 이주하면서 허턴은 그의 평생을 바친 연구를 시작했다.

도시의 지적인 삶에 익숙한 허턴은 슬라이하우스에서 자주 우울했다. 농사로 성공을 거두기로 결심한 그는 몇 시간씩 고된 육체노동을 했다. 들판에서 돌을 파내고 배수로를 팠다. 이스트앵글리아 지방과 북해 연안 국가들을 여행하는 동안, 그는 주변의 암석과 지형에 점점 더 관심을 기울이기 시작했다. 슬라이하우스에서 일을 하면서 그의 관심은 스코틀랜드의 해안지대로 쏠렸다. "허턴이 직면한 어려움 중 하나는 과도한 토양 침식이었어요." 제임스 허턴 연구소의 소장인 콜린 캠벨은 이렇게 말했다. "그는 어떻게 하면 지면에 토양을 유지할 수 있는지, 폭풍우에 토양이 강으로 쓸려가는 것을 막을 수 있는 방법은 무엇인지를 늘 궁금해했어요."[8]

당시 과학적 통설에는 지구의 계속적인 형성에 대한 설명은 없고, 파괴에 대한 설명만 있었다. 성서에서는 창조가 단 한 번뿐이라고 가르쳤다. 만약 이것이 옳다면, 모든 산은 닳아 없어져야 하고 결국에는 땅도 모두 사라져야 맞는다. 그러나 허턴은 회복 과정이 있음을 확신하기 시작했다. 만약 그가 농장에서 지키려고 애를 쓰던 토양과 침식된 암석 알갱이가 다시 합쳐진다면 어떨까? 그것이 결국에는 굳어서 새로운 암석이 된다면 어떨까? 땅이 파괴되고 있을 뿐 아니라 창조도 되고 있다면 어떨까?

2억8,000만–2억2,000만 년 전, 스코틀랜드의 머리 만 분지와 잉글랜드 중부의 대부분은 덥고 건조한 사막이었다. 지구 전체에 걸쳐 해수면의 수위가 낮아지고 바닷물이 물러나면서 광활한 모래 평원이 드러났고, 모래 언덕들 옆으로는 오늘날 페르시아 만에서 볼 수 있는 것과 비슷한 드넓은 소금 평원이 있었다. 그 모래 중 일부는 우리가 뉴레드 사암이라고 부르는 암석이 되었다. 그러나 그 색은 붉은색보다는 조금 더 부드럽고 따뜻한 장밋빛이다. 1800년대 후반, 작은 탑이 있는 고딕 복고 양식의 건물로 지어진 스코틀랜드 국립 초상화 미술관이 에든버러 퀸스트리트에 새롭게 들어섰다. 이 건물 내부의 한쪽 벽에서는 자그마한 허턴의 동상을 볼 수 있다. 그러나 허턴 연구자인 앨런 매커디의 말에 따르면, 대부분의 관람객은 그것이 누구의 동상인지 알지 못하고 그냥 지나친다. 이 미술관에는 헨리 레이번 경이 그린 허턴의 초상화도 있다. 어느 오후, 나는 그 그림을 보러 갔다.

허턴의 성격에 대한 묘사는 금욕적이라는 표현에서부터 외설적이라는 평가까지 천차만별이다. 그의 손아래 친구이자 첫 전기 작가인 존 플레이페어에 따르면, 그는 "소식을 하며 술은 입에도 대지 않고", 그의 "훌쭉한 얼굴"은 "남다른 예민함과 열정적인 심성에 어울린다." 게다가 그는 "진정한 단순성을 지니고 있는데, 이는 그에게 이기심과 허영심이 전혀 없다는 데에서 비롯된다. 이렇듯 단순한 그는 자신을 전혀 돌아보지 않는다. 그래서 있는 것을 없는 척하지도 않고, 없는 것을 있는 척하지도 않는다."[9] 한편 허턴에 대한 책을 쓴 스티븐 백스터는 허턴의 편지에는 "따뜻하고, 충동적이고, 상스럽고, 재미있고, 욕정이 넘치고, 자주 술에 취하는" 사람의 모습이 드러난다고 주장한다.[10] 매커디의 글에 따르면, "허턴은 브랜디 토디(브랜디에 꿀과 향신료와 뜨거운 물을 넣어 만드는 음료/옮긴이)를 즐겼다."[11]

레이번의 초상화 속 허턴은 짙은 갈색 재킷과 조끼와 반바지를 입고 있고, 가발을 쓰지 않았다. 코는 길고, 머리가 벗겨져서 이마선이 뒤로 물러난 그의 이마는 반구처럼 동그랗다. 탁자 위에는 거칠게 그려진 암석과 조개껍데기 화석 몇 개와 함께, 허턴이 농부로 지낸 14년의 지혜가

집대성된 "농업의 원리Elements of Agriculture"라는 제목의 미발표 원고가 놓여 있었다. 로버트 루이스 스티븐슨은 이 초상화에 대해서 이렇게 썼다. "퀘이커 교도 같은 복장의 지질학자 허턴은 젊은 아가씨보다는 화석에 더 관심이 있을 것 같은 반듯하고 단정한 모습이다."[12] 근처에 있는 그의 친구 조지프 블랙의 초상화는 후광이 비치는 화학자의 모습이다. 가발을 쓴 블랙은 누군가를 쳐다보면서 팔을 벌려 유리관을 높이 들고 있다. 허턴은 의자에 비스듬히 걸터앉아서 어색하게 다리를 꼬고 있다. 그는 양손을 무릎 위에 다소곳이 포개고, 우수에 잠긴 얼굴로 먼 곳을 바라본다. 블랙은 강연 중에 포착된 것처럼 보이고, 허턴은 어딘가 다른 곳에 있고 싶어하는 것처럼 보인다.

이 초상화들이 그려질 무렵, 마흔한 살이었던 허턴은 누이들과 함께 살기 위해서 에든버러로 돌아왔다. 그의 이름과 연관된 추문은 수그러들었고, 그의 재정적인 전망도 개선되었다. 몇 해 전에 그와 그의 오랜 친구인 제임스 데이비는 에든버러의 굴뚝 청소부들이 모은 검댕으로 살암모니악sal ammoniac, 즉 암모늄염과 염화수소를 만드는 방법을 고안했다. 살암모니악은 허턴의 시대에는 염색업에 이용되었고, 황동과 주석으로 하는 작업에도 활용되었다. 그전까지 살암모니악은 전량 이집트에서 수입되었는데, 이것을 직접 만듦으로써 허턴과 데이비의 사업은 드디어 짭짤한 수익을 내게 되었다. 마침내 생활비를 벌기 위해서 농사를 지어야 하는 삶에서 해방된 허턴은 자신이 사는 도시에 스코틀랜드 계몽주의라는 지적인 분위기가 한창 무르익고 있음을 발견했다. 당시 그의 친구들과 동시대인들의 명단을 보면, 마치 위인 목록을 읽는 것처럼 데이비드 흄, 존 플레이페어, 애덤 스미스, 조지프 블랙, 제임스 와트, 시인 겸 작사가인 로버트 번스 같은 이름이 가득하다. 허턴은 스미스와 함께 오이스터 클럽Oyster Club이라는 신사들의 사교모임을 만들었다. 백스터의 글에 따르면, 술은 보르도산 적포도주가 선택되었고 "신사들은 식후에 마신 주량에 따라서 두 병 술꾼이나 세 병 술꾼으로 분류되었다."[13]

허턴은 화석과 온갖 화학 실험 장비가 발 디딜 틈 없이 가득한 방에 앉아 연구를 하면서, 슬라이하우스에서 구상하기 시작한 그의 학설들에 골몰했다. 그는 궁금했다. 도대체 어떤 힘이 풍화된 자갈과 모래 알갱이들을 새로운 바위로 변모시킬 수 있었을까? 물속에서 형성된 그 암석들은 어떻게 솟아올라서 새로운 땅이 될 수 있었을까?

플레이페어에 따르면, 허턴은 그 답을 1780년대 초반에 찾아냈다. 처음에 허턴은 그의 추측을 플레이페어, 블랙, 또다른 친구인 존 클러크에게만 이야기했다. 플레이페어는 이렇게 썼다. "그는 그의 학설을 발표하려고 서두르지 않았다. 그는 새로운 발견을 했다는 칭송을 받기보다는 진리를 관조하는 것에 더 기뻐하는 사람이었기 때문이다."[14] 그러나 1785년에 그의 논문「지구의 이론Theory of the Earth」은 왕립 에든버러 학회의 두 회의에서 낭독되었다. 그는 자신의 딜레마에 대한 답을 찾았다. 바로 열이었다.

허턴은 지구가 영구적으로 재생되는 체계라고 주장했다. 파괴와 복구가 끊임없이 돌고 도는 이 주기는 현재 작동하는 물리적 과정을 이해함으로써 설명될 수 있다. 그는 (뷔퐁처럼) 지구의 중심에는 액체 상태의 둥근 덩어리가 있다고 제안했다. 이 액체 상태의 중심부에서 나오는 열이 새로운 암석을 만들기 위한 메커니즘을 제공한다는 이야기였다. 어떤 암석은 녹았다가 다시 냉각되어 화강암 같은 화성암을 형성했고, 대양에 쌓인 퇴적물은 무엇인가 구워지는 과정을 거쳐서 단단한 퇴적암이 되었다. 오늘날 우리는 판의 이동 역시 열에 의해서 일어난다는 것을 알고 있다. 판의 이동은 대륙 지괴地塊를 움직이게 하고, 그 결과 육지가 솟아오른다.

지질학자 겸 방송인인 이언 스튜어트에 따르면, 200년도 더 된 옛날에 "허턴은 거의 다 옳았다."[15] 그러나 에든버러 학회에서 그의 청중은 무관심과 몰이해와 반감이 뒤섞인 반응을 보였다.

허턴은 그렇게 많은 암석이 퇴적물에서 기원했다는 것은 과거 "세계들의 연속성", 즉 서식 가능한 지구를 유지하기 위해서 설계된 것처럼 보이는 체계의 증거라고 주장했다. 이에 대해서 그가 남긴 말은 아마도 지질학에서 가장 유명한 문장일 것이다. "따라서 현재까지 우리가 조사한 것의 결론은 태초의 흔적도, 종말을 예견할 가능성도 찾지 못했다는 것이다."[16]

앨런 매커디와 도널드 B. 매킨타이어의 글에 따르면, "허턴의 반대자들은 마치 허턴이……태초도 없었고 종말도 없으리라고 주장한 것처럼 그의 말을 왜곡했다."[17] 허턴은 아주 곤란하게도 무신론자라는 의심을 받았다. 그러나 허턴에게는 지구가 파괴될 운명이라는 생각이 더 이단처럼 보였고, 자애로운 하느님의 뜻과 배치되는 듯했다.

왕립학회의 일로 기분이 상한 예순 살의 허턴은 사람들을 설득하려면 더 많은 증거를 찾아야 한다는 사실을 깨달았다. 그리고 증거를 모으려면 암석으로 돌아가야 했을 것이다. 허턴은 자신이 수집한 표본을 "하느님이 손수 쓴 하느님의 책"이라고 불렀다.[18]

❖ ❖ ❖

시카 포인트의 절벽 아래에서 나는 허턴이 1788년에 다시 찾았던 평평한 바위 위에 서 있었다. 하늘은 희고 구름이 가득했다. 파도는 바위에서 끊임없이 부서지는 소리를 냈고, 물색은 소금으로 뒤덮인 녹색 유리 같았다.

당시 허턴은 증거를 찾기 위해서 이미 스코틀랜드 곳곳을 돌아다닌 뒤였다. 3일 여정으로 하일랜드 퍼스셔에 있는 글렌 틸트를 다녀왔고, 그곳에서 회색 변성암을 관통하는 분홍색 화강암 암맥을 보았다. 이는 분홍색 화강암이 회색 암석과 접촉하게 되었을 때 녹아 있었다는 증거였고, 따라서 분홍색 화강암은 회색 암석보다 더 젊은 암석일 것이었다(화강암의 연대는 허턴의 학설 중에서 청중을 격분하게 만든 또다른 요소였다. 당시의 통념에서 화강암은 오래된 암석에 속했고, 가장 젊은 암석이 될 수 없었다). 글렌 틸트 답사를 다녀오고 몇 년 동안, 허턴과 홀은 암석의 형성에서 열과 압력의 역할에 대한 추가 증거를 찾기 위해서 일련의 실험을 수행했다. 연구를 진행하면서, 허턴은 파괴와 복구라는 그의 학설이 만약 옳다면 그 과정이 일어나기 위해서는 엄청나게 길고 긴 시간이 필요함을 점점 더 깨닫게 되었다. 이 새로운 주장을 뒷받침할 증거를 찾아야 했다. 1788년 6월의 어느 날, 허턴은 배를 타고 콕번스패스 인근에 있는 바위와 풀로 덮인 절벽들을 탐사하기 시작했고, 마침내 시카 포인트에 이르렀다.

시카 포인트를 처음 보았을 때, 내게는 모든 것이 똑같아 보였다. 전부 여기저기 겨자색 이끼가 붙어 있는 칙칙한 회갈색 바위일 뿐이었다.

그림 3.1 스코틀랜드 시카 포인트 (©Dave Souza)

나는 바위가 눈에 익기를 조금 기다려야 했다. 바위는 서서히 제 모습을 드러내기 시작했다. 물론 바뀐 것은 내 지각이었지만, 마치 폴라로이드 사진이 인화될 때나 디지털 파일의 밝기가 조절될 때처럼 바위가 바뀌고 있는 듯했다. 그곳에는 색과 형태가 뚜렷하게 구별되는 두 종류의 바위가 있었다. 하나는 금방 칠한 회반죽처럼 칙칙하고 회색이 도는 분홍색이었다. 그 바위는 수평으로 놓여 있었다. 그 아래에는 짙은 회색과 옅은 회색이 얼룩덜룩 섞여 있고 희미하게 푸른색이 도는 바위가 있었다. 이 바위의 층은 서류 보관함에 들어 있는 서류 다발처럼 거의 수직으로 서 있었다. 홀, 플레이페어와 함께 배를 타고 이곳에 도착한 허턴은 이 두 바위 층이 대단히 격렬하고 장대한 이야기를 전하고 있음을 깨달았다.

회색 암석은 사암의 일종인 잡사암이다. 원래는 바다 밑바닥에 수평으로 쌓였고, 나중에 위로 비틀려 올라가면서 95도 기울어졌다. 그리고 아주 긴 시간이 흘렀다. 잡사암 위에는 새로운 암석으로 이루어진 새로운 세계가 형성되었다. 이번에는 이 새로운 암석이 침식된 물질이 회색 암석 위에 쌓였다. 마침내 이렇게 쌓인 물질이 다져지고 고결되어서 새로운 암석, 즉 구적색 사암이 되었다. 허턴은 자신의 주변에서 작동하는 이런 침식과 퇴적 과정을 1788년에 관측할 수 있었는데, 그 관측의 시작은 슬라이하우스에서 지낸 시절까지 거슬러 올라간다. 게다가 이 과정이 작동하는 속도가 매우 느리다는 점은 시카 포인트의 경관이 만들어지려면 6,000년보다, 아니 어쩌면 7만5,000년보다도 훨씬 더 긴 시간이 필요할 수 있다는 점을 보여주었다.

그 바위를 가만히 바라보면서, 허턴은 아주 느리고 끊임없이 이어지는 지구의 순환을 상상했다. 훗날 플레이페어는 이렇게 썼다. "시간의 심연 속을 깊숙이 들여다보고 있자니 정신이 점점 더 아득해지는 것 같았다."[19]

1791년, 블랙은 와트에게 쓴 편지에서 허턴이 많이 아파 매우 위독한 상태라고 알렸다. 허턴은 회복되기는 했지만, 전립선 문제로 추정되는 그 고통으로 인해서 건강에 중대한 변화를 맞았다. 그후의 여생 동안 그는 자주 앓아누웠다.

당시 허턴은 여전히 에든버러에서 살고 있었다. 그의 집은 세인트존

스힐에 있는 구시가지를 조금 지나서 플리전스를 살짝 벗어난 곳에 있었다. 건물은 오래 전에 사라졌지만, 1960년대부터 공터로 방치되어 있던 그 땅에는 1997년에 허턴 기념 정원이 조성되었다. 그곳은 이상한 장소이다. 짙은 녹색의 생울타리가 둘러쳐진 그 작은 땅은 대학 기숙사 건물과 주차 빌딩의 뒤편 사이에 끼어 있고, 자갈이 깔린 바닥에는 담배꽁초가 흩어져 있다. 주차 빌딩의 환기구에서 끊임없이 윙윙거리는 소리가 나는 그곳에는 몇 개의 바윗돌이 놓여 있다. 화강암 암맥을 드러낸 커다란 바위 2개는 글랜 틸트에서 온 것인데, 화강암의 기원에 대한 허턴의 연구를 보여준다. 3개의 다른 암석은 던블레인에서 가져온 역암(자갈 같은 굵은 알갱이가 보이는 퇴적암)으로, 지질학적 과정의 순환 특성에 대한 허턴의 이해를 나타낸다.

1797년 3월 26일 토요일, 허턴은 극심한 통증을 느끼며 잠에서 깼다. 그는 새로운 광물 명명 체계에 대한 몇 가지 메모를 하면서 일을 하려고 애써보았다. 그러나 통증은 더욱 심해졌다. 그날 저녁에 치료를 받으려고 의사를 불렀지만, 때를 놓친 뒤였다. 자신의 지질학 논문에 둘러싸여 침대에 누워 있던 허턴의 마지막 행동은 방으로 들어오던 의사를 향해 손을 뻗은 것이었다.[20]

제임스 허턴은 인간의 사고를 얕은 시간의 세계에서 깊은 시간의 세계로 넘어가도록 도왔다. 그의 연구는 태양계의 중심에 지구가 아니라 태양이 있다고 주장한 니콜라우스 코페르니쿠스, 갈릴레이 갈릴레오, 요하네스 케플러의 연구만큼이나 근본적이고 중대했다. 그러나 허턴의 위

그림 3.2 제임스 허턴 기념 정원 (©Jim Barton)

대한 학설은 그의 생전에는 전혀 널리 읽히지도, 이해되지도 않았다. 그 이유는 그의 난해하고 산만한 문체 탓으로 여겨지기도 한다. 누구보다도 허턴을 열렬히 추종한 플레이페어조차 허턴의 글의 "장황함과 모호함"을 못내 안타까워했다.[21]

시카 포인트에 함께 있던 사람들이 없었다면 허턴의 연구는 아마 완전히 사라졌을 것이다. 허턴이 죽은 후, 플레이페어는 제임스 보즈웰이 쓴 새뮤얼 존슨의 전기처럼 낯부끄러울 정도로 찬양 일색인 허턴의 전기(1803)를 썼고, 허턴의 위대한 이론에 대한 간단한 입문서라고 할 수 있는 『허턴의 지구의 이론 해설*Illustrations of the Huttonian Theory of the Earth*』(1802)도 발표했다. 한편, 제임스 홀 경은 열정 넘치는 한 청년과 함께 1824년에 시카 포인트를 다시 찾았다. 스트라스모어에서 온 그 청년은 장차 19세기 전반에 영국에서 가장 유명한 지질학자가 될 찰스 라이엘이었다.

라이엘의 연구는 근대 지질학의 토대의 상당 부분을 형성했고, 그의 『지질학 원리*Principles of Geology*』(1830–1833)는 허턴의 생각을 발전시키고 대중화했다. 장쾌하고 낭만적인 문체로 쓰인 『지질학 원리』는 19세기의 블록버스터였다. 초판 4,500부가 순식간에 동이 났고, 서둘러 중쇄를 찍었다. 허턴과 대조적으로, 라이엘은 유명인사가 되었다. 그의 보스턴 강연에는 4,000명이 넘는 사람들이 표를 구하러 몰려들었다.[22]

찰스 다윈은 『종의 기원*On the Origins of Species*』에서 "찰스 라이엘 경의 대작은 후세의 역사가들이 자연과학에 혁명을 일으켰다고 인정할 만한 작품이지만, 지나간 시대의 시간이 이루 헤아릴 수 없이 광막하다는 점을 받아들이지 못하는 사람이라면 즉시 책을 덮어야 할 것"이라고 썼다.[23] 현재 지구에 작동하는 과정들이 지구의 역사를 설명할 수 있다는 허턴의 생각은 라이엘을 통해서 동일과정설Uniformitarianism이라고 알려지게 되었고, 지질학도들 사이에서는 "현재는 과거의 열쇠"라는 말로 요약되어 대대로 전해져왔다.

그러나 라이엘을 비방하는 사람들도 있었다. 그들 가운데 다수는 지구 역사에 관한 학설에서 라이엘과 경쟁관계에 있던 다른 학설의 지지자들이었다. 격변설Catastrophism이라는 그 학설은 프랑스의 위대한 고생물학자인 조르주 퀴비에의 연구와 연관이 있었다. 퀴비에는 매머드가 코끼리와 다르고 현재 지구에는 없다는 사실을 밝혀냄으로써, 종종 "만들어진" 멸종이 있다고 말했다. 퀴비에의 연구를 활용하여, 격변론자들은 지구의 역사가 천천히 꾸준하게 순환하는 것이 아니라 화산 분출이나 대멸종처럼 갑작스럽고 급속하게 일어나는 사건의 연속이라고 주장했다.

결국, 두 학설 모두 어느 정도 옳은 것으로 밝혀졌다. 오늘날 대부분의 지질학자들은 두 학설을 결합하여 깊은 시간의 세계를 보여주는 그림을 내놓는다. 그 그림에서는 천천히 꾸준하게 일어나는 연속적인 변화 과정 속에, 한 지역이나 지구 전체에 재앙을 일으키는 대이변들이 간간이 한 번씩 끼어든다.

허턴은 "태초의 흔적도, 종말을 예견할 가능성도 찾지 못했다"고 했지만, 19세기와 20세기에는 실제 지구의 나이를 알아내기 위한 노력이 이루어졌다. 1897년, 스코틀랜드의 수리물리학자인 윌리엄 톰슨 켈빈 경은 뷔퐁처럼 지구가 액체 상태에서 시작해서 일정한 속도로 냉각되어서 현재에 이르렀을 것이라고 가정했다. 그 가정을 토대로 그는 지구의 나이가 2,000만–4,000만 년이라고 추정했다. 1900년에는 아일랜드의 물리학자 겸 지질학자인 존 졸리가 대양에 있는 소금의 양을 측정해서 지구의 연대를 9,000만 년까지 올려놓았다. 조금씩 더 가까워지고는 있었지만, 아직까지 과학자들의 추정은 실제 지구의 나이에 한참 미치지 못했다.

20세기가 시작될 무렵 방사능이 발견되면서 이 논쟁도 새로운 국면을 맞이했다. 1913년, 영국의 지질학자인 아서 홈스는 방사성 연대 측정법을 활용해서 최초의 지질 연대표를 만들었다. 우라늄이 납으로 변하는 방사성 붕괴를 기반으로 암석의 연대를 측정함으로써, 그는 지구에서 발견된 가장 오래된 암석의 연대가 최소 16억 년임을 발견했다. 1950년대에 이르자 같은 방법을 통해서 지구의 나이가 45억 년이라는 결과가 제시되었고, 현재는 46억 년으로 여겨지고 있다. 뷔퐁, 허턴, 라이엘, 그리고 그들의 동시대인들은 이런 연대는 상상조차 하지 못했을 것이다.

내가 지난번에 사우스켄싱턴에 있는 자연사 박물관을 방문했을 때, 그곳의 학예사들은 이런 엄청난 지구의 나이와 그 안에서 인류가 차지하는 비중을 대중에게 쉽게 전달하기 위해서 우리에게 친숙한 24시간 비유를 활용했다. 만약 46억 년이라는 깊은 시간이 24시간이라면, 인간은 자정이 되기 2분 전에야 등장했다.

이런 비유는 우리가 얼마나 일시적이고 하찮은 존재인지를 강조하는 경향이 있다. 라이엘은 홈스가 방사능에 대한 연구를 발표하기 65년 전에 세상을 떠났지만, 아마도 그는 깊은 시간의 맥락에서 볼 때에 개별적인 종의 수명은 보잘것없다는 사실을 인정한 최초의 인간 가운데 한 사람이었을 것이다.[24] 그러나 『지질학 원리』 1권의 집필을 마친 라이엘에게 이런 하찮음은 경이로움의 밑거름일 뿐이었다. 그는 지질학이라는 새로운 과학의 출현과 깊은 시간의 세계가 서서히 밝혀지고 있음을 경축하면서, 기쁜 마음으로 이렇게 썼다. "우리는 이 행성의 표면에 잠시 머무르다가 갈 뿐이다. 그러나 비록 우리의 몸이 공간적으로는 한 점에 묶여 있고, 우리가 존재하는 시간이 찰나에 불과하더라도, 인간의 정신은 필멸자의 눈으로 볼 수 있는 범위를 초월한 세계를 헤아릴 수 있고, 인류가 창조되기 이전의 아득한 시간에 일어난 사건들을 추적할 수 있다."[25]

❖ ❖ ❖

시카 포인트에서 우리는 바위 위에 웅크리고 앉았다. 우리 머리 위로 풀로 뒤덮인 높은 절벽과 맑은 하늘이 펼쳐졌다. 약 230년 전 바로 이곳에서 시간의 깊이가 갑자기 깊어졌다. 우리는 몸을 숙여서 지질학자들이 말하는 접촉면, 즉 서로 다른 두 지층이 만나는 위치에 손을 대보았다. 시카 포인트에서 이 두 지층은 잡사암과 구적색 사암이다.

우리의 손바닥 아래에는 약 3,000만 년의 시간이 사라져 있었다. 실루리아기에서 데본기로 세상이 바뀌던 그 시기에는 어떤 바위도 놓이지 않았을 것이다. 아니면 그곳에 놓여 있던 바위가 풍화되어 사라졌을지도 모른다. 깊은 시간이라는 장부에는 보존되어 있는 것보다 소실된 것이 더 많다.

우리는 크기 비교를 위해서 접촉면 옆에서 서로의 사진을 찍어주었다. 밝은 파란색과 검은색 비옷을 입은 2개의 가냘픈 형체. 가늠할 수 없는 깊은 시간을 가늠해보려는 두 인간이었다.

04

경매사

1947년 2월 12일 아침, 화가 P. J. 메드베데프는 러시아 극동 지방에 위치한 이만(오늘날의 달네레첸스크) 시내를 그리고 있었다. 잠시 후, 태양보다 밝은 거대한 불덩어리가 시호테알린 산맥 위를 향해 쏜살같이 날아갔다. 하늘에는 그 자취를 따라서 33킬로미터 길이의 연기만이 남아 있었다. 오전 10시 38분, 하늘을 가르는 엄청난 폭발이 일어났는데, 그 광경과 소리는 300킬로미터 떨어진 곳에서도 보이고 들릴 정도였다.[1] 메드베데프는 붓을 들었다.

그렇게 그려진 그림은 진주 빛을 발하는 연기의 자취가 점점 좁아지다가 눈 속에 파묻힌 집들의 세모난 지붕 위에서 밝은 빛을 내며 불타는 한 점이 되는 광경을 보여주었다. 그는 역사에 기록된 가장 큰 운석이 낙하하는 순간을 그렸다. 훗날 소련에서는 운석 낙하 10주년을 기념하여 그의 그림을 우표로 제작하기도 했다.

눈 덮인 침엽수림 아래 깊이 파묻혀 있던 충돌 지점에 소련 지질학자들이 당도하기까지는 3일이 걸렸다. 운석의 지름은 600미터로 추정되었

그림 4.1 메드베네프의 그림을 이용한 운석 낙하 10주년 우표

다. 운석이 지구 대기로 진입하는 동안 공기의 저항 때문에 하늘에서 폭발할 때, 그 충격으로 나무들이 같은 방향으로 납작하게 쓰러졌고, 지름 26미터가 넘는 충돌구가 여러 개 남았다. 21톤이 넘는 외계 물질이 외진 시골에 떨어진 것이다.

만약 이 운석이 모스크바나 런던에 떨어졌다면 상황은 완전히 달랐을 것이다. 다행히도 러시아 극동 지방에는 인구가 매우 적었기 때문에 사상자는 보고되지 않았고, 그 덕분에 이 운석의 낙하는 재앙이 아닌 진기한 사건으로 끝날 수 있었다.

그로부터 62년 후 나는 런던에 있는 크리스티 경매장에서 운석을 낙찰받으려고 경매에 참여 중인 한 무리의 사람들을 보았다. 사실 경매장에 있는 사람들은 대부분 그들의 보물에 마지막 인사를 건네려는 판매자들이었다. 그러나 전화기는 바삐 울리고 있었고, 전 세계로 생중계되는 이 경매에 참여하려는 인터넷 입찰자들도 있었다.

그날 아침 경매장에는 화성의 한 조각(엄밀하게 말하자면 화성의 운석으로, 소행성이 화성에 충돌할 때 화성 표면으로부터 떨어져 나온 암석 덩어리)도 있었고, 오리건에서 온 규화목, 몬태나에서 온 티라노사우루스 렉스*Tyrannosaurus rex*의 이빨, 볼리비아에서 온 샛노란 유황 결정 덩어리도 있었다.

구릿빛 피부에 머리는 회색이고, 짙은 청색 폴로셔츠를 입은 남자가 자신의 번호판을 연신 들어올렸다. 그는 다섯 점의 운석과 트리케라톱스*Triceratops*의 뿔, 티라노사우루스의 발톱을 사기 위해서 중개수수료(22만5,000파운드까지는 낙찰가의 25퍼센트)를 제외하고 모두 4만4,000파운드를 썼다. 그중에서 가장 비싼 물건은 1만4,000파운드에 낙찰받은 경매번호 30번이었다. 백랍 빛깔이 돌고 포탄의 파편처럼 생긴 22×28×10센티미터 크기의 시호테알린 운석이었다. 나는 그가 박물관에서 일하면서 소장품을 모으는 중일 것이라고 추측했지만, 사실은 그렇지 않았다. 그는 경매가 끝나고 내게 그냥 개인적으로 운석에 관심이 있을 뿐이라고 말했다. 순수하게 취미 활동이었다. "내게는 운석이 어떤 정서를 자극해요. 아주 먼 곳에서 여기까지 왔다는 사실이 너무 신기해요." 그의 영어는 어디 억양인지 알기 어려웠다. 이탈리아? 그리스? 그는 손가방과 서류가방을 합친 것 같은 작은 검은색 가방을 들고 있었다. "공룡은 아이들이 어렸을 때를 떠오르게 해서 좋아요."

운석으로는 무엇을 하려는 것일까? 그의 집에 있는 사무 공간의 벽에

"그림처럼" 장식할 예정이었다. 그는 자신은 전문가가 아니라고 말하면서 경매장 출구 쪽으로 발길을 옮겼다. 전문가와는 거리가 멀었다. 사실 그는 운석 중 두 점을 실수로 낙찰받고 난처한 웃음을 짓기도 했다.

많은 지질학자들이 지구에서 가장 오래된 암석으로 꼽는 것은 캐나다 노스웨스트 준주에 있는 아카스타 편마암이다. 까만 줄무늬가 있는 연어 살색 암석인 아카스타 편마암은 연대가 약 40억 년으로, 지구 자체의 나이와 5억 년밖에 차이가 나지 않는다(이 암석의 표본은 크리스티 경매에서 900파운드에 팔렸다). 엄밀히 말해서 암석은 아니지만, 조금 더 연대가 오래된 것으로는 오스트레일리아 서부의 잭 힐스에서 발견된 약 44억 년 전의 지르콘zircon 결정이 박힌 암석이 있다. 그보다 더 깊은 시간의 암석을 찾으려면, 외계로 나가야 한다.

경매가 열리고 1주일 후, 나는 또다른 시호테알린 운석 조각을 보기 위해서 다시 크리스티로 갔다. 연필심처럼 까맣고 은은한 빛이 도는 그 운석은 작고 둥근 자국으로 뒤덮여 있었다. 마치 무른 찰흙 공 전체를 조그마한 엄지손가락이 고집스럽게 꾹꾹 눌러놓은 것 같은 자국이었다. 거의 다 금속으로 이루어진 그 운석은 태양계가 탄생하는 동안 형성된 액체 상태의 소행성의 핵이었을 것으로 추정된다. 그 운석을 손에 든 순간, 나는 내가 만날 수 있는 가장 오래된 것을 만지고 있었다. 그 연대는 우주 자체의 나이의 3분의 1에 달했다. 지구에서 빙하기와 온실 세계가 계속 반복되며 45억 년이 넘는 시간이 흐르는 동안 이 암석은 어둠 속을 표류하면서 행성과 소행성들 사이의 차가운 우주 공간을 지났다.

그림 4.2 빈 자연사 박물관에 전시된 아카스타 편마암 조각 (©Pedroalexandrade)

그리고 이제는 런던의 분주한 경매장에서 최저 경매가 1만5,000-2만 5,000파운드라고 쓰인 가격표를 달고 이 자리에 있었다.

"이 암석이 얼마나 오래되었는지를 생각하면 그저 어안이 벙벙해져요." 크리스티의 과학 및 자연사 담당자인 제임스 히슬롭은 내게 이렇게 말했다. 2016년에 히슬롭은 과학 및 자연사 품목에 대한 크리스티의 첫 경매를 기획했고, 현재 이 경매는 정기적으로 열리고 있다. 우리가 만난 날, 경매장 안에서는 "핸드백과 장신구" 경매가 준비 중이었다. 경매 전 전시장에는 히슬롭의 암석, 공룡 뼈, 암모나이트가 있던 자리에 구찌, 에르메스, 루이비통이 놓여 있었다. 하나의 가치 집단이 다른 가치 집단으로 대체된 것이다. 그래도 경매에서 매겨진 가격에는 이상한 종류의 등가성이 있다. 그해의 다른 크리스티 경매에서 낙찰된 시호테알린 운석 조각의 가격으로는 2018년에 만들어진 에르메스 매그놀리아 토고 가죽 은장 버킨백 25, 1961년에 레너드 코헨이 매리앤 일렌에게 보낸 편지, 1926년에 파울 클레가 그린 드로잉 작품「공격하는 식물들」을 살 수 있었다.

"내가 볼 때 운석은 대단히 저평가되어 있어요." 히슬롭이 말했다. 경매에서 운석은 아직까지 100만 달러의 문턱을 넘지 못했지만, 개인적인 거래에서는 일부 운석이 그 정도 가격에 팔리기도 했다. "게다가 전 세계적으로 알려져 있는 운석의 총 질량이 연간 금 산출량보다 적다는 점을 감안하면, 이런 희귀한 물질은 그만큼 더 값어치가 높아야 해요. 나는 그 점이 정말 놀라워요."

드물게 10만 파운드대로 판매되는 운석이 있기 때문에, 경매에서 운석의 평균 가격은 1만1,000파운드이다. 그러나 내가 참여한 경매에서는 대부분이 1,500–5,000파운드 사이였다. 이렇게 가격대가 낮은 이유에 대해서 히슬롭은 예술품 시장에서 이런 것들도 판매된다는 사실이 잘 알려지지 않았기 때문이라고 추측했다. 경매에 나온 운석들은 대부분이 "1차primary" 경매품이었다. 그전에는 경매에 나온 적이 없는, 개인적으로만 판매되었거나 현장에서 직접 온 물건이라는 뜻이다. "그래서 정말로 세계적 수준의 운석을 꽤 손쉽게 바로 살 수 있어요."

세계적 수준의 운석이 되는 기준은 무엇일까? 다이아몬드 업계에는 4C라는 것이 있는데, 연마cut, 색깔color, 투명도clarity, 중량carat이다. 운석 경매인에게도 4S가 있다. 바로 크기size, 형태shape, 과학science, 이야기story이다.

크기는 어느 정도까지는 크면 클수록 좋다. “크기가 너무 크면 이동이 어려워서 더 이상 값이 올라가지 않아요. 그러다가 진짜로 감탄이 나올 정도로 인상적인 크기가 되면, 값이 다시 올라가죠.” 히슬롭이 말했다. 우리가 앉아 있는 탁자만 한 크기의 운석은 그보다 3분의 1쯤 되는 크기의 운석보다 상업적인 매력이 덜하다고 볼 수 있다. “하지만 이 방만 한 크기의 운석이라면(우리가 앉아 있던 공간은 큰 탈의장 정도의 크기였다), 값이 많이 나갈 거예요.”

형태는 가치를 결정하는 가장 큰 요소일 것이다. “일부 철질 운석은 추상적인 현대미술 조각작품처럼 생겼지만, 벽돌 같거나 둥근 것은 팔기가 그렇게 쉽지 않을 거예요.” 히슬롭이 설명했다. 운석 시장에서는 미학적 특성이 큰 부분으로 작용한다. 구매자들은 집 안을 매력적으로 보이게 하는 운석을 원한다. 아니면 운석은 이렇게 **생겨야 한다고** 그들이 생각하는 (또는 영화에서 보았던) 모습과 부합하는 형태의 운석을 찾고 싶어한다.

다음으로는 과학이 있다. 하늘에서 떨어진 암석은 운석학회의 인정을 받아야만 공식적으로 운석이라는 이름을 얻는다. 그다음에는 이 학회에서 발행하는 저널인 「운석학 회보*The Meteoritical Bulletin*」에 보고서가 발표되어야 하고, 런던의 영국 자연사 박물관처럼 국제적으로 인정받는 기관에 표본이 비치되어야 한다. 경매장에 운석이 들어오면, 히슬롭은 얼마나 희귀한 것인지, 어디에서 왔는지를 포함해서 과학적으로 특별히 주목할 만한 사안이 있는지를 알고 싶어한다(달과 화성의 운석은 특별히 수요가 많고 희귀하다. 세인트루이스에 위치한 워싱턴 대학교의 운석 전문가인 랜디 L. 코로테프의 추정에 따르면, 알려진 모든 운석 중에서 달에서 온 운석은 1,000개당 1개꼴도 되지 않으며, 화성에서 온 것의 수도 비슷하다[2]).

마지막으로 히슬롭은 운석에 얽힌 이야기가 있는지를 물어볼 것이다. 시호테알린 운석처럼 낙하 기록이 역사에 남아 있는 운석은 경매에서 잘 팔린다. 어떤 운석은 별 특징이 없는데도 적군을 기다리고 있던 러시아 포병대 근처에 떨어졌다는 이유만으로 귀하게 여겨진다. 그로부터 48시간 후 나폴레옹의 전쟁에서 가장 참혹했던 1812년의 보로디노 전투가 벌어졌기 때문이다. "또다른 예로는 영국에 떨어진 운석이 아주 적다는 것을 들 수 있어요. 만약 영국인 수집가라면, 요크셔의 들판에 떨어졌다는 이야기에 웃돈을 지불할 거예요." 히슬롭이 말했다. "아니면 아르헨티나에서 소를 죽인 운석이 있어요. 운석 때문에 목숨을 잃었다고 확인된 유일한 사례예요. 그래서 그 특별한 표본은 값이 더 나가요." 장엄하게 펼쳐진 깊은 시간을 마주하면서도, 신기하고 사소한 것에 더 끌리는 우리의 모습을 종종 발견하게 되는 것은 어쩔 수 없다.

히슬롭은 그 운석을 조명 가까이 들어올렸다. "예술품 시장에서 운석은 거대한 메멘토 모리memento mori예요. 우리는 운석이 공룡한테 무슨 짓을 했는지 꽤 확실히 알고 있어요. 할리우드에서는 인간한테도 그런 일이 생길 수 있음을 일깨우는 이야기를 사랑하고요." 2014년 히슬롭의 첫 운석 경매에서, 다른 분야와 교차되는 고객 명단 중에서 가장 큰 고객은 메멘토 모리와 바니타스vanitas 회화 수집가들이었다. 만개한 꽃, 반짝이는 포도송이들, 불 꺼진 초, 소리 없는 악기, 상아색 해골 따위를 극도로 세밀하게 그리는 정물화인 바니타스화는 우리의 필멸, 그리고 세속의 쾌락과 성공의 덧없음을 상징한다. "결국 운석이 죽음의 상징으로 작용한 셈이죠." 히슬롭이 말했다.

이후 어느 날, 나는 킹스트리트를 걷다가 문득 하늘을 올려다보았다. 세인트제임스 광장에서 휴대전화를 꺼냈다. 이베이에서 운석을 팔고 있었다. 영국인인 현직 마술사가 2센티미터짜리 시호테알린 운석 조각을 15파운드에 올려놓았다. 국제 운석 수집가 협회 회원인 플로리다 사람은 케냐에서 나온 1.16킬로그램짜리 팔라사이트pallasite 운석을 4,420파운드에 내놓았다. 팔라사이트 운석은 외계의 보석이 들어 있는 운석이다. 이 운석에는 꿀방울 같은 감람석 결정이 은색의 금속 기질 사이에 들어 있었다. 만약 내가 그 팔라사이트 운석을 가지게 된다면, 나는 그 감람석 중 하나를 꺼내서 펜던트나 반지로 만들고 싶었다.

나는 알 수 없는 인터넷의 알고리즘에 이끌려서 스톤헨지가 선사시대의 운석 예보 장치였다는 누군가의 글을 읽기 시작했고,[3] 그다음에는 21세기의 운석 예보 장치에 대한 글을 읽었다. 하와이 대학교와 NASA가 개발한 ATLAS 소행성 충돌 조기 경보 체계에 대한 글이었다.[4] 그다음으로는 우주 공간에서 지구로 떨어지는 물질의 질량은 해마다 3만 3,600-7만,800톤으로 추정된다는 글,[5] 그 질량의 대부분이 먼지 크기의 입자로 온다는 글, 약 2,000년에 한 번꼴로 미식축구 경기장 크기의 운석이 지구에 부딪혀서 심각한 피해를 일으킨다는 글,[6] 지름 20미터의 소행성은 1세기에 두 번꼴로 지구를 강타한다는 글,[7] 고대 이집트인들은 철이 풍부한 운석으로 장신구를 만들었다는 글,[8] 1954년에 앨라배마 주의 도시 실러코가에서 살던 앤 호지스라는 가정주부가 소파에서 낮잠을 자다가 크리켓 공 크기의 검은 돌에 엉덩이를 맞았다는 글을 읽었다. 셋집 천장을 뚫고 들어온 돌은 라디오에 부딪힌 다음 다시 튀어나와서 그녀의 엉덩이에 부딪혔다. 당시의 사진을 보면, 앤은 침대에 누워 있고

한 의사가 그녀의 잠옷을 걷어서 커다랗고 시커먼 멍을 보여주고 있다. 모양과 크기가 럭비공만 한 그 멍은 젖은 종이에 떨어진 잉크처럼 가장자리가 번져 있었다.

앤은 한동안 유명인사가 되었다. 누가 그 운석의 소유자인지에 대해서는 많은 실랑이가 있었다. 호지스의 집주인은 그 운석이 자신의 것이라고 주장했다. 앤은 "하느님이 내게 주신 것"이라고 느꼈다.[9] 결국 집주인은 500달러를 받고 운석을 포기하기로 합의했다. 호지스는 그 운석으로 돈을 벌 희망에 부풀었지만, 그들이 합의에 도달한 시점에는 이미 세간의 관심이 시들해져서 돈을 지불하겠다는 사람이 아무도 없었다. 결국 그들은 앨라배마 자연사 박물관에 운석 표본을 기증했다. 훗날 앤은 신경쇠약에 시달렸고, 남편과도 이혼했다.

1972년, 앤은 쉰네 살에 신부전으로 사망했다. 앤의 전남편인 유진은 언론과의 인터뷰에서 앤의 신경쇠약과 그들의 파경을 운석 탓으로 돌렸다. 앨라배마 자연사 박물관의 관장인 랜디 매크레디는 「내셔널 지오그래픽*National Geographic*」 기자에게 그녀는 "세상의 이목을 바라는 사람이 아니었어요"라고 말했다. "호지스 부부는 소박한 시골 사람들일 뿐이었어요. 나는 그 모든 관심이 그녀를 무너지게 했다고 생각합니다."[10]

05

시간을 지배하는 자들

오늘날 살아 있는 거의 모든 사람과 마찬가지로, 케임브리지 대학교에서 제4기 고대 환경을 가르치는 명예교수이자 국제 층서위원회ICS의 사무총장인 필립 기버드 역시 우리가 홀로세라고 부르는 지질연대 단위에 태어났다. 그러나 그의 나이가 70대로 접어들기 1년 전인 2018년, ICS는 1885년의 베를린 국제 지질과학총회에서 홀로세가 공식 인정된 이래로 "우리" 지질시대에 일어난 첫 번째 중대한 변화를 발표했다.[1] 층서학은 암석의 순서와 지질시대에서의 그 위치를 따지는 지질학의 한 갈래로, 보통은 조용하고 차분한 분야이다. 그런 층서학이 욕설을 내뱉는 교수들, 괴로워하는 기후학자들, 격분하여 언론에 큰소리를 내는 지리학자들로부터 맹비난을 받게 되었다. 이는 평소와는 완전히 다른 상황이었다.

내가 케임브리지로 기버드를 찾아간 날은 가을학기가 끝난 직후인 12월의 어느 날이었다. 느릿느릿 움직이는 관광객 무리를 뚫고 앞서서 나아가는 기버드의 회색 머리카락이 그의 머리에 후광 같은 모양을 만들었다. 그는 내 쪽을 돌아보며 이렇게 말했다. "우리는 이런 종류의 반응에 대처하는 일에 익숙하지 않아요. 관심을 받는 게 매우 좋기도 하지만, 언론에서 우리 단체에 대해 나쁜 의견을 낼까 걱정되기도 해요."

기버드는 고향인 아이슬워스에서 학교를 졸업한 후 셰필드 대학교에서 지질학을 공부했다. 그런 다음 지구의 역사에서 지난 258만 년에 해당하는 기간인 제4기라는 지질연대 단위를 집중적으로 연구하기로 결심했다. 그러나 지질학자는 고작 258만 년으로는 반쪽짜리 인정밖에 받지 못한다. 일반적으로 가장 최근의 과거와 현재를 다룬다는 점에서 지리학의 영역으로 방향을 전환한 것처럼 여겨지기 때문이다. 실제로 석탄기(3억 5,900만–2억9,900만 년 전)가 전문 분야였던 당시 그의 학과장은 기버드의 선택을 듣고는 머리를 절레절레 흔들고 이렇게 말했다. "이런, 우리가 어디서부터 잘못된 거지?"

ICS 사무총장으로서, 기버드는 그를 포함하여 주로 남성으로 이루어진 42명의 과학자들과 함께 깊은 시간의 체계화를 담당하고 있다. 18세기의 자연학자들이 깊은 시간에 "정신이 점점 더 아득해졌다"면, 21세기의 ICS 층서학자들은 깊은 시간의 순서를 정하기 위해서 의결을 했다. "만약 내가 무엇인가 기여를 한 것이 있다면, 우리가 모든 것을 일정한 형식에 따라 정의해야 한다는 점에 동료들이 관심을 가지도록 한 거겠죠. 그렇지 않았다면 산들바람만 불어도 이리저리 뒤집혔을 거예요." 그가 말했다.

그런 동요를 멈추기 위한 노력으로, 층서학자들은 46억 년이라는 지구의 역사를 절age, 세epoch, 기period, 대era, 누대eon라는 지질연대 단위로 조용히 세분하는 중이었다. 그러던 2018년 여름, 그들은 약 4,250년 전에 지구 전체에 걸쳐서 일어난 날씨 유형의 대격변을 통해서 메갈라야절이라는 완전히 새로운 지질연대 단위가 시작되었다고 결정했다. 메갈라야절은 홀로세의 일부이며, 4,250년 전부터 현재까지를 아우르는 시기이다. ICS는 평소와 마찬가지로 이런 결정에 대해 보도자료를 냈다. 그런데 이후의 상황이 평소와는 완전히 달랐다. 모든 것이 조금 과한 반응을 불러일으켰다.

대중매체의 관심이 층서학자들에게 집중되는 일은 확실히 예삿일이 아니다. 암석과 얼음의 층을 분류하는 그런 과학자들은 대체로 인류 역사가 시작되기 수천, 수백만 년 전에 일어난 사건을 연구한다. 지질학자들 사이에서조차 층서학은 지루한 작업으로 간주된다. 많은 대학이 더 이상은 층서학을 별개의 과목으로 가르치지 않고, 구조지질학이나 고생물학처럼 확실히 더 "실용적인" 과목에 끼워넣는 편을 선호한다. "만약 지금 우리가 순수한 층서학을 가르치려고 하면, 학생들이 들고일어날 거예요." 한 강사는 내게 이렇게 말했다. 그러나 홀로세의 세분화를 공식화하자, 과학 잡지와 대중 언론에 성난 비평가들이 나타났다. 새로운 절은 부정이고, 가짜이고, 사기였다. 아무리 좋게 봐도 부적절했다. "나는 결코 그 이름을 쓰지 않을 것이다. 대부분의 과학자들도 그럴 거라고 생각한다." 고기후학자인 빌 루디먼은 「애틀랜틱*Atlantic*」과의 인터뷰에서 이렇게 말했다. "이것은 지구화학적 연대 측정이다.……학계에서는 이런 정의에는 그냥 신경을 쓰지 않는다."[2] ("지구화학적 연대 측정"은 붕괴 속도가 알려져 있는 탄소-14와 같은 불안정한 방사성 동위원소를 활용한 연대 측정 방식을 광범위하게 일컫는 용어이다.) 게다가 이 새로운 지질시대는 환경 문제를 외면하는 듯한 느낌을 풍겼다. "메갈라야절은 '가장 최근의 홀로세'와 현재로 정의되지만, 인간이 환경에 미치는 충격에 대한 언급은 없다."

유니버시티 칼리지 런던의 기후학자인 마크 매슬린과 사이먼 루이스는 "기껏해야 40명 남짓인 소수의 과학자 집단이 환경에 대한 인간의 영향을 축소시키기 위해서 이상한 쿠데타를 일으켰다"고 썼다.[3]

ICS는 수세에 몰렸다. "더 잘 알고 있어야 하는 사람들로부터 조금, 아니 제법 굴욕적인 이야기를 들었어요." 기버드가 내게 말했다. 상처를 받은 듯했다. "문제는 그런 글들 중 상당수가 지질학을 이해하지 못하는 사람들이 쓴 글이라는 점입니다."

암석은 시간이 만든 기록이다. "연대를 결정하기 위해서 방사성 붕괴를 활용할 수는 있지만, 시간의 경과를 보여주는 유형有形의 증거는 암석뿐이에요." 기버드는 말했다.

어느 초여름, 고생물학자이자 층서학자인 얀 잘라시에비치는 자신의 레스터 대학교 사무실에서 멀지 않은 곳에 있는 오래된 선로로 나를 데려갔다. 그곳의 절개면을 내게 보여주기 위해서였다. 노출된 암석의 연대는 쥐라기 초기(약 1억8,500만 년 전)였는데, 당시 레스터와 그밖의 브리튼 지역은 얕은 바다로 덮여 있었다. 그 바다는 옅은 노란색 석회암이 되었고, 그 석회암 속에는 동그랗게 나선 모양을 이룬 암모나이트ammonite, 총알처럼 생긴 벨렘나이트belemnite, 갈고리 같은 모양 때문에 흔히 악마의 발톱이라고 알려진 그리파이아gryphaea처럼 한때 그곳에 번성했던 생물들의 흔적이 가득했다.

날씨는 온화했고, 절개면에는 보라색 디기탈리스가 만발해 있었다. 나뭇가지 사이에 숨어서 지저귀는 새들의 노랫소리는 마치 시냇물 소리 같았다. 암석 1센티미터는 각각 약 1,000년의 시간을 나타낸다. 남성 지질 학자의 전통 의상인 등산바지와 등산화와 플리스재킷을 입은 잘라시에비치는 절개면의 중간을 따라 암석이 바뀌는 곳을 내게 보여주었다. 조개가 풍부한 석회암이 끊기고, 그 위에는 얇고 부슬부슬한 짙은 청회색의 셰일층이 종이 더미처럼 놓여 있었다. 셰일에는 화석이 없었다. 우리가 보고 있는 층은 토아르시움 멸종 사건이라고 알려진 사건의 증거였다. 당시 1조5,000억–2조7,000억 톤의 탄소가 대기 중으로 방출되었고,[4] 지구의 기온은 약 5도가 상승한 것으로 추정된다.[5] 대양은 산소가 크게 감소하면서 활기를 잃었다. 많은 생물이 죽었다. 그 짙은 청회색 층에 화석이 없는 이유도 그 때문이다. 암석의 색이 짙은 것도 탄소가 많았기 때문이다. "이 사건은 오늘날의 지구 온난화와 비교되는 사건들 중 하나예요." 잘라시에비치가 말했다.

잘라시에비치의 설명에 따르면, 두 암석 사이의 변화는 두 세계 사이의 변화를 나타낸다. 지구가 완전히 바뀌는 순간, 즉 하나의 생활 방식이 막을 내리고 다른 생활 방식이 시작되는 순간이다. 그 이행이 일어나기 전의 지구는 플린스바흐절이라고 알려진 시대에 속했지만, 그후에는 토아르시움절이 되었다.

제임스 허턴이 알게 된 대로, 암석은 지구의 역사책이다. 하지만 그 책은 많은 페이지들이 사라지고, 훼손되고, 뒤집히고, 순서가 바뀌어 있다. 만약 그 책을 읽는 법을 배울 수 있다면, 다시 말해 암석 유형의 변화를 고대의 기후 사건과 연결할 수 있다면, 지구의 역사를 재구성하여 궁극적으로 지질 연대표를 만들 수 있을 것이다. 그러면 그린란드에 있는 암석 조각의 연대가 남아메리카에 있는 암석 조각의 연대와 같다고 말할 수 있을 것이다. 이쪽 세상에 있던 모든 생명체가 저쪽 세상에 있던 모든 생명체와 같은 시기에 멸종했다는 뜻이다. 지난 46억 년 동안 만사가 어떻게 진행되었는지를 이해하기 위한 사고틀을 갖추게 되는 것이다.

"사람들은 단조롭고 따분하다고 말할지 모르지만, 층서학이 없으면 아무것도 할 수 없어요. 먼저 암석의 순서를 정하고, 한 지역을 다른 지역과 연결할 수 있어야 해요. 그런 다음에야 진화, 고지리학적 변화, 식물과 동물의 이동과 같은 것에 대한 이야기를 시작할 수 있어요." 기버드가 말했다.

국제 층서표는 그런 연대표의 공식 버전이다.[6] 일종의 에스페란토어 같은 것이다. 지구과학자들에게 공통 언어가 되어줌으로써, 가령 누군가가 빙성기Cryogenian라고 말하면 모두가 같은 것을 떠올리도록 보장해준다. 누군가 내게 이렇게 말했다. "지질학자들의 주기율표 같은 거예요. 지질학을 업으로 삼는 모든 사람의 사무실에서 볼 수 있죠."

이 표에서 지질시대의 단위들 사이에는 계급이 있고, 마트료시카 인형처럼 한 단위 안에 다른 단위가 들어간다. 가장 작은 단위인 절은 대개 수백만 년에 해당한다. 가장 큰 단위인 누대는 지질시대 전체를 단 세 부분으로 나누는 거대한 단위이다. 쥐라기, 석탄기 같은 몇몇 기는 우리에게 친숙하지만, 워드절, 로드절, 쿤구르절 같은 절의 목록은 무슨 은하간 협의회의 출석 확인을 위해서 부르는 이름처럼 들린다. 지질시대의 단위는 지구 전체에서 동시에 일어난 사건을 토대로 구분된다. 그런 사건들은 세상에 변화를 일으키고, 암석과 얼음에 기록을 남긴다. 플라이스토세와 홀로세가 나뉘던 시기에 일어난 지구 온난화 사건은 그린란드의 얼음 코어 속에 공기 조성의 갑작스러운 변화로 기록되어 있다. 페름기와 트라이아스기가 나뉘던 시기는 기온이 상승하고, 정체된 대양이 산성화되고, 재앙 수준의 화산 활동이 일어난 시기였다. 이 시기에 일어난 대멸종 사건으로 인해서 해양에서는 10종 중 무려 9종의 생물이 멸종했고, 육상에서는 10종 중 7종이 사라졌다. 지구상에서 생명이 종말을 맞을 뻔했다. 이 사건은 탄소 동위원소 비율의 변화, 화산재층, 화석 기록의 급격한 감소를 통해서 입증된다.[7]

각각의 단위에는 고유의 색깔도 있다. 지질 연대표의 맨 아래에서 오른쪽에 있는 명왕누대는 지구 표면이 액체 생태의 암석으로 덮여 있던 신비스러운 시대로, 색깔은 청보라색이 도는 붉은색이다. 이 표의 초기 부분, 생명이 주로 대양에 존재하던 시절인 캄브리아기, 오르도비스기, 실루리아기는 회녹색과 연한 청녹색 계열이다. 현재 우리가 살고 있는 홀로세를 위해서 지질학자들이 고른 색은 별 특색 없는 분홍색과 갈색이 도는 베이지색이다. 지질 연대표의 맨 꼭대기에는 떨어진 반창고의 색깔, 칼라민 로션(화상이나 땀띠, 가벼운 피부병에 바르는 분홍색 피부 보호제/옮긴이)의 색깔, 씹다 뱉은 풍선껌의 색깔이 반듯하게 놓여 있다. 플라톤, 아리스토텔레스, 마리 퀴리, 아인슈타인, 모차르트, 버지니아 울프, 코페르니쿠스, 붓다가 모두 거기에 있다. 그리고 그 얇은 띠 아래에 있는 다른 모든 세계는 우리가 결코 직접 겪을 수 없고 오로지 흔적을 통해서만 단편적으로 경험할 수 있다. 그 세계는 우리가 나타나기 이전에 있었던, 사라진 세계들이다.

수백 년에 걸쳐서 수천 명이 고된 노력을 들인 결과, 우리는 17세기 스테노의 연구까지 거슬러 올라가면서 이 연대표의 시작을 추적할 수도 있고, 그 과정에서 주석과 석탄과 다른 천연자원을 찾기 위해 암석을 분류한 독일의 요한 고틀로프 레만 같은 18세기 연구자들을 만날 수도 있다. 내가 기버드와 다시 만났을 때, 그는 이탈리아의 지질학자인 조반니 아르두이노에 대한 논문을 쓰고 있었다. 아르두이노는 1760년에 암석을 시간순으로 분류하려고 최초로 시도한 인물로, 베네치아와 토스카나 지역에서 자신이 마주한 다양한 암석들을 1차Primary, 2차Secondary, 3차Tertiary, 4차Quaternary 암석으로 분류했다.[8] 오늘날 우리는 아르두이노를 기리는 뜻에서 우리가 살고 있는 지질시대를 제4기Quaternary라고 부른다.

19세기 초반, 영국의 수로와 선로 측량사인 윌리엄 스미스는 서로 다른 암석층에 나타나는 화석을 이용하면 암석의 종류와 상대적 연대를 더 정확하게 확인할 수 있음을 깨달았다. 그의 연구는 열광적인 호응을 받았다. 처음에는 자신의 땅에서 석탄을 찾고자 했던 지주들이 그를 찾았고, 나중에는 지질학자들이 그를 찾았다. 오늘날 동물군 천이faunal succession의 원리라고 알려진 그의 기술을 간단하게 설명하면 이런 것이다. 그레이엄 그린과 브리트니 스피어스가 참석한 디너파티를 상상해보자. 그 파티는 언제 열렸을까? 그린은 1991년에 사망했고 스피어스는 1981년에 태어났으므로, 디너파티는 그 10년 사이에 열렸을 것이다. 바로 이런 방식으로 화석을 이용해서 암석의 지질시대를 정할 수 있다. 만약 이 암모나이트가 이 벨렘나이트와 같은 시대에 살아 있었다면 무슨무슨 시대가 되는 것이다. 오늘날에는 이런 상대적 연대 대신 방사성 연대 측정법을 활용해서 암석과 그 안에 들어 있는 화석의 실제 연대를 정확하게 측정할 수도 있다.

첫 번째로 확인된 지질시대는 실루리아기(4억4,400만–4억1,900만 년 전)였다. 1830년대 초반에 이 시대를 제안한 영국의 지질학자 로더릭 임피 머치슨은 전직 육군 장교였는데, 암석 애호가였던 아내 샬럿 휴고닌의 권유로 "여우 사냥이나 하는 무위한 생활에서 벗어나 지질학자라는 평생 직업을 가지게 되었다."[9]

머치슨의 연구를 필두로 19세기 동안 대부분의 기가 명명되면서 오늘날 우리가 사용하는 지질 연대표의 밑그림이 대략 완성되었다. 당시 지질학은 확실히 돋보이는 유행 과학이었다. 오늘날의 신경과학과 인공지능, 양자물리학처럼 대중의 상상 속에 자리하고 있었고, 토머스 하디, 앨프리드 테니슨, 존 러스킨과 같은 당대의 걸출한 문화계 인사들의 작품에서도 언급되었다. 어떤 기는 지명에서 이름을 따왔는데, 페름기는 러시아의 페름에서, 데본기는 영국의 데번에서 유래했다. 암석에서 이름을 따온 기도 있다. 석탄기는 탄소가 풍부한 짙은 색의 암석, 즉 석탄에서 유래했다. 캄브리아기, 오르도비스기, 실루리아기와 같은 다른 이름들은 초기 영국 선사시대에 대한 빅토리아 시대의 유행을 따라 다양한 켈트족의 이름에서 가져왔다. 찰스 라이엘은 이 연대표의 맨 위에 오래된 근원을 뜻하는 고원기Palaeogene, 새로운 근원을 뜻하는 신원기Neogene라는 그리스어에서 유래한 이름을 잇달아 넣으면서 기강을 잡고자 했다.

그러던 중인 1878년, 국제적으로 공인된 표준 층서 연대를 만들 목적으로 파리에서 제1회 국제 지질과학총회가 열렸다.[10] 그러나 그런 연대표는 100년이 넘도록 최종 합의에 이르지 못했다. 마치 해야 하는 과학적 연구 면에서나 국제적 협업의 수준 면에서나 이것이 대단히 방대한 작업이라는 사실을 반영하듯이 말이다. 그렇게 100년 이상이 지나 1989년이 되자, 마침내 최초의 ICS 국제 층서표가 나왔다.[11]

층서학자의 관점에서 볼 때 연대표의 변경은 모든 것이 엄청나게 큰일이다. 일단 바뀌고 나면 추후에 무엇인가를 수정하기까지는 10년의 유예 기간이 있다. "토리당(영국 보수당의 전신/옮긴이)과 비슷해요." 기버드가 말했다. 한 시대의 시작점을 잘못 정했다거나 수상을 잘못 뽑았다거나 하는 실수가 확인되면, 그 실수를 바로잡기까지 어느 정도 시간이 걸릴 수 있는 것이다.

홀로세에 대해서 말하자면, 한동안 지질학자들은 구체적인 연대를 특정하지 않은 채 홀로세의 시대를 구분하여 불렀다. 이를테면 "초기 홀로세"가 정확히 언제부터 언제까지인지를 정하지 않고 초기 홀로세라고 이야기해온 셈이다. 따라서 어떤 사람은 후기 홀로세가 따뜻했다고 말할 수도 있고, 어떤 사람은 추웠다고 말할 수도 있다. "후기 홀로세"라는 용어가 너무나 일관성 없이 사용되었기 때문에 두 사람의 말이 다 옳을 수 있었다. 이런 혼란을 멈춰야 했다. 2009년, 기버드는 웨일스 대학교의 마이크 워커에게 홀로세의 공식적인 세분화를 위한 연구 조사팀을 이끌어 달라고 요청했다. 이때만 해도 그는 이것이 얼마나 큰 파장을 불러올지 전혀 알지 못했다.

사서이자 시인인 마이클 맥킴에 따르면, 지질학자들은 위원회를 아주 좋아한다. 그래서 ICS 안에는 각각의 지질시대에 대한 소위원회가 있고, 위원회의 과학자들은 깊은 시간의 한 도막을 배열하고 구분하고 정의하는 일을 담당한다. 때로는 이 일이 영역 싸움이나 다름없어지기도 한다. 내 몫의 깊은 시간을 지켜야 한다고 느끼는 경향이 있기 때문이다. 기버드는 "그것이 인간의 본성"이라고 말한다. 깊은 시간의 조각들

사이의 경계를 정할 때에 사람이 자신의 집 주위에 담장을 세워서 이웃이 함부로 드나들지 못하게 하려는 것과 같은 충동이 작용한다는 것이 그의 주장이다. 제4기 층서 소위원회의 전 위원장이었던 그는 제4기가 258만 년 전에 시작되었음을 정식으로 승인받기 위한 주장을 성공적으로 입증했을 때 그런 본성을 직접 체감했다.[12] 이 과정에서 그는 플라이스토세(새롭게 공인된 제4기에 속하는 한 시대)의 시작 시점을 더 앞당겨야 했고, 신원기의 마지막 시기를 70만 년 정도 빼앗아와야 했다. 신원기 층서 소위원회에서는 대단히 불쾌하다는 반응을 보였다(기버드는 "'빼앗아왔다'는 표현에는 이의를 제기한다"고 말한다. "미국 원주민의 땅을 강탈한 오클라호마 토지 수탈처럼 들리네요").

존 마셜은 데본기 층서 소위원회의 위원장이다. 사우샘프턴 대학교의 지구과학 교수인 그의 사무실에는 책과 서류와 화석과 암석 조각들이 발 디딜 틈 없이 들어차 있다. 그 방에서는 한 사람이 방 안을 돌아다니면, 다른 사람은 문가에 서 있어야 한다. 나는 형석fluorite 덩어리 옆에 앉았다. 마셜은 매클스필드 근처의 피크 디스트릭트에서 자랐는데, 어린 시절에 그곳에서 찾아낸 형석을 지금껏 가지고 있었다.

학부 시절에 마셜은 케임브리지에서 자연과학을 공부했다. "이제는 나도 알지만, 예전에 나를 만났던 많은 사람들은 나를 건방진 놈이라고 생각했을 거예요." 그가 말했다. 그러나 자연과학 학부에서 그는 다른 면에서 통하는 사람들을 만났다. "사립학교 출신들은 더 쉬운 과목을 택하려는 경향이 있어요. 법률, 역사 같은……. 북부의 그래머스쿨에서는 과학 쪽으로 많이 보내는 편이죠." 오늘 그는 옥스퍼드와 케임브리지 입학시험을 준비하는 지역 공립학교 학생들을 대상으로 특강을 한다.

마셜은 층서학자의 연구를 역사학자의 연구에 비유한다. "내게 필요한 건 회색 자료를 다루는 기술이에요. 불완전한 자료들로 무엇인가를 만들어내는 능력이죠. 우리 중에 물리학과 화학 쪽에서 오는 사람은 거의 없어요. 그들은 [지질학을] 물리학이나 화학으로 바꿔야 하는 과학으로 여기지만, 층서학은 그렇게 할 수 없어요. 동위원소 측정이 전부가 아니에요."

층서 소위원회에서 하는 일에 대해서 그는 이렇게 말했다. "본질적으로 우리는 데본기를 살핍니다. 시간여행과 비슷해요. 다만 실제로 그곳에 갈 수 없을 뿐이죠." 연대표에서 데본기는 갈색 계열이다. 실루리아기와 석탄기 사이에 있고, 현생누대(생명이 보이는 시기) 가운데 고생대(오래된 생명의 시기)에 속하며, 4억1,900만–3억5,900만 년 전까지의 기간에 해당한다.

지질연대 단위의 전환을 나타내는 공식적인 표지는 "국제 층서경계 표식 단면 및 지점Global Standard Section and Point, GSSP"이라고 한다. GSSP는 "황금 못golden spike"이라고도 알려져 있다. 실제로는 청동 원반인 황금 못은 지질학적으로 중요한 대표적 위치, 이를테면 오르도비스기 암석이 끝나고 실루리아기 암석이 시작되는 자리와 같은 곳에 박혀 있다(이 시기의 황금 못은 스코티시 보더스에 있는 도브스린이라는 작고 가파른 계곡에 있다.[13] 이 전환의 증거는 필석의 일종인 파라키도그랍투스 아쿠미나투스*Parakidograptus acuminatus*와 아키도그랍투스 아스켄수스*Akidograptus ascensus*의 화석 기록에 처음 나타나는데, 그 화석은 황금 못이 있는 위치의 암석에서 볼 수 있다). GSSP가 전혀 확인되지 않은 시대도 있다. 이를테면 40억 년 전의 초시생대는 온전하게 남아 있는 암석이 거의 없기 때문에 물리적 흔적이 드물다. 그런 경우에는 방사성 연대 측정법으로 결정된 국제 표준 층서 연령Global Standard Stratigraphic Age, GSSA이 이용된다. GSSA는 연대적 시점은 알려주지만, 물리적 참고 자료는 없다.

GSSP의 위치를 결정할 때에는 국제적으로 공인된 것을 취하는 편이 바람직할 것이다. "중국에는 페름기/트라이아스기의 GSSP가 있어요." 마셜이 내게 말했다. "조경이 잘된 공원에 있는데, 아주 아름다워요. 하지만 스코틀랜드에 있는 오르도비스기/실루리아기 GSSP는 기본적으로 황무지예요. 꽤 멋진 작은 강의 한 귀퉁이에 있는데, 주변에 아무것도 없어요. 도로에 표지판 하나가 있었던 것 같네요."

때로는 국가들이 그들의 GSSP에 대해 방어적인 태도를 취하기도 한다. "지금 우리가 직면한 문제 중 하나는 엠스절이에요." 마셜이 말했다. 엠스절은 데본기 하부에 속하는 한 절이다. 이 절의 기부基部를 나타내는 GSSP는 현재 화석 계통의 변화로 정의되며, 우즈베키스탄의 진질반 협곡에 있는 암석의 한 부분에 위치해 있다. "우리는 흐뭇했어요. 우리는 국제 조직이고, GSSP가 세계 전역에 있기를 바랐으니까요." 그러나 보다 면밀히 조사한 결과, 그 GSSP는 전통적인 엠스절 기부보다 너무 아래에 있다는 것이 확인되었다. 데본기 층서학자들은 추가적인 논의를 거쳐서 GSSP를 다시 정립하기 위한 연구를 시작했지만, 그 일은 간단하지 않았다. "우즈베키스탄 사람들은 자국에 있는 GSSP를 대단히 소중하게 생각했어요." 마셜이 말했다. 진질반 협곡에 있는 지층을 재조사하러 그곳을 재방문하는 일은 녹록치 않았다. "도로가 차단되었고 접근이 어려웠어요. 국경 지역에 있어서 허가받기가 까다로울 수도 있고요." 게다가 그 GSSP를 정의했던 지질학자들 세대는 더 이상 활동을 하지 않아서, 엠스절을 재정의하기에 적합한 암석을 찾는 일도 어려웠다. 이 문제는 10년을 끌었고, 결국 데본기 층서학자들은 다른 나라에 있는 지층으로 재정의를 하기로 결정했다. "안타까운 일이에요." 마셜이 말했다. "우즈베키스탄에서 알맞은 높이에 무엇인가 나타난다면 내일이라도 받아들일 수 있겠지만, 다른 곳으로 옮겨야 할 것 같아요."

한편 홀로세의 경우, 워커가 암석 기록을 새롭게 세 시기로 구분할 것을 제안했다. 이때 각 단위의 기간은 층서학에서는 흔치 않게 수백만 년이 아니라 수천 년이었다. 우리 자신의 "역사시대"와 가까워질수록 층서학자들이 더 많은 문제를 해결하고 더 자세한 연대표를 만들 수 있기 때문이다. 그것을 논리적 결론으로 받아들인다면 언젠가는 깊은 시간도 점점 더 세세하게 분할되어 우리의 시대와 다를 바 없이 구별될 날이 올 수도 있을 듯하다. 그때는 우리도 어셔 대주교처럼 세상의 시작을 월, 일, 시까지 말할 수 있게 될지도 모른다.

워커의 구분은 다음과 같다. 초기 홀로세는 약 1만1,700년 전에 마지막 빙기가 끝나면서 시작되었다. 층서학자들은 이때를 그린란드절이라고 부르는데, 그 이유는 이 절의 황금 못이 그린란드 빙상에서 시추한 한 얼음코어 속에 있기 때문이다. 그 얼음코어는 예르겐 페데르 스테펜센이 관리하는 코펜하겐 대학교의 얼음코어 보관소에 있다. 중기 홀로세는 약 8,200년 전에 시작되며, 이 기간에는 원인이 밝혀지지 않은 한랭한 기후가 갑자기 북반구를 덮쳤다. 이 절의 이름은 북그린란드 얼음코어 프로젝트, 줄여서 NorthGRIP이라고 하는 과학 원정의 이름을 따서 노스그립절이라고 한다. 이 절의 황금 못은 노스그립 원정에서 발견한 얼음코어 속에 들어 있다. 그리고 가장 논란이 되는 지질연대 단위인 후기 홀로세는 약 4,250년 전에 시작되었다. 이 시기에는 지구 전역에 걸쳐서 날씨 유형에 엄청난 변화가 일어났다. 어떤 지역은 점점 더 더워졌고, 어떤 지역은 더 건조해졌으며, 어떤 지역은 더 습해졌다. 어떤 지역은 갑작스러운 산성화를 겪었고, 어떤 지역에는 신빙하기 날씨가 도래했다. 지구 곳곳에서 농경 사회가 파괴되었고, 문명들이 완전히 사라지기도 했다. 이집트의 고왕국과 메소포타미아의 아카드 제국이 무너졌다. 인더스 강 유역(오늘날 파키스탄과 인도 일부에 해당하는 지역)에서는 한때 대단히 번성했던 모헨조다로 같은 도시들이 버려졌다. 홀로세의 일부인 메갈라야절의 GSSP는 인도 동북부에 위치한 메갈라야 주의 한 동굴 속 석순에 기록되어 있다.[14]

워커는 제4기 층서 소위원회의 지휘계통을 따라서 자신의 조사 결과를 상부에 알렸다. 나는 층서학이 마음에 든다. 층서학에서는 수메르 문명이 발달한 이래로 최소 기원전 2500년부터 이런저런 형태로 지속되어 온 관료적 절차를 향한 인간적인 충동과, 깊은 시간이라는 대단히 비인간적인 기이함이 이상한 충돌을 일으킨다. 층서학이 숫자와 특정 과학 용어를 사용하는 방식은 그야말로 거의 다른 세계인 아득한 과거의 속성을 길들이고 합리화하기 위한 시도이다. 지질연대 단위의 변경과 연관된 제안도 예외가 아니다. 소위원회는 연구진의 제안을 받은 후 투표를 진행한다. 만약 소위원회에서 합의가 이루어지면, 그 제안은 ICS로 올라간다. ICS는 소위원회에 이름만 올라 있는 회원들로 구성된다(마셜은 "마치 추기경단 속에 있는 것 같았다"고 말했다). 그후 제안은 마침내 최종 결정권자인 국제 지질학 연합International Union of Geological Sciences, IUGS 앞에 놓인다. 여기까지 와야만 제안이 공식적으로 승인될 수 있다. 그다음으로

IUGS의 공식적인 지원을 받으면 마침내 국제 층서표에서 제자리를 얻게 되는데, 이 모든 과정이 최소 10년이 걸린다.

❖ ❖ ❖

2019년 3월 8일, 사이먼 루이스와 함께 인류세에 대한 성공적인 대중과학서를 세상에 내놓은 마크 매슬린은 트위터에 "똑바로 봐라 #홀로세—왜냐하면 지질 역사에서 네가 지워질 때가 되었으니까!"라는 글을 올렸다. 그렇게 많은 사람들이 메갈라야절의 발표에 불같은 반응을 보인 이유 중 하나는 층서학자들의 결정이 사람들의 기대와는 달랐기 때문이다. 사람들은 이제 우리가 공식적으로 인류세에 살고 있는지를 알고 싶어했다.

인류세를 뜻하는 Anthropocene에서 Anthropos는 "인류"이고, cene은 "새롭다"는 뜻의 Kainos에서 유래했다. 대기화학자 파울 크뤼천과 생물학자 유진 스토머는 2000년에 급진적인 제안을 새로 내놓았다. 인류가 지구의 지질과 생태에 미치는 영향이 완전히 새로운 지질시대를 형성할 정도에 이르렀다는 것이다.[15] 처음으로 우리가 이 세계를 변화시키고 암석에 기록을 남긴 중대한 사건이었다. 인간의 영향으로 일어나는 것으로 보이는 현상으로는 지구의 탄소와 질소 순환의 변형, 자연적인 수준을 훨씬 웃도는 멸종 속도, 뚜렷한 지구 온난화 등이 있다. 이는 공포와 경악을 불러일으키는 발상이었다. 홀로세는 끝났다. 우리는 인간이 만든 시대에 살고 있었다.

2008년, 얀 잘라시에비치는 기버드(당시 제4기 층서 소위원회 위원장)의 주도로 인류세 연구단을 꾸려서 층서학자들의 반응을 살폈다. 잘라시에

비치의 "개인적인 의견으로는 우리가 인류세에 진입했다는 데에 의문의 여지가 없다." 그러나 아직까지 ICS의 국제 층서표에 공식적으로 추가된 것은 없다. 조사는 진행 중이다.

매슬린을 비롯하여 인류세 개념을 지지하는 사람들 중에는 의혹을 제기하거나, 메갈라야절을 인류세에 대한 직접적인 공격으로 받아들이는 이들도 있다(그럼에도 잘라시에비치는 홀로세의 새로운 세부 단위에 찬성표를 던졌다). 매슬린과 루이스 모두 이 연구에 대한 대화를 거부했다. 그러나 컨버세이션Conversation이라는 웹사이트에 게재된 한 기사에서 매슬린은 이렇게 주장했다. "인류세는 인류의 이야기를 다시 쓰면서 행성 관리의 필요성을 강조하는" 반면, "메갈라야절은 현재가 과거와 같다고 말한다."[16]

"그런 이야기가 결코 아니에요." 내가 매슬린의 주장을 언급하자, 기버드는 이렇게 말했다. "그렇게 감정적으로 대응하기보다 실제로 관심을 기울이고 자세히 읽어봤다면, 메갈라야절 같은 경계를 정의할 때에는 오직 그 기부를 토대로 한다는 사실을 알 수 있었을 거예요." 층서학에서는, 메갈라야절 이후에 오는 것이 무엇이든 그 기부는 메갈라야절의 맨 꼭대기로 정의될 것이다. 그리고 연대표의 맨 꼭대기는 어떤 공백도 없음을 보장하기 위해서 항상 열린 상태여야 한다. 따라서 메갈라야절은 현재의 순간까지 확장되어 있을 수밖에 없고, 메갈라야절을 인정한다고 해서 인류세의 가능성이 무효화되지는 않는다. 나중에라도 메갈라야절과 인류세가 층서표에서 공존하지 못할 이유는 없다.

그러나 매슬린과 루이스는 홀로세라는 개념 전체가 오류일 수도 있다는 의문도 품고 있다. 홀로세는 마지막 빙하기가 끝나면서 시작되었다.

그러나 스테펜센의 얼음코어에 드러나 있듯이, 지난 258만 년, 즉 제4기 동안에는 사실 빙하로 뒤덮이는 빙기와 더 따뜻한 간빙기가 번갈아가며 존재해왔다. 현재 우리는 간빙기에 살면서 지구의 기후를 상당히 바꾸어 다음 빙기의 도래를 늦추고 있다. 게다가 매슬린과 루이스의 글에 따르면, 다른 간빙기에는 세의 지위를 준 일이 없기 때문에 홀로세만 콕 집어서 특별 취급을 하는 것은 "지질학적으로 거의 이치에 맞지 않는다."[17] 어쩌면 초기 층서학자들의 실수였을지도 모른다. 어쩌면 홀로세는 은퇴할 때가 되었을지도 모른다. 매슬린과 루이스는 "지질학자들의 학제 간 연구를 통해서 우리가 살고 있는 이 지질시대의 분류와 정의를 제안하기 위한 새로운 IUGS 위원회가 공식적으로 소집되어야 하며, 이를 2년 안에 해야 한다"고 주장한다. 어느 정도 학제 간 연구가 이루어지고 있는 인류세 연구단은 매슬린에게 몇 차례 참여를 권유했다. 지금까지 그는 이 제안을 고사해왔다.

한편 일부 과학자들은 공교로운 시기에 메갈라야절의 경계가 확정된 데에 불만을 표했다. 그들의 주장은 지질학이라는 학문을 그렇게 기이하게 만드는 것의 핵심을 정조준한다.

「사이언스」에 실린 논문에서, 한 고기후학자는 이것이 "고기후학에서 잡고 싶지만 잡을 수 없는 흰 고래 같은 것"이라고 불평했다.[18] "ICS는 메갈라야절의 시작을 확정하기 위해서 여러 다른 가뭄과 우기를 하나로 뭉뚱그리는 실수를 저질렀다. 심지어 4,200년 전 사건과 몇 세기의 시간차가 나는 시기도 있었다." 이 논문에서는 메갈라야절의 다른 종유석에 대한 중국 시안 교통대학교 과학자들의 미발표 분석도 언급했다. 이 분석에 따르면, 몬순 기후의 약화는 4,200년 전의 가뭄으로 갑자기 일어난 것이 아니라 600년에 걸쳐서 서서히 일어났다. 이 연구를 이끈 가야트리 카타야트는 4,000년 전에 수십 년에 걸쳐 가뭄이 있었다는 증거를 발견했다. 그 시기는 황금 못과 "어느 정도" 일치하지만, 완전히 일치한다고는 할 수 없다.[19]

200년은 큰 오차처럼 보일 수도 있지만 층서학자들, 특히 한 사건이 100만 년에 걸쳐 일어나기도 하는 제4기 이전 시기를 연구하는 이들에게는 이것이 꽤 정확해 보인다. 더 나아가, 지질학적 경계는 넓게 분산되어 있다. 지질연대 단위 사이의 전환은 스위치를 켜듯 순간적으로 일어나지 않는다. 수백, 수천 년에 걸쳐서 진행되기도 하는 지지부진한 과정이다. 따라서 그 기후 사건이 수 세기에 걸쳐서 나타난다는 사실이 층서학자에게 반드시 문제가 되지는 않는다.

어쩌면 이는 관점의 문제로 요약될 수 있을 것이다. 인간의 시간 규모에서 연구하는 지구과학자들에게는 부정확해 보이는 지점이 깊은 시간에 익숙한 층서학자에게는 정확해 보이는지도 모른다.

06

언덕 속의 악마

나는 움직임에 대해서 생각해보려고 비탈길을 오르고 있었다. 내 주위의 모든 것은 고요했다. 나뭇잎을 흔드는 바람 한 줄기도 없었다. 마을 사람들이 이미 그곳을 버리고 떠난 것처럼 길은 텅 비어 있었다. 멀리서 초록색 덩굴이 오후의 햇살을 받아서 밝게 빛났다.

캘리포니아 주립 대학교 샌버너디노 캠퍼스에서 샌버너디노 산맥까지 걸어가는 길은 1.2킬로미터쯤 되었다. 흙먼지가 날리는 완만한 오르막길에는 떨기나무가 주를 이루었고, 강한 향기를 풍기는 산쑥과 하늘하늘한 야생화들이 점점이 흩어져 있었다. 산이 가까워지자, 키 작은 나무들이 자라는 길쭉하고 비옥한 땅에 밝은 초록색 포도 덩굴이 가득했다. 낡은 농장 건물들이 몇 채 보였지만, 1970년대 초반 이래로 신축이 금지되어 새 건물은 없었다. 이곳의 농장 건물 주인들은 그들의 부동산 대부분을 매매할 수 없다. 이곳을 매입하기 위한 담보 대출을 그 누구도 보장할 수 없기 때문이다.

나는 방울뱀과 퓨마 경고 표지판을 지나서 모래로 덮인 왼쪽 길로 들어섰다. 산 너머는 뜨겁고 건조한 모하비 사막, 서쪽으로 약 96킬로미터 떨어진 곳은 로스앤젤레스였다. 조금 떨어진 덤불 속에 몸을 숨긴 새 한 마리가 경고하듯 날카롭게 삐삐삐 소리를 냈다. 근처 어딘가에 이 농장 건물들이 서서히 버려지는 원인이 있었다. 바로 샌앤드레이어스 단층이었다.

우리의 세계는 겉보기에는 안정적이지만 사실 끊임없이 움직이고 있다. "충분히 오래 기다린다면 모든 것이 이동하죠." 캘리포니아 대학교 로스앤젤레스 캠퍼스의 지구역학자인 캐롤라이나 리스고-베르텔로니는 말한다. "암석도 아주아주 오랜 시간에 걸쳐서 움직여요. 암석은 냄비 속에서 끓고 있는 물과 비슷해요."

리스고-베르텔로니의 연구는 한 혁명적인 학설을 기반으로 한다. 바로 1960년대에 발달하기 시작해서 지구에 대한 우리의 이해를 영원히 뒤바꿔놓은 판구조론plate tectonics이다. "판구조론의 중요성은 아무리 강조해도 지나치지 않아요." 그녀가 말했다. "판구조론 이전에도 우리는 수 세기 동안 암석과 암석의 유형, 그리고 화석을 관찰해왔지만, 그 암석이나 화석이 왜 그런 방식으로 거기에 있는지를 이해하기 위한 사고틀은 없었어요." 다큐멘터리 영화 「남극 대륙 : 빙하와 하늘Antarctica : Ice and Sky」에서, 존경받는 프랑스의 빙하학자 클로드 로리우스는 지구 온난화와 인간의 자멸적 행동으로 인한 우리의 응보가 시작되기 오래 전인 1960년대를 일종의 황금기로 묘사한다. 인간이 달로 여행을 다녀온 역사적 순간이 있었고, 과학자들은 자연 세계의 모든 비밀이 해결될 날이 머지 않았다고 믿었다. 그중에는 앞다투어 판구조론을 확립해온 여러 남녀 과학자들도 있었다.

판구조론의 확립은 지질학을 "꽤 그럴싸한" 과학으로 만들어주었다. 당시까지 지질학은 관찰 위주였고, 본질적으로 별개로 보이는 사실들을 수집하는 활동이었다. "모든 과학은 물리학 아니면 우표 수집"이라는 어니스트 러더퍼드의 의견(추정)과 다를 바 없었다. 판구조론은 지질학의 거대 이론이 되었다. 생물학의 다윈주의, 물리학의 양자역학과 마찬가지였다. 오늘날 지구에 대한 우리의 이해는 판구조론의 발판 위에 확립되었다. "아직 더 알아내야 할 것은 아주 많지만, 그런 규모로 일어날 만한 일은 없을 것 같아요." 더럼 대학교의 지구역학자인 필립 헤론은 이렇게 말했다.

판구조론에 따르면, 지구의 표면에는 맨틀의 최상부와 지각으로 이루어진 두께 125킬로미터의 거대한 판들이 모자이크처럼 맞물려서 움직이고 있다.[1] 이 판들은 약 7개의 큰 판과 약 8개의 더 작은 판으로 구성된다(정확한 판의 개수는 의견에 따라 조금씩 다르게 추정된다). 판들은 마치 컨베이어벨트 위에 있는 것처럼 뜨겁고 무른 암석 위를 미끄러지듯이 움직여서 지구 전체를 돌아다니고, 그 위에 얹힌 대륙과 대양도 함께 운반한다. 판의 경계가 만나는 곳에서는 두 판이 서로 벌어지기도 하고, 한 판이 다른 판 아래로 파고들기도 하고, 슬로모션으로 일어나는 자동차 사고처럼 두 판이 충돌하기도 한다. 판이 부딪히면, 땅이 구겨진 보닛처럼 휘어지면서 높고 낮은 산맥이 만들어진다. 때로는 한 판이 다른 판의 아래를 파고들어 빨갛고 뜨거운 맨틀로 내려가고, 맨틀에서는 암석이 녹아서 재활용된다. 판과 판 사이의 이런 상호작용은 땅의 형태에서부터 시간의 흐름에 따라 땅이 변하는 방식, 화산이 폭발하고 지진이 일어나는 이유(충돌하는 판들로 인해서 발생하는 지각 내부의 운동의 결과), 지구상의 동식물 분포에 이르기까지, 우리 세계가 왜 이런지를 설명해준다.

인간의 수명이 80년이라고 하면, 그사이에 판은 2–4미터 움직일 수 있다. 런던 남부에 있는 내 아파트는 1980년에 지어졌는데, 그 이후의 판구조 운동 때문에 위도와 경도로 측정되는 지구 표면에서 동쪽으로 약 1미터 움직였을 것이다. 1년에 약 2.5센티미터의 속도로 이동했을 텐데, 이는 대략 손톱이 자라는 속도와 비슷하다. 1년에 2.5센티미터라는 속도는 인간의 감각으로 가늠하기에는 규모가 너무 커서, 또는 반대로 생각하면 너무 느려서 우리를 깊은 시간의 세계로 이끈다. 깊은 시간의 규모에서 이 속도라면 식물상과 동물상을 포함한 대륙 전체를 수천 킬로미터 떨어진 곳으로 옮겨놓을 수 있다. 바다가 생길 수도 있고, 사라질 수도 있다.

판구조론은 모든 것을 바꿔놓았다. 그러나 여러 측면에서 볼 때, 우리는 아직도 이 여정의 출발점 근처에 있을 뿐이다. 하나의 학설로서 판구조론은 아직 50여 년밖에 되지 않았다. 1983년에 존 맥피가 『수상한 지형에서*In Suspect Terrain*』를 출간했을 때, 그는 명망 높은 과학자 중에서도 판구조론에 이의를 제기하는 사람들을 여전히 찾을 수 있었다.[2] "버락 오바마가 학교를 다닐 때에는 시간의 흐름에 따라 대륙이 움직인다는 것을 배우지 않았을 거라는 점이 믿기지 않아요." 헤론은 고개를 가로저으며 내게 말했다.

당신이 누구에게 말을 하는지에 따라서, 다시 말해서 그들의 나이와 성향과 국적과 친밀함과 적대감에 따라서, 그들이 눈치 빠른 사람인지, 증거를 찾는 사람인지, 공식을 좋아하는 사람인지, 결과들을 종합하는 사람인지에 따라서 당신은 판구조론을 다양한 방식으로 이야기할 수 있다. 이는 최근에 판구조론 50주년을 맞이하여 여러 곳에서 별개의 기념행사가 열렸다는 뜻이기도 하다. 가령 2013년 영향력 있는 저널인「네이처」는 영국의 지질학자 프레더릭 바인과 드러먼드 매슈스의 논문 발표 50주년을 기념했다.[3] 2016년 컬럼비아 대학교에서는 그 대학의 연구자인 월터 피트먼과 제임스 헤이르츨러의 1966년 논문을 기념했고,[4] 2017년 런던 지질학회에서는 2명의 영국인 지질학자 댄 매켄지와 로버트 L. 파커가 1967년에 내놓은 한 논문을 기념했다.[5] 2018년 콜레주 드 프랑스에서는 그곳의 교수였던 그자비에 르 피숑의 1968년 논문을 기념했다.[6]

그래도 판구조론의 시작은 알프레트 베게너이다. 베게너는 독일의 기상학자이자 지구물리학자이자 극지방 연구자였지만, 오늘날『대륙과 대양의 기원*Die Entstehung der Kontinente und Ozeane*』(1915)의 저자로 주로 기억된다. 이 책에는 그의 대륙 이동설이 개략적으로 설명되어 있다.[7] 오랫동안 사람들은 아프리카 서부 해안과 남아메리카 동부 해안이 이상하게 비슷하다는 점에 주목해왔다. 마치 단단한 도자기 판이 둘로 쪼개져서 벌어지고, 그 사이에 남대서양이 끼어든 것 같았다. 두 대륙이 한때는 하나였던 것처럼 보였다. 베게너는 지구의 모든 대륙이 한때는 하나의 "초대륙"이었다고 제안하면서, 그 초대륙을 (고대 그리스어에서 "전체"를 뜻하는 pan과 "지구, 대자연"을 뜻하는 Gaia를 합쳐서) 판게아Pangaea라고 불렀다. 시간이 흐르면서 판게아는 분리되었는데, 그 이유는 대륙

이 한 위치에 고정되어 있지 않고 지구 표면에 "떠다니면서" 이동하기 때문이었다.

베게너의 생각은 그의 일생 동안 독일 국내뿐 아니라 외국에서도 조롱을 받았다. 비평가들은 그의 주장을 "정신 나간 헛소리"로 치부하며 경멸했다.[8] 그후로 수십 년 동안, 젊은 지질학자들은 대륙 이동에 흥미를 보이는 낌새만 보여도 경력을 망칠 것이라는 경고를 받았다. 대륙의 형태에서부터 식물상과 동물상의 전파에 이르기까지, 베게너의 학설을 뒷받침하는 증거는 수없이 많았다. 그러나 결정적으로 그는 그 판들이 어떻게 움직이는지를 설명할 수 없었다. 1930년에 베게너가 그린란드 빙상 원정 도중에 보급기지 사이에서 불운하게 죽음을 맞았을 때 그의 나이는 막 쉰이 된 참이었다. 만약 그가 원정에서 살아 돌아왔다면 자신의 연구가 과학혁명의 출발점으로 묘사되는 것을 볼 때까지 장수했을지도 모를 일이다.

이후 해저 확장이 발견되면서 베게너의 학설은 마침내 찬밥 신세를 면할 수 있었다. 현재 캘리포니아 대학교 산타바버라 캠퍼스의 명예교수인 지구물리학자 겸 해양지질학자 타니아 앳워터가 1967년 1월에 스크립스 해양연구소에 왔을 때, 그녀의 나이는 스물다섯이었다. 당시 스크립스 해양연구소는 1963년 논문의 저자 중 한 사람인 프레더릭 바인의 해저 확장에 대한 연설 직후의 혼란 속에 있었다. "듣자 하니 연구소 전체가 그 연설에 참석했는데, 들어갈 때는 대부분 대륙 고정론자였던 과학자들이 모두 대륙 이동론자가 되어서 나왔다고 한다." 앳워터는 훗날 이렇게 썼다. "내 첫 수업은 빌 머나드 교수의 해양지질학 수업이었다. 머나드 교수는 통상적인 오리엔테이션도 잊고, 이 '경이로운 새로운 발상'에 완전히 매료되어 칠판 가득 무엇인가를 휘갈겼다."[9]

해저 확장은 맨틀의 뜨거운 물질이 바다 밑바닥에 놓인 2개의 판 사이로 올라올 때에 일어난다. 그러면 두 판은 양쪽으로 벌어지고, 판의 가장자리는 냉각된다. 이 발견으로 마침내 베게너의 학설에 부족했던 메커니즘이 생겼다. 이것이 바로 대륙 이동을 일으키는 동력이었다. "나는 수많은 지질학적 가능성과 의미로 머릿속이 너무 복잡해서 자주 밤잠을 설치고는 했다." 앳워터는 이렇게 회상했다. "머릿속에 아무렇게나 들어 있던 사실들이 갑자기 규칙적인 틀 속에 딱 맞아들어가는 것은 정말이지 경이로운 일이다."

과학적 발견에 대한 세간의 이야기는 종종 하나의 위대한 발견이 한 사람의 위인이 이루어낸 성과라는 편향된 시각을 담고 있다. 이 시각을 따르면 어떤 기념일을 기리기가 더 쉽고, 이야기도 훨씬 더 낭만적이다. 그러나 현실은 다르다. 과학적 발견이 특정한 날에 완성된 형태로 툭 튀어나오는 일은 매우 드물다. 몇 년에 걸쳐서 많은 사람들이 알맞은 시기에 알맞은 장소에 함께 모여서 머리를 맞댄 결과인 경우가 더 많다. 판구조론도 그런 유형의 발견이다. 바인과 매슈스의 논문이 나온 지 4년 후인 1967년 초반, 영국의 박사후 연구원인 댄 매켄지는 프린스턴의 강사인 제이컵 모건의 강연에 참석하기 위해서 미국 지구물리학 연합 춘계회의를 찾았다. 개요를 훑어본 매켄지는 그 강연을 건너뛰기로 결심했는데, 모건은 미리 소개된 개요와는 완전히 다른 강연을 할 생각이었다. 그는 지각판이 지구 표면에서 어떻게 움직이는지를 설명하는 바인과 매슈스, 피트먼과 다른 이들의 연구를 토대로 판구조론에 대한 사실상 최초의 강연을 하기로 했다. 그것은 매켄지가 하고 있던 연구와 무서울 정도로 비슷했다.

그해 11월, 매켄지와 파커는 지각판 운동의 수학적 원리를 정리한 그들의 논문을 「네이처」에 보냈다. 동봉된 편지에는 발표의 "불필요한 지연"을 "피해달라"는 요청이 있었다. 12월, 모건도 새로운 학설에 대한 논문을 썼다는 사실을 알게 된 매켄지는 두 논문이 동시에 발표될 수 있도록 자신의 논문 발표를 미뤄줄 수 있는지 문의하는 편지를 다시 보냈다. 편집자는 이미 그달의 잡지가 조판에 들어갔다는 답장을 보냈고, 논문은 그대로 발표되었다. 모건의 논문은 동료 검토 과정에서 발표가 지체되었고, 마침내 1968년에 발표되었다.[10]

이런 거침없는 판구조 운동의 효과를 느껴보고 싶다면, 그냥 사우스다운스 위를 걸으면 된다(아프리카판이 유럽판에 충돌하면서 만들어진 곳이다). 그러나 판 자체를 본능적으로 직감하기는 훨씬 어렵다. 판은 너무 거대하고 너무 천천히 움직인다. 나는 판을 섬처럼 생각하기 시작했다. 이 세계가 우주의 바다에서 헤엄치는 거대한 거북의 등 위에 얹혀 있다는 신화도 떠올렸다. 섬의 한가운데에 있거나 거대한 거북의 등 위에 있다면, 우리가 어떤 곳에서 살고 있는지에 대한 직접적인 증거를 찾기 위해서는 그 가장자리로 가야 할 것이다. 나는 판의 경계를 찾아가보기로 결심했다. 많은 판의 경계는 물속에 있고, 지표면에서 뚜렷한 흔적을 볼 수 있는 장소는 매우 드물다. 그런 장소 중 한 곳이 북아메리카판과 태평양판이 만나는 샌앤드레이어스 단층이다.

밤낮없이 천천히, 깊은 시간에 걸쳐서 일어나는 판의 움직임은 단층을 통해서 살며시 그 모습을 드러낸다. 단층은 샌버너디노 산맥을 따라서 적막하고 광막한 모하비 사막을 관통하고, 할리우드 대로를 따라 늘어선 극장과 영화관의 지하, 샌타모니카의 술집과 음식점, 베니스 비치의 인도 밑, 홀리스터 변두리의 어느 집 뒷마당 아래를 지나서 샌프란시스코 종합병원을 지나간다.

단층은 땅속 깊은 곳에 있는 암석에 응력과 변형이 축적될 때에 만들어진다. 암석은 움직이는 판으로부터 엄청난 압력을 받아 휘어지기 시작하다가 어느 날 단층 파열이 일어나면 격렬하게 부서진다. 우리는 이것을 지진이라고 부른다. 샌앤드레이어스 단층에 항상 지진의 위험이 도사리고 있다는 점은 이 특별한 판의 경계 근처에서 살아가면서 감수해야 하는 결과 중 하나이다.

샌앤드레이어스 단층을 보러 출발하기 전, 나는 캘리포니아 대학교 샌버너디노 캠퍼스의 지질학 교수인 조앤 프릭셀을 찾아갔다. 그녀의 사무실 창문 밖으로 1킬로미터쯤 떨어진 곳에는 언덕이 있는데, 그 언덕에는 단층선을 나타내는 밝은 초록색 나무와 포도 덩굴이 늘어서 있다(단층선 위로 자라는 푸릇푸릇한 식생은 판의 경계에 나타나는 경관 단절을 더 유순하게 보여주는 징후이다). 지진을 연구하는 사람으로서 이곳에 터를 잡고 있다는 것은 대단한 행운이거나 지독한 불운이다. 미국 지질조사소의 한 지진학자는 내게 자신의 일이 따분하기를 바란다고 말했다. 확실히 프릭셀은 샌앤드레이어스 단층 옆에 연구실이 있기를 바라지는 않았을 것이다.

모두가 그녀에게 묻는 질문을 나도 던졌다. **샌앤드레이어스 단층이 곧 파열될까요?** 그녀는 이렇게 말했다. "지금 파열된다고 해도 놀라지 않을 거예요. 10년 뒤에 파열된다고 해도 놀라지 않을 거고요. 근데 만약 내가 다른 곳으로 가거나 죽은 뒤에 파열된다면 대단히 실망스러울 것 같아요. 말 그대로 평생 한 번뿐인 일이고, 당장 일어날 수 있는 범위에 있으니까요. 그 순간을 놓치고 싶지는 않아요."

회색 머리카락을 짧게 자른 프릭셀의 긴 얼굴에는 장난기가 어려 있었다. 그녀의 말에 따르면, 지진 연구자는 일어나지 않아야 대단히 좋은 일을 연구하고 있고, 대지진은 비교적 드물다. 이를테면 지질학자 H. F. 리드는 1906년 샌프란시스코 대지진을 연구할 수 있었기 때문에 단층과 지진의 명확한 역학적 관계를 확립할 수 있었다. 1910년에 발표된 자신의 보고서에서 그가 "탄성 반발Elastic Rebound"이라고 이름 붙인 새로운 학설은 오늘날 판구조 연구의 토대 중 하나가 되었다. 단층이 꼭 맞물린 상태를 유지하는 동안, 지각판의 힘은 단층과 그 주위에 압력을 만든다. 그리고 그로 인해 누적된 에너지는 단층이 갑자기 요동칠 때에 방출된다. 일반적으로 말하자면, 단층이 길수록 누적되는 에너지와 발생할 수 있는 지진의 규모가 커진다(최근에는 연결되어 있지 않은 단층 사이에서 파열 현상의 "급격한 이동jump"이 일어날 수 있다는 사실 때문에 이 계산이 조금 복잡해졌다). 약 50년간 사람들은 샌앤드레이어스 단층이 그리 길지 않아서 크게 위험하지는 않을 것이라고 생각했다. 그러나 실상은 그렇지 않았다.

샌앤드레이어스 단층은 주향이동 단층strike-slip fault이라고 알려진 단층이다. 양손의 손가락을 쭉 펴고 손등이 보이도록 나란히 놓아보자. 이제 오른손을 앞으로 미끄러뜨려보자. 이것이 주향이동 단층이 움직이는 방식이다. 이런 단층을 측량하기 위해서는 단층면 양쪽의 서로 다른 위치에 나타나는 같은 암석층, 이를테면 특정 화강암이나 사암 따위를 찾아야 한다. 만약 암석층의 두 부분이 한때 서로 나란히 붙어 있었음을 증명할 수 있다면, 단층면의 한쪽이 앞쪽으로 미끄러지는 운동에 의해서 두 면이 분리되었음을 알 수 있다. 그런 다음에는 단층의 길이를 계산할 수 있다. 예를 들어 암석층의 두 면이 100킬로미터 떨어져 있다면, 그 단층의 길이는 최소 100킬로미터인 것이다. 샌앤드레이어스 단층이 최초로 측량된 1900년대 초반, 사람들은 단층면의 양쪽에 일치하는 암석층이 있는지를 찾아보았지만 아무것도 발견하지 못했다. 누구도 충분히 먼 거리까지 찾아보지 않았기 때문이었다. 누구도 단층이 그렇게 길 것이라고는 예상하지 못했다.

그 위험의 전체적인 규모는 로스앤젤레스와 샌프란시스코 같은 주요 대도시들이 형성되고 한참이 지난 후인 1950년대 중반이 되어서야 제대로 드러났다. 이 단층은 임피리얼 카운티의 솔턴 호에서 험볼트 카운티의 멘도시노 곶까지 약 1,300킬로미터 길이에 걸쳐 뻗어 있고,[11] 깊이는 16킬로미터에 이르며, 최대 규모 8.0의 지진을 일으킬 수 있는 것으로 드러났다.[12] (과학적으로 지진의 크기를 측정하는 가장 일반적인 방식은 모멘트 규모moment magnitude scale이다. 규모 2.5 이하의 지진은 대체로 느껴지지 않는다. 규모 4는 약한 지진, 규모 6은 재산 피해가 생길 수 있는 중간 정도의 지진이다. 규모 7은 히로시마에 떨어진 원자폭탄보다 더 큰 에너지를 방출하는 강력한 지진이다. 이 규모의 지진에서는 인명 피해가 발생할 수도 있다. 규모 8 이상으로 측정되는 지진은 대지진으로 분류된다. 대지진이 일어나면 진앙 근처에 있는 지역 공동체는 완전히 파괴될 수도 있다. 규모 8.0이라는 샌앤드레이어스 단층의 최대치는 1,300킬로미터 길이의 단층 전체에 걸쳐 파열이 일어났을 때를 상정한 것인데, 앞으로 30년 안에 그런 사건이 일어날 확률은 7퍼센트이다. 통계적으로 더 가능성이 높은 시나리오는 규모 7.0의 지진이다. 단층이 일부만 파열될 때 일어나는 이런 규모의 지진이 같은 기간 동안 발생할 확률은 약 75퍼센트이다.[13)]

"이 단층이 매우 큰 주향이동 단층이라는 주장이 처음 나왔을 때, 그런 주장을 한 지질학자들은 생각 없는 급진주의자들로 치부되었어요." 프릭셀이 말했다. 모두가 그 사실을 받아들이게 되었을 무렵에는 캘리포니아의 중요한 금융, 문화, 주거 중심지들을 더 안전한 장소로 옮기기에 너무 늦은 시점이었다. "지금 당장 움직일지 말지는 걔만 알아요." 그녀는 그렇게 말하고, 머리를 절레절레 흔들며 웃었다. "내가 단층을 의인화시켜서 이야기하는 게 웃긴다는 건 나도 알아요. 단층에는 의식이 없죠. 어떤 의도를 가지고 움직이는 게 아니에요. 저 언덕 아래에 무슨 악마가 있는 건 아니에요."

악마는 없을지 모르지만, 정체되어 고요한 오후의 열기 속에는 어딘가 음산함이 있었다. 내가 단층을 찾으려고 애쓰는 동안 주위의 경관이 숨을 죽이고 있는 것 같았다. 단층은 멀리서는 쉽게 눈에 띄지만, 가까이 가면 갈수록 사라지기 시작한다. 뚜렷하게 보였던 밝은 초록색 식생의 띠는 이제 주변의 것들과 뒤섞인다. 발아래에는 예사롭지 않은 무엇인가를 암시할 만한 것이 거의 없었다. 길을 따라서 1미터 정도 높이의 작고 가파른 경사만 있을 뿐이었다. 어떤 흙은 조금 갈아놓은 것처럼 색이 옅었다. 한쪽 발은 북아메리카판에, 다른 한쪽 발은 태평양판에 놓고서 있을 수 있는 뚜렷한 균열은 없었다.

실망한 나는 들고 온 지도를 펼쳤다. 조앤 프릭셀로부터 선물로 받은 그 지도는 등산용 지도가 아니라 지질학자들이 벽에 붙여놓는 용도로 만든 것이어서 너무 크고 거추장스러웠다. 그러나 그 지도를 보면 경관에서 무엇인가가 바로 드러날 수도 있었다.

그 지도는 미국 지질조사소에서 제작한 7.5분 지형도quadrangle(위도와 경도를 7.5분 구간으로 분할하여 만든 지형도/옮긴이)였는데, 가운데에 지도를 거의 두 부분으로 나누는 검은색 사선이 지나가고 있었다. 지도의 위쪽 절반에는 산봉우리를 나타내는 일련의 점들을 중심으로 등고선들이 오밀조밀하게 모여서 소용돌이를 쳤다. 지도의 색은 자홍색에서 칙칙한 주황색을 거쳐 어두운 겨자색과 연한 파란색으로 변했다. 지도의 아래쪽 절반은 전혀 딴판으로, 훨씬 차분했다. 등고선도 별로 없어서, 큼직큼직한 색의 범위가 흰색에서 여러 색조의 크림색을 거쳐서 밝고 은은한 노란색으로 옮아갔다. 마치 실내장식가의 색상표 같았다.

산맥과 평원, 이것만으로 충분히 명확했다. 이제 나는 더 주의 깊게 둘러보기 시작했다. 내가 지도와 산을 번갈아가며 보는 동안, 세상은 미묘하게 다른 빛을 냈다. 나는 내 주위의 경관뿐만 아니라 그 경관의 이야기도 보고 있었다. 지질학자처럼 경관의 공간뿐 아니라 그 안에 있는 시간도 보려고 노력했다.

스크립스 연구소에서 3년을 보낸 타니아 앳워터는 판구조론이라는 새로운 이론을 활용하여 특정 경관에 대한 의문의 답을 찾는 최초의 연구자들 중 한 사람이 되었다. 그리고 그녀가 염두에 둔 특정 경관은 샌앤드레이어스 단층이었다. 이제는 고인이 된 캘리포니아 대학교 버클리

캠퍼스의 데이비드 L. 존스는 앳워터의 연구를 두고 이렇게 말했다. "그것은 판구조론을 실제 환경에 적용한 최초의 연구였다. 그녀는 샌앤드레이어스 단층을 놓고 평생 호들갑을 떠는 사람들에게 그들이 완전히 놓치고 있었던 이야기를 보여주었다. 그녀의 논문은 대단히 멋졌고, 판구조론이 가야 할 길을 확실하게 제시했다."[14]

앳워터의 추측에 따르면, 샌앤드레이어스 단층이 나타난 이유는 약 2,800만 년 전에 북서쪽으로 이동하고 있던 태평양판이 북아메리카판과 만났기 때문이다.[15] 단층의 양쪽 면 사이의 차이는 이것으로 설명이 된다. 태평양판 위에 있는 더 평평하고 관목이 우거진 모래땅은 대부분 수천 년밖에 되지 않은 홀로세 퇴적층으로 이루어져 있다. 가장 젊은 암석은 지질학자들이 "살짝 고결되어 있다"라고 묘사하는 상태인데, 이는 이 암석이 "제대로 된" 암석이 되기 위한 여정을 막 시작했다는 뜻이다. 더 하얀색을 띠는 산맥은 북아메리카판 위에 있으며, 연대는 1억6,000만–1억7,000만 년이다. 주된 암석은 백악기와 쥐라기에 형성된 변성암과 화성암인 편암, 편마암, 화강섬록암이다.

2개의 다른 세계, 2개의 다른 시간이 이곳에서 하나로 합쳐졌다. 두 경관이 서로 다르며 서로 다른 일을 겪었다는 것은 지질학자가 아니더라도 알아볼 수 있다. 이를테면 북아메리카판에 있는 변성암은 진흙과 모래로 바다 밑바닥에 쌓인 후에 서서히 파묻혀서 열과 압력을 받다가 판의 힘에 의해 밀려 올라와 편암과 편마암으로 다시 지상에 나타났을 것이다. 그 암석들 중에는 오래 전에 백악기의 햇빛을 받으며 돌아다니던 공룡의 발아래에 있던 암석도 있을 것이다. 태평양판의 암석은 더 젊고 잡다하다. 이 퇴적층은 대부분 산사태와 강물을 통해서 운반된 크고 작은 자갈과 모래들로 이루어져 있다. 파묻히지도 않았고, 고결되거나 열에 의해 구워지거나 더 오래된 경관의 낡고 예스러운 특성이 생길 시간도 없었다.

북아메리카판과 태평양판이 서로 만났을 때, 북서쪽으로 이동하고 있던 태평양판은 북아메리카판을 긁으면서 지나가기 시작했다. 당신이 이 책을 읽는 지금도 캘리포니아의 가장자리는 알래스카 쪽으로 이동하고 있다. 그 이동은 일정한 속도로 꾸준히 일어나지 않고 암석이 찢어지고 끊어지는 갑작스러운 움직임들이 이어지면서 발생한다. 그로 인해서 생긴 단층들이 그물처럼 얽혀서 샌앤드레이어스 단층 지대를 형성한다. 현재 샌앤드레이어스 단층 지대의 평균 이동 속도는 1년에 약 46밀리미터이다.[16] 이 속도로 이동이 계속된다고 가정하면, 앞으로 1,500만 년 안에 로스앤젤레스와 샌프란시스코는 이웃 도시가 될 것이다.

나는 앉아서 물을 마셨다. 산쑥 향기 속에 어울리지 않게 로스트비프의 냄새가 섞여 있었다. 아까 나에게 경고하듯 울던 새는 포기를 했거나 다른 데로 가버린 듯했다. 작고 검은 날파리 무리가 나타났다가 사라졌다. 나는 변화하고 이동하는 암석을 생각했다. 대서양에 있는 북아메리카판과 유라시아판의 경계에서는 확장이 일어나고 있다. 그로 인해 북아메리카와 유럽이 점점 멀어지면서 런던에서 뉴욕으로 가는 비행 편의 거리가 해마다 몇 센티미터씩 길어지고 있다. 북쪽으로 이동 중인 아프리카판은 지중해를 점점 더 좁게 만든다. 언젠가는 모로코에서 마드리드까지 일직선으로 걸어갈 수 있을 것이다. 육상에 있는 또다른 판의 경계인 그레이트 리프트 밸리에서는 아프리카판이 천천히 찢어지고 있다. 언젠가 그곳에는 새로운 대양이 탄생할 것이다.

1960년대와 1970년대의 과학자들에 비하면 오늘날의 지구역학자들은 더 진보된 기술을 보유하고 있으며 50년 분량의 자료를 더 확보한 상태이다. 가령 이제는 GPS를 통해서 판의 운동을 측정할 수 있다. 과학사학자인 나오미 오레스케스는 이렇게 썼다. "미사일과 인간이 만든 다른 빠른 물체를 추적하기 위해서 개발된 체계가 천천히 도도하게 움직이는 판의 이동을 관찰하는 데에도 똑같이 유용하다는 점이 나는 꽤 멋지다고 생각한다."[17] GPS 덕분에 우리는 이제 판의 경계에서뿐 아니라 판의 내부에서도 암석의 변형이 실제로 일어난다는 사실을 안다. "판 내부의 힘과 판 자체의 관계, 판의 세기, 판의 운동이 그렇게 오랜 시간 동안 일정한 이유……." 캐롤라이나 리스고-베르텔로니는 바로 이런 종류의 문제들을 고심하고 있다.

다른 곳에서는 지진학자들이 지진의 근원지를 계산하기 위해서 지진 에너지의 파동을 추적한다. "1960년 이전에는 무슨 일이 일어나고 있는지를 아는 사람이 아무도 없었을 거예요. 그냥 자료가 없었어요." 헤론이 말했다. 그는 남아메리카 서부에서 일어난 세 차례의 지진을 표시한 1960년의 지도를 내게 보여주었다. 그다음에는 그 세 지진과 1960년에서 2018년 사이에 일어난 다른 모든 지진을 표시한 같은 지역의 지도를 보여주었다. 새로운 지도에서는 지진들이 편자 모양을 이루고 있었다. 그 편자 모양은 사실 남아메리카 아래로 사라지는 중인 나스카판의 모양이었다. 나스카판이 뜨거운 맨틀 속으로 갑자기 기울어져 들어갈 때, 지진이 일어난다. 지진들이 지도 위에 만드는 형태는 나스카판에 무슨 일이 벌어지고 있는지를 우리에게 알려준다. 1960년에는 자료가 부족해서 그런 추론을 할 수 없었다.

일부 과학자들은 판의 충돌로 인해 암석들이 부서지면서 방출된 중요한 영양소들이 "캄브리아기 대폭발" 같은 생물 진화의 주요 순간에 결정적인 역할을 했을 것이라고 추측했다. 약 5억4,000만 년 전 캄브리아기 대폭발이 일어났을 때에는 오늘날과 같은 생명체의 조상들이 처음으로 등장했다. 세인트앤드루스 대학교의 오브리 저클은 "생명을 유지하기 위해서는 판구조가 필요하다"는 점이 점점 더 분명해지고 있다고 말했다. "만약 맨틀과 지각 사이에서 물질을 재활용할 방법이 없다면, 탄소, 질소, 인, 산소처럼 생명에 중요한 원소들이 암석에 갇힌 채로 그대로 있었을 거예요." 그리고 결정적으로, 판구조라는 컨베이어벨트는 탄소를 많이 포함한 암석을 맨틀 속으로 끌어당겨 녹임으로써 해로운 이산화탄소가 대기 중에 쌓이는 것을 방지하는 데에 도움을 준다. 판구조의 도움으로 우리가 숨을 쉬는 셈이다.[18]

캘리포니아 주립 대학교 샌버너디노 캠퍼스에 있는 사무실에서 프릭셀이 염려하는 것은 판의 경계에서의 생활이 가져오는 위험이다. 그녀는 지진 경보가 끊임없이 울리는 주에 살고 있다. 책장에는 앞턱을 만들어서 지진이 일어나도 책이 쏟아지지 않도록 조치했고, 수집한 암석은 선반의 맨 아래 칸에 안전하게 보관 중이다. 블라인드는 유리창이 깨질 경우를 대비해 항상 내려져 있다. 이와 대조적으로 그녀의 학생들은 대체로 태평해 보였다. "랜더스 지진(규모 7.3)은 여기에서도 광범위하게 느껴졌지만 1992년의 일이었고, 이 학생들은 대부분 근방에 없었어요. 학생들은 어느 정도 멀리 떨어진 곳에서 일어난 대지진조차도 경험한 적이 없어요. 그래서 나는 지진이 학생들에게 일종의 정서적 느낌으로 감지될 거라고 생각하지 않아요. 그 애들은 지진이 어떤 느낌인지 몰라요. 그래서 얼마나 무서울 수 있는지 모르는 거죠."

단층을 측량하고 지진 활동을 연구하면서, 지진학자들은 종종(항상은 아니다) 이 지역이 지진의 위협을 받고 있다고 확신한다. 언제 지진이 일어날지는 그들도 예측할 수 없다. 미국 지질조사소의 웹사이트에 따르면, "미국 지질조사소는 물론이고 다른 어떤 과학자도 대지진을 전혀 예측할 수 없다. 우리는 그 방법을 알지 못하며, 언젠가 가까운 미래에 알게 되리라고 기대하지도 않는다."[19] 지진을 예측하려는 시도는 낙타의 등에 실린 건초더미에서 낙타의 등을 부러뜨리게 될 건초 한 가닥을 찾아내려는 행동과 같다. 지진을 예측하려면 암석의 특정 부분에 누적된 응력과 변형이 정확히 언제 한계점에 이르는지, 그래서 화강암이나 현무암이나 사암을 산산조각 내고 땅을 뒤흔들 에너지의 파동이 주변 경관을 따라 언제 퍼져나갈지를 예측할 수 있어야 한다. "그리고 우리는 그렇게 할 수 없어요." 프릭셀이 말했다.

개별적인 지진을 예측할 수는 없지만, 과학자들은 어떤 지진이 (지질시대의) 특정 기간에 일어날 통계적 확률은 말할 수 있다. 그들은 샌앤드레이어스 단층에서 예전에 지진이 일어난 위치들을 연구함으로써 이 단층에서는 평균적으로 100-200년에 한 번꼴로 큰 지진이 발생했다는 점을 알 수 있었다(샌앤드레이어스 단층은 단층계이기 때문에 모든 구간의 유형이 동일하지는 않다. 예를 들어 팜스프링스 근처는 지진 발생 빈도가 200-300년에 한 번인 반면, 샌버너디노 카운티의 라이트우드는 약 100년에 한 번꼴로 지진이 예상된다). 프릭셀은 샌앤드레이어스 단층이 "곧 움직임이 있을 구간에 들어 있다"고 생각한다. 미국 지질조사소의 지진학자인 케이트 쉐러는 내게 그 이유를 이렇게 설명했다. "바로 지금 당신이 보고 있는 모든 곳이 평균적으로 지진이 발생하는 기간을 넘겼거나 그 기간에 근접해 있어요. 일반적으로 100–200년에 한 번꼴로 지진이 발생한다고 보면, 장소에 따라 조금씩 다르지만 지진이 일어난 지 150–200년이 된 셈이에요. 그러니까 당연히 살짝 겁이 나죠."

나는 프릭셀에게 만약 당신이 사무실에 앉아 있을 때 큰 지진이 일어나면 어떻게 되냐고 물었다. 프릭셀은 전조가 되는 작은 지진이 있을 수도 있지만 반드시 그렇지는 않다고 말했다. 만약 이런 전진前震이 없다면, 가장 먼저 P파primary wave가 당도한다. P파는 누군가 문을 세게 치는 것처럼 느껴질 것이다. 수 초에서 수십 초 후에는 S파secondary wave가 당도하고, 표면파surface wave가 이어진다. 이런 지진파는 대부분 진동을 일으켜서 내진 설계가 되어 있지 않은 오래된 건물을 무너뜨리고, 전기선과 전화선을 끊고, 수도관을 파열시킨다. 건물이 마구 흔들리는 동안, 사람들은 지진을 견딜 수 있게 지어진 프릭셀의 사무실에서 책상 밑으로 들어가 기다려야 할 것이다. 사무실 창밖으로는 단층이 미끄러지는 동안 수백만 년에 걸쳐 축적된 변형에 의해서 산맥이 오른쪽으로 3–6미터 쑥 올라오는 것이 보일 수도 있다. "그래서 나는 몸을 웅크리고 숨어 있어야 하는데도 창문 밖을 보고 싶기도 할 것 같아요." 프릭셀이 한숨을 쉬며 말했다.

단층 근처에서는 거대한 균열이 나타날 수도 있지만, 프릭셀의 사무실은 1972년의 알퀴스트 프리올로 특별 연구지대법Alquist Priolo Special Studies Zone Act이 발효된 이후에 지어졌다. 따라서 단층으로부터 1.2킬로미터 떨어진 곳에 있기 때문에 땅의 균열로 인한 직접적인 위험은 없을 것이다.[20] 이 법은 활성 단층 위의 건축을 금지하는데, 지질조사를 통해서 제안된 구조에 단층으로 인한 위험이 없다는 점이 증명된 곳은 예외로 한다. 이 법 때문에 산비탈에 있는 농장 건물들 주변의 땅들은 더 이상 개발되지 않을 것이다. 같은 이유에서, 단층 위에 흩어져 있는 샌버너디노 같은 도시에는 놀이터와 공원과 다른 공용 공간들이 단층 바로 위에 놓이기도 한다. 이는 도시 내에 있지만 건물을 지을 수 없는 토지를 활용하기 위함인데, 아무리 생각해도 재난 영화 같은 상황을 만들 가능성이 다분하다는 우려를 떨칠 수 없다.

프릭셀이 정말로 걱정하는 것은 지진이 일어난 이후에 벌어질 일이다. 캘리포니아 남부가 대륙 본토에서 떨어져 나와서 섬이 될 것이라는 이야기가 널리 퍼져 있지만, 그런 일은 일어나지 않을 것이다. 그러나 대지진 이후의 몇 달 동안은 인구 약 400만 명의 로스앤젤레스를 포함하여 샌게이브리얼 산맥과 샌버너디노 산맥 남쪽 지역에 대한 본토의 자원 공급이 차단되어 섬과 같은 상황을 직면할 수는 있다.

미국 지질조사소가 주관한 재난 계획 훈련에서는 샌앤드레이어스 단층의 남쪽 끝 300킬로미터 구간에서 규모 7.8의 지진이 발생했을 때 무슨 일이 벌어질 수 있는지를 조사했다. 지진이 일어난 직후의 가장 큰 위험은 수백 건의 화재가 발생하리라는 점이다. 도로가 끊기고 급수 시설이 손상되어 소방은 화재 현장에 접근하기 어려울 것이고, 작은 화재들이 합쳐지면서 대형 화재가 발생해 도시를 집어삼킬 수도 있다. 로스앤젤레스로 들어가는 수도관과 전선, 가스관은 모두 단층선을 통과한다. 그것을 복구하기까지는 몇 달이 걸릴 수도 있다. 대부분의 현대 건축물은 지진을 견딜 수 있지만, 많은 건물이 구조적으로 사용 불가 상태가 될 것이다. 더 오래된 건물들은 파괴될 것이다. 지진이 일어나고 며칠 동안은 연이어 여진이 발생하면서 망가지고 상처 입은 도시를 계속 흔들어댈 것이다. 그 결과 건물의 손상은 더 심각해지고, 구조와 구호 활동은 방해를 받을 것이다.[21]

연구자들에 따르면, 이런 지진이 가져올 전체적인 피해는 사망자 약 1,800명, 응급실 이송이 필요한 중상자 약 5만 명, 건물 피해 330억 달러, 경제적 손실 2,000억 달러로 추정된다.[22] 지진의 여파로 기반시설이 제 기능을 하지 못하면서 지역 경제가 무너질 수도 있다. 마지막으로 사람들은 재산을 최대한 챙겨서 다 부서지고 암흑이 된 도시를 탈출할 것이고, 로스앤젤레스에는 쥐와 바퀴벌레와 버려진 반려동물들만 남아서 텅 빈 거리의 쓰레기를 뒤지게 될 것이다. 그 지역 사람들은 공포와 허세를 섞어서 다음에 올 대지진을 "큰 것the big one"이라고 부른다. 그 큰 것이 미국 서부 해안에서 생명의 종말을 가져올 수도 있음을 우리는 알고 있다.

캘리포니아 사람들은 이런 실존적 위협에 다른 방식으로 반응한다. 헐리우드의 유니버셜 스튜디오에는 지진을 흉내 낸 놀이기구가 있다(이 놀이기구는 1994년 노스리지 지진이 발생한 후에는 사람들의 정서를 고려해서 일시 폐쇄되었다. 노스리지 지진은 규모 6.7을 기록했고, 추정 사망자는 57명이다[23]). 2015년, 워너브라더스는 드웨인 존슨 주연의 영화 「샌 안드레아스San Andreas」를 내놓았다. 로스앤젤레스 시민들은 그들의 도시가 무너지고 카일리 미노그가 고층에서 추락하는 장면을 보려고 기꺼이 영화표를 구매했다(미국 지질조사소의 한 직원이 내게 해준 이야기에 따르면 영화 속 건물이 무너지는 장면은 꽤 사실적이지만, 클라이맥스에 나온 샌프란시스코 만의 지진해일은 샌앤드레이어스 단층에서는 일어나지 않을 것이라고 한다).

어떤 사람에게 지진의 위협은 한참 멀리 있는 배경과 같은 것일 뿐이고, 더 직접적인 진짜 위협은 따로 있다. "나는 들불이 걱정이에요." 한 택시기사는 내게 이렇게 말했다. 그러나 로스앤젤레스 거주자이자 『단단한 땅이라는 신화*The Myth of Solid Ground*』의 저자인 데이비드 울린은 다음과 같이 썼다.

> 그 주기를 겪어본 적이 있다면 다가올 지진에 대한 예감, 그 인식은 결코 무뎌지지 않는다. 샌프란시스코를 떠나고 몇 년 동안, 나는 뉴욕 지하철의 덜컹거림이나 돌풍에 창이 흔들리는 느낌에도 신경이 곤두섰고……몸과 머리가 둘 다 굳어버렸다. 나는 이것이 근육의 기억임을 알게 되었다.[24]

어떤 사람은 단층 자체에 매료된다. 2000년, 미국 지질조사소의 지진학자인 수전 허프는 샌타모니카 북쪽에 위치한 샌퍼넌도 시내에서 운전을 하고 있었다. 그녀는 거리를 돌아다니면서 1971년도에 일어난 샌퍼넌도 지진의 증거를 수집하는 중이었다. 실마 지진이라고도 불리는 규모 6.7의 이 지진으로 인해서 총 5억 달러의 재산 피해와 65명의 사망자가 발생했다.[25] "한때 선명하게 드러났던 특징들은 시간이 흐르면서, 그리고 도로 정비와 도시 개발이라는 어둠의 힘에 의해서 희미해져갔다."

지진 관광객을 위한 일종의 숨은그림찾기 같은 안내서인 『캘리포니아에서 단층 찾기*Finding Fault in California*』에서 그녀는 실망감을 드러내며 이렇게 썼다.[26] 그러나 그녀는 글렌오크스 가에 있는 맥도널드 주차장에서 무엇인가 흥미로운 것을 발견했다. "내가 햄버거와 밀크셰이크 자리라고 부르는 곳이에요." 허프는 내게 사진 한 장을 보여주며 말했다. 2단으로 된 주차장이었는데, 2개의 단 사이에 있는 가파른 비탈에 갖가지 화초가 무성한 가파른 화단이 있었다. 그 비탈 화단은 샌퍼넌도 단층지대가 1971년에 파열되었을 때 그곳의 땅이 움직이면서 형성된 "단층절벽scarp"이었다. 주차장 소유주는 귀찮게 땅을 고르기보다는 단층 절벽에 조경을 하기로 결심했다. 오늘날 그곳은 지진 관광객들의 명소가 되었다. 세속의 순례자들은 한적한 주택 개발 단지의 건물과 거리, 유명 패스트푸드점의 주차장 같은 일상의 공간에서 지각판의 막대한 힘의 증거를 찾고 있다.

말을 조곤조곤하게 하는 허프는 모든 것이 자동화된 도시에서 수동차를 몰았다. 대시보드 위에서는 최근 다녀온 하와이 출장의 기념품인 훌라춤을 추는 인형이 까딱거렸다("우리 아이들은 이 인형이 미국식 촌티의 끝판왕이라면서 질색을 해요"). 그녀는 단층 책을 위해서 할리우드 중심가에서 커리조 평원의 외딴곳에 이르기까지 캘리포니아 주 이곳저곳을 홀로 돌아다니며 숱한 주말을 보냈다. "저 길들은 조금 흉물이었어요." 허프는 기억을 떠올린다. "완전히 허물어지기에 좋은 장소는 아니었을 거예요." 우리가 만난 날, 우리는 단층을 찾기 위해서 차를 몰고 할리우드로 들어갔다. 우리 머리 위 하늘은 파랬고, 저 멀리에는 짙은 갈색 빛이 연기처럼 감돌았다. 보라색 꽃이 만발한 자카란다 나무들이

그림 6.1 캐피틀레코드 사와 그 앞의 할리우드 단층 절벽 (©Andreas Praefcke)

고속도로를 따라서 언덕 끝까지 늘어서 있었다. 지진학자로서 허프의 공식적인 삶은 수학과 컴퓨터로 특징지어진다. 그녀의 통상적인 업무는 지진계에 기록된 지진파를 분석하는 일이다. "확실히 내가 이 길에 들어섰을 무렵에는 지진 연구에서 단층은 다른 것에 비해 에너지 급원으로서 그다지 많이 고려되지 않았어요. 나는 이 단층들을 알고는 있었지만 실제로 단층이 있는 장소에 대한 감각은 없었어요." 그녀가 말했다.

캘리포니아에서의 삶은 결국 그녀의 생각을 바꿔놓았다. "나는 컴퓨터로 지도를 만들면서 세월을 보냈고, 일을 하지 않을 때에는 아이들과 함께 야외에 많이 있었거든요. 그래서 내 머리속에 서로 다른 두 지도가 존재한다는 것을 알게 되었죠." 그 두 지도는 단층 지도와 경관 지도였다. "나는 그 두 지도를 합쳐보고 싶었어요."

할리우드 대로에는 늘 그렇듯이 슈퍼히어로나 애니메이션 캐릭터처럼 꾸민 사람들이 돌아다니고 있었다. 허프는 1977년에 「스타워즈Star Wars」가 개봉된 역사적 장소인 차이니스 극장을 가리켰다. 우리는 비틀스 멤버인 존 레넌, 폴 매카트니, 조지 해리슨, 링고 스타의 별이 있는 유명한 할리우드-바인 교차로에서 바로 북쪽에 있는 바인 가에 주차했다. 헐렁한 캔버스 챙모자를 쓰고 등산바지를 입은 허프는 도심지로 들어오는 사람이 아니라 도심지에서 빠져나가려는 사람처럼 보였다. 그녀가 가리키는 도로 쪽에는 캐피틀레코드 사 건물이 있었다. 한때 프랭크 시나트라, 비치보이스, 냇 "킹" 콜이 녹음을 한 곳이었다. 그 건물 바로 앞에서 도로는 가파른 언덕이 된다. "저기가 단층 절벽이에요." 허프가 말했다.

할리우드 단층의 단층 절벽은 로스앤젤레스 분지의 북쪽 가장자리를 따라서 약 15킬로미터 길이로 뻗어 있었다. 역사시대 이래로 지금까지 이 단층에서는 한 번도 큰 지진이 일어난 적이 없다. 그러나 만약 이 단층이 파열된다면 할리우드 한복판을 진앙으로 규모 7.5의 지진이 일어날 수도 있다. 나는 목숨을 위태롭게 할지도 모를 땅 위를 걸어서 매일 출근하는 상상을 해보려고 했지만 잘되지는 않았다. "내가 사람들에게 단층에 대해 이야기하고 이 길에서 운전을 해본 적이 있는지를 물으면, 사람들은 그 이상한 작은 언덕이 왜 거기에 있는지 항상 궁금했다고 대답할 거예요." 허프가 말했다.

어디를 어떻게 봐야 하는지만 알고 있다면, 당신에게 캘리포니아 남부는 땅속 몇 미터 깊이에서 암석이 움직이고 뒤틀리고 구부러지고 있다는 증거가 가득한 곳이다. 깊은 시간 속에서 느리게 일어나는 과정들의 증거는 우리의 바쁜 지상 세계에 고스란히 드러난다. 더 북쪽, 샌프란시스코 방향으로는 단층을 찾아다니는 사람들이 좋아하는 곳인 홀리스터와 할리우드 같은 도시와 할리우드 단층이 있다. "포행匍行을 보기에 최적의 장소 중 하나예요." 허프가 설명했다. 포행은 단층이 큰 지진이 일어날 때만이 아니라 "기어가듯이" 끊임없이 조금씩 움직일 때 나타난다. 홀리스터는 주로 시내 중심부를 관통하는 좁은 지대를 따라서 아주 천천히 둘로 쪼개지고 있다. 홀리스터에서 프릭셀은 로커스트 가 359번지의 사진을 찍었다. 이 집은 지속적인 포행 때문에 정문으로 연결되는 길의 위치가 바뀌어서 더 이상 현관 입구 계단의 가운데와 만나지 않는다. 그 동네에 있는 다른 집의 낮은 콘크리트 담장은 마치 고무찰흙으로 만든 것처럼 부드럽게 휘어져 있었다.

미국 지질조사소의 현장 사무소로 돌아가는 차 안에서 허프는 단층의 증거가 기록되는 다른 방식에 대해 이야기해주었다. 그녀의 말에 따르면, 캘리포니아의 암각화 유적지 중에도 지진 활동이 활발한 곳이 많다. 가령 캘리포니아 어느 지역보다도 바위그림이 많기로 유명한 코소는 지진과 화산 활동으로도 잘 알려져 있다. 과학자로서 허프는 이런 상관관계를 인과관계로 추정하는 것을 경계한다. 그러나 단층을 찾는 사람으로서 신기한 것은 어쩔 수 없다. 캘리포니아 원주민 부족들의 구전 역사 중에 명확하게 지진이 언급되는 전설은 많지 않지만, 그런 암시는 있다. 한 예로 리틀페트로글리프 캐니언에 있는 주술사 그림에 그려진 물결무늬는 땅의 불안정함을 암시하는지도 모른다. 몇몇 부족의 전설에는 동굴이 구슬프게 울부짖는다거나 골짜기가 악한 기운에 사로잡혔다는 묘사가 있다.

허프는 자신의 책에 다음과 같이 썼다.

> 오늘날 캘리포니아 사람들의 집단적 정서 속에 새겨져 있는 지진의 정도를 생각하면, 이곳에 처음 살았던 사람들이 남긴 기록에 이 지역의 파란만장한 자연환경을 반영하는 표현이 없다면 아마 놀라울 것이다. 캘리포니아는 항상 지진이 일어나는 땅이었다. 캘리포니아 사람들은 늘 지진을 이해할 방법을 찾아왔고, 앞으로도 찾을 것이다.[27]

지진이 일어나는 지역에 사는 과학자들이 가끔씩 상당히 바람직하지 못한 사고방식에 빠진다면, 비과학자들은 완전히 미신에 빠지기 쉽다. 노란 하늘, 불안해하는 개, 고요하고 따뜻한 저녁, 섬뜩한 느낌, 날카로운 두통이나 엉덩이 통증, 이 모든 것들이 지구 저 깊은 곳에서 무엇인가가 요동치는 징조이다.

"지진 날씨에 대한 이야기를 많이 들어요." 프릭셀이 내게 말했다. "심리적으로는 이해가 가요. 무슨 일이 생기고 있는지 조금 알 수 있다는 환상을 주니까요." 지진이 오기 전에 경고로서 작용할 만한 무엇인가를 찾고 있다면, 지난 지진이 일어나기 직전의 날씨를 떠올리게 될 것이다. 그 날씨에 어딘가 문제의 전조가 있었을까? "그런데 내 친구가 호언장담한 대로 만약 지진 날씨가 따뜻하고 건조하고 바람 한 점 없는 날씨라면 히말라야 산맥이나 열대 우림이나 추운 곳에서는 절대로 지진이 발생하지 않아야 해요. 그런데 그런 지역에 사는 사람들에게도 그들이 생각하는 지진 날씨가 당연히 있을 테고, 그건 아마 그 지역의 전형적인 날씨일 거예요."

그 외에도 동물들이 지진의 임박을 감지한다는 믿음은 어디에나 있다. 지렁이와 뱀은 땅 위에 나타난다. 개미들은 사라진다. 개와 고양이는 "이상한 행동을 한다." 허프는 아주 잠깐 멈칫하면서, 동물이 인간보다 지진에 더 빨리 반응할지도 모른다고 중얼거렸다. 많은 지진이 일어나기 전에 조금 앞서서 더 작은 지진이 일어나는데, 동물들은 그런 전진에 더 민감하기 때문이다. 허프가 남편과 함께 샌디에이고에서 연구를 할 때, 두 사람은 반려토끼 한 마리와 함께 살았다. "우리는 아무것도 몰랐는데 토끼가 발을 쿵 구르고 조금 있다가 흔들림을 느낀 일이 몇 번 있었어요." 그러나 그녀는 더 장기적이고 더 엄밀한 예보나 예측의 측면에서 과학적으로 설득력이 있는 경우를 본 적은 없다. 그런 보고는 항상 회상이다. 지진이 일어난 후에 돌이켜 생각해 보니 그날 아침에 고양이의 행동이 이상했다고 결론을 내리는 식이다. 그러나 지진이 일어나지 않은 다른 모든 아침에도 고양이는 이상하게 행동했을 텐데 그런 기억은 까맣게 잊은 것이다.

오늘날 진지한 과학자들에게 예측은 아픈 손가락이다. "미국 지질조사소는 단기적인 예측을 시도하기보다는 건축물의 안전성 개선을 도움으로써 장기적으로 지진의 위험을 줄이는 데 노력을 집중하고 있다." 미국 지질조사소의 웹사이트는 이렇게 알리고 있다.[28] 그러나 항상 그런 것은 아니었다. 1970년대에는 지진을 예측하게 될 날이 얼마 남지 않았다고 생각했다. 중국, 소련, 미국에 모두 예측 프로그램이 있었다. 중국의 과학자들은 1975년에 규모 7.5의 하이청 지진을 예측해서 많은 인명을 구했다고 주장했다. 미국 일간지들에는 다음과 같은 제목의 기사가 실리기 시작했다. “놀라운 성과에 성큼 다가선 지진학자들 : 지진의 위치와 시간과 규모에 대한 예측이 점점 더 정확해지고 있다.”[29] 그러나 사실은 그렇지 않았다. 가능성 있는 지진 전조들이 차례로 시험되고 폐기되었다. 자료 조작에 대한 소문도 돌았다. 발상들은 좌초되었다. 1976년, 중국 과학자들은 또다른 규모 7.5의 지진을 예측하는 데 실패했다. 이 지진은 탕산 시를 강타했고, 정부 추산 25만 명의 사망자를 발생시켰다(많은 사람들이 실제 사망자 수는 그보다 2–3배 더 많을 것으로 생각한다).[30] 환상이 깨지자 많은 과학자들이 그 분야를 떠났다.

“지금도 어떤 학술회의에 가면 예측에 관한 이야기를 하는 사람들이 있어요.” 허프가 말했다. “하지만 증거가 어디 있나요? 만약 누군가에게 예측 방법이 있다면, 그들은 예측을 시작할 수 있어야 해요.” 나는 그 학술회의의 참석자들 중에 제2의 베게너가 있을지, 당장은 “정신 나간 헛소리”처럼 보일지 몰라도 훗날 정통 과학이 될 만한 발상이 있을지 궁금했다. 아마 그들의 예측 방식은 비과학자들의 노란 하늘이나 불안한 개의 과학자 버전일 것이다. “사람들은 우리가 확인할 수 있는 전조가 있을 것이다, 이 지진은 예측될 수 있었다, 하고 말하죠. 그러나 그들은 항상 과거만 돌이켜봐요. 그게 문제예요.” 허프가 말했다. 회상을 하고 있으면 “자신을 속이기가 더 쉽거든요.”

한편 오리건의 세일럼에서는 샬럿 킹이라는 한 여성이 “마치 작은 바늘로 콕콕 찌르는 것 같은” 예리한 흉통과 두통을 느끼며 잠에서 깼다. 그녀는 자신의 웹사이트에 글을 올렸다. “규모 7.0 또는 그 이상의 지진이 2

월 20일-2월 28일 사이에 발생. 오차는 전후로 12시간."[31]

70대인 킹은 자신을 지진에 예민한 사람, 즉 "생물학적 예보자"라고 묘사한다.[32] 그녀는 자신이 지구 전자기장의 변화에 남다르게 예민하다고 믿으며, 다양한 지역의 지진 활동에 해당하는 지구 전자기장의 변화가 각각 그의 몸의 특정 부위와 연계되어 있다고 생각한다. 그녀의 웹사이트에는 이런 글도 있다. "만약 샌타모니카 부근에서 지진이 일어나면 갑자기 철렁하는 느낌이나 현기증이 생기고, 팜스프링스, 휘티어, 패서디나, 버뱅크 지역에서 지진이 나면 가슴에 날카로운 통증이 느껴지고 머리 양쪽이 아플 수 있다."[33]

어떤 동물숭배 집단의 주술사나 무당처럼, 그녀의 글에서는 멀리서 일어나는 장중한 지각판의 활동과 그 과정에서 암석을 통해 전달되는 떨림과 충격이 한 인간의 신체적 고통과 곧바로 연계되어 있다는 믿음이 드러난다. 지진 예보를 할 때 그녀는 인간이 아닌 깊은 시간이라는 거대한 형식 속에 자기 자신을 단단히 결부시킨다.

수년간, 특히 인터넷이 널리 퍼지기 전까지 킹은 미국 지질조사소에 지진을 예측하는 편지를 보내는 수많은 사람들 중 한 명이었다. 그 편지들 속 예측의 토대는 다양한 과학 문헌과 구름의 형태, 기압, 조수, 자기력, 과거의 지진 유형, 달의 주기와 같은 것들이었다. 린다 커티스라는 여성은 이런 편지에 날짜 도장을 찍어서 철하는 일을 했다. 여기에는 찢어진 종이 쪼가리에서부터 플라스틱 표지를 덮은 원색의 보고서에 이르기까지 온갖 것들이 모였다. 이 파일은 미국 지질조사소 내에서 X 파일로 알려지게 되었다.

"그냥 외로워서 이야기를 나눌 누군가를 찾는 사람도 많았어요. 그리고 린다는 그런 사람들을 남달리 잘 참아주었죠." 허프가 내게 말했다. 린다 자신은 『단단한 땅이라는 신화』에 실린 울린과의 인터뷰에서 이렇게 말했다. "예를 들어서 누군가 LA 시내에서 규모 7의 지진이 일어난다고 예언했는데 우리가 무시했다고 해봐요. 만약 정말로 지진이 일어났다면 어떤 반응이 나올지 한번 상상해보세요. 그러니까 약간의 보험 같은 거예요."[34]

리히터 규모(모멘트 규모 이전의 지진 측정 방식으로, 모멘트 규모보다 더 유명하다)를 만든 찰스 리히터는 캘리포니아 공과대학 건너편에서 일했고, 몇 년에 걸쳐서 그런 편지들을 수도 없이 받았다. 그는 편지를 보낸 이들에 대해 이렇게 말했다. "몇몇 사람들은 정신적으로 문제가 있지만, 적어도 의학적으로나 법적인 면에서는……대체로 정상이었다. 그들을 괴롭힌 것은 과대한 자아, 그리고 불완전하거나 효과적이지 못한 교육이었다. 그래서 과학의 기본 규칙 중 하나인 자기비판을 습득하지 못한 것이다."[35]

울린의 글에 따르면, 캐시 고리는 자신의 두통에 의존해서 지진을 예측하고, 중하우 서우는 움직이는 암석의 내부에서 방출된 열이 구름을 만든다고 주장하면서 구름의 형태를 기반으로 지진을 예측한다. 존 J. 조이스는 지진을 이해하고 예측하는 관건이 지각판이 아니라 전기적 흐름에 있다고 믿으며, 리히터가 정신적인 문제가 있어 보인다고 말한 도널드 다우디라는 남자는 "LA 고속도로 체계의 모양 속에는 비둘기 한 마리의 유령이 있는데, 이 유령의 존재가 '샌앤드레이어스 단층의 힘'을 억누른다"고 믿고 있다.[36]

X 파일 속 편지들은 이해하기 어려운 깊은 시간의 과정을 이해 가능

한 틀 속에 집어넣고, 지각판의 운동이라는 거센 자연의 힘을 길들이고, 합리화하고, 그 속에서 유형을 찾으려고 한다. "우리는 우리의 삶 속에서 어떤 전조를 찾기를 좋아해요. 날마다 그래요." 쉐러는 내게 이렇게 말했다. 또는 스티븐 제이 굴드가 『플라밍고의 미소*The Flamingo's Smile*』에 쓴 대로, "인간의 마음은 유형 찾기를 좋아한다. 그래서 우리가 우연을 심오한 의미로 오해하는 일이 그렇게 잦은 것이다. 다른 어떤 사고 습관도 작은 생명체의 영혼 속에 그렇게 깊이 자리 잡고서 복잡한 세상을 이해하려고 시도하지 않는다."[37]

할리우드를 방문한 후, 허프와 나는 다시 차를 몰고 패서디나에 있는 미국 지질조사소 현장 사무소로 돌아갔다. 패서디나 사무소는 식민지 시대에 지어진 2층짜리 노란 건물이었는데, 최첨단 연구소라기보다는 가정집에 더 가까워 보였다. 허프는 건물 안으로 들어가서 동료 직원인 스탠 슈워츠를 소개해주었다. 나는 X 파일을 보고 싶었지만, 그 파일은 린다가 퇴직한 후에 대민 업무를 담당하는 한 직원에게 전달되었고 그 직원이 그만둔 이래로 많은 부분이 사라진 뒤였다. 1층에 있는 현장 사무소 회의실에서 슈워츠가 내게 남아 있는 파일의 일부를 보여주었다. 그는 캘리포니아 남부 지진망에 대한 컴퓨터 시스템을 운영하는 일을 담당하고 있었고, 양쪽 귓불에는 피어싱으로 확장한 커다란 구멍이 있었다. 그 작은 표본을 보고 내가 내린 결론은, 여자들은 지진을 신체적 징후로 경험하는 편이라면, 남자들은 그들의 조사를 "과학"이라는 정식 장비로 치장하려고 하는 경향이 있다는 것이다. 나는 그 점이 조금 우울했다.

슈워츠가 건넨 종이 다발의 표지에는 "코로나의 케니 로저스, 세계에서 유일하게 대지진의 시기와 위도와 경도를 정확하게 예측한 사람"이라고 쓰여 있었다. 항공 기술자로 일하던 로저스는 은퇴 후인 1990년대 초반부터 지진을 예측하기 시작했는데, 그의 예측은 이전에 발생한 지진의 유형을 지도에 표시한 표를 기반으로 했다. 그가 미국 지질조사소에 보낸 편지와 정교한 책자에는 파열된 고속도로, 제방을 미끄러져 내려가는 트럭들, 도로 위로 떨어져서 부서진 기다란 고가도로 상판의 사진과 지도와 그래프가 가득했다.

"로저스는 2주일에 한 번씩 꼬박꼬박 17쪽 분량의 예측을 보냈어요." 슈워츠가 말했다. "폴더 몇 개가 가득 찼어요. 몇 년 동안 계속되었죠." 슈워츠는 은퇴한 엔지니어들은 "괴짜가 될 가능성이 농후하다"는 이론을 펼쳤다. "그들은 스스로가 정말로 과학을 안다고 생각할 수 있을 정도로 충분히 과학을 알고 있어요. 하지만 엔지니어들은 과학을 사실의 묶음이라고 배워요. 이에 반해서 과학자들은 과학을 과정이라고 배우죠."

나는 X 파일을 한 장 한 장 넘기며 그 편지를 보낸 사람들의 모습을 상상했다. 그들이 자신의 집에 앉아서 몰두하며 작업한 표와 그래프와 편지는 지질조사소의 직원 1-2명, 호기심 많은 얼빠진 작가 1-2명을 제외하고는 아무도 읽지 않을 것이다. 그 X 파일은 결국 지진보다는 그 편지를 쓴 사람에 대해서, 세상을 이해하고자 했던 그들의 간절함에 대해서 우리에게 더 많은 것을 말해준다. 그들은 자신의 연구를 인정받기 위해서 과학계를 필요로 했다. 과학 문헌의 한 페이지에 이름을 남기고자 하는 그들의 욕망은 지각판의 비인간적인 거대한 힘과 영원히 묶여 있다.

❖ ❖ ❖

과학자들에게 지진과 그 예측에 관한 생각은 종종 규모의 문제이다. 『예측 불가능한 것을 예측하기*Predicting the Unpredictable*』에서 허프는 이렇게 썼다. "지질학적 시간 규모에서 볼 때, 지진은 시계처럼 정확하게 발생한다. 그러나 인간의 시간 규모에서 볼 때는 결정이 거의 불가능할 정도로 아주 불규칙하게 일어난다."[38]

부분적으로 그 이유는 우리에게 충분한 자료가 없기 때문이다. 우리가 지진에 대한 정보를 기록한 기간이 아직 그리 오래되지 않은 탓에 지진을 이해할 만한 규칙이 아직 충분히 선명하게 드러나지 않았다. "500년 정도 양질의 자료를 더 수집하면 할 수 있을 거예요. 하지만 우리가 살아 있는 동안에는 어쩔 수 없이 마구잡이처럼 보이겠죠." 프릭셀이 내게 말했다.

허프에게 우리가 지진을 결코 예측할 수 없으리라고 생각하느냐고 물었을 때, 그녀는 이렇게 대답했다. "리히터에게 지진 예측이 가능할지를 물었을 때, 그는 활발한 과학 분야의 발달보다 예측이 어려운 것은 없다고 답했어요. 매우 통찰력 있는 대답이라고 생각해요. 어떤 발견을 하게 될지는 모를 일이에요. 나는 대단히 권위 있는 지진학자들의 말이 틀린 사례를 몇 번 보았어요. 우리가 모든 것을 알 수는 없어요. 그리고 우리가 알고 있다고 생각하는 것들 중에도 틀린 것들이 있고요."

쉐러에게 같은 질문을 했을 때, 그녀는 어깨를 으쓱했다. "우리가 지진을 예측할 수 있다고 해도, 지진이 오고 있다는 이유로 2주일 동안 LA를 전부 멈추게 할 수는 없어요. 그리고 지진이 일어나는 날이 목요일인지 금요일인지를 안다고 해도 다리는 무너질 거고……. 물을 저장할 수 없다면 예측은 아무 소용이 없을 거예요. 지진이 오고 있을 때 열차를 멈추는 법을 알아내지 못하면 골칫거리는 여전히 많을 거예요……. 나는 사람들에게 그런 것들을 상기시키는 일이 유용하다고 생각해요."

다시 샌앤드레이어스 단층으로 돌아가서, 나는 일어나서 단층을 따라 걷기 시작했다. 내 오른쪽에는 희미한 산맥이 있었다. 마침내 나는 작고 평평한 활주로에 이르렀다. 피부를 심하게 그을린 남자 하나가 형광 녹색 조끼를 입고 트럭에 기대어 서 있었다. 그는 패러글라이딩 클럽의 일원이었다. 오늘 그들은 클라우드 피크에서 이륙한 뒤 이 활주로로 내려오고 있었다. 그는 하늘에서 보면 단층이 아주 잘 보인다고 말했다. 우리는 함께 고개를 돌려서 클라우드 피크가 있는 산맥 쪽을 쳐다보았다. 파란 하늘 높이 패러글라이더들이 보였다. 맵시 있게 휘어진 밝은 색의 날개 아래에 짙은 색의 작은 얼룩 같은 것이 매달려 있었다.

자세히 들여다보면 덕지덕지 묻어 있는 물감 자국이 되고 마는 그림처럼, 샌앤드레이어스 단층도 제대로 보려면 거리가 필요하다. 단층을 찾는 일은 깊은 시간 자체를 찾는 것에 비유할 수 있을지도 모른다. 지상에서나 인간의 시간 안에서는 무슨 일이 벌어지고 있는지를 알기 어렵다. 뒤로 물러나거나 우리의 마음속 초점을 다른 규모에 맞춰야만 설핏 볼 수 있다.

나는 그곳에 서서 허공에서 크게 원을 그리는 패러글라이더들을 계속

올려다보았다. 단층은 하늘에서 보아야 비로소 보인다. 그것은 경관을 따라서 곳곳에 길게 파인 흔적으로 나타난다. 어떤 곳에서는 마구 헤집어 놓은 듯한 옅은 색 흙이 산맥의 기슭을 따라서 마치 땋아놓은 실다발처럼 한 줄로 구불구불하게 지나간다. 가느다란 띠처럼 늘어선 밝은 녹색의 나무들도 있다. 화사한 색의 날개에 매달려서 샌앤드레이어스 단층을 가로질러 북아메리카판에서 태평양판으로 날아가는 사람들에게는 이 모든 것이 보인다.

07

사라진 대양

영국 지질조사소의 지도에서 백악은 라임색이 도는 옅은 녹색의 띠로 표시되어 있다. 이 백악의 띠는 요크셔의 스카버러 바로 아래에서 시작해서 부드러운 곡선을 그리며 동부 해안으로 이어지다가 내륙으로 살짝 파고 들어온 워시 만에서 끊어진다. 남쪽에서 백악은 솔즈베리 평원을 중심으로 서쪽으로 도싯다운스, 동쪽으로 노스다운스, 사우스다운스, 칠턴힐스라는 4개의 큰 산줄기를 따라서 방사상으로 뻗어나간다.

영국 해안 지대의 백악 절벽은 단일 지형으로는 영국에서 가장 큰 지질학적 특징이다.[1] 런던의 웨스트엔드 한가운데에 있는 옥스퍼드 가에 서면 발아래에 매립지가 있는데, 그 아래에는 런던 점토층과 모래와 자갈층이 있고, 그 아래에는 200미터 두께의 하얀 백악 덩어리가 마치 지하의 거대한 빙산처럼 자리하고 있다. 내가 자란 런던 남부 가장자리의 크로이던 교외에서는 이 백악이 점토와 자갈층 아래에서 올라와서 노스다운스라고 불리는 언덕과 산등성이를 만들었다. 이런 지형은 단층집들이 늘어선 한가로운 거리에 드라마를 더한다. 집들 사이로 드문드문 나타나는 틈새로 땅이 사라지고 하늘이 열리면서 저 멀리 도시의 고층 건물과 불빛이 보이는 것이다.

영국 지질조사소는 1835년에 런던 지질학회의 부회장이던 헨리 드 라베크의 지휘 아래 설립되었다(당시에는 명칭이 달랐다).[2] 세계 최초의 국립 지질조사소인 이곳의 임무는 국토를 조사하고 지질도를 작성하는 것이었다. 오늘날에도 여전히 영국의 "공식적인" 지질도를 담당하고 있는 영국 지질조사소는 연구, 상업 프로젝트, "공익" 분야로 조직이 구성된 준정부기관이다. 이제는 연구의 많은 부분이 브리튼 섬 밖에서 이루어지는데, 이 글을 쓰는 현재는 필리핀의 지하수 연구와 에티오피아 아파르 지역의 화산 활동 연구 프로젝트가 진행 중이다. 1985년부터 영국 지질조사소는 노팅엄셔 키워스에 있는 예전 가톨릭 사범대학 건물을 넘겨받아서 본부로 쓰고 있다. 지질학자들이 그곳에 간 첫해에는 마지막 사범대생들도 남아 있었는데, 결국 두 쌍의 결혼이 성사되었다.

10월 초순에 영국 지질조사소 직원 4명은 런던과 옥스퍼드의 중간쯤에 위치한 칠턴힐스에 있는 트링이라는 마을 근처의 작은 집을 빌려서 캠프를 꾸렸다. 그들은 영국 남부에 있는 백악층의 새로운 지질도를 만드는 프로젝트를 진행 중이었다. 내가 도착한 날, 거실에 있는 나무 탁자는 지도와 책들로 뒤덮여 있었고, 그 곁에는 반쯤 마신 포도주 한 병과 초콜릿 과자 한 통이 있었다. 현장 지휘자인 앤드루 패런트는 금속테 안경을 쓴 키가 크고 호리호리한 남자였다. 차를 마시는 그의 바지에는 가죽 권총집 같은 것이 붙어 있었는데, 놀라울 정도로 위험해 보이는 길고 끝이 날카로운 암석 망치가 매달려 흔들리고 있었다.

체더 협곡 근처에서 자란 패런트는 어릴 적부터 화석을 수집하고 동굴을 탐험했다. 패런트는 독학으로 지질학에서 초급 단계인 O-레벨을 통과했고, 심화 단계인 A-레벨 지질학 수업을 받을 수 있도록 다른 학교로 보내달라고 학교 교사를 설득했다. 대학에서 지질학을 공부하면서 그가 가장 먼저 배운 것은 지도 작성이었다. 오늘날에도 영국 대학의 지질학부 과정에는 대개 지도 작성 관련 내용이 포함되어 있는데, 내가 들은 바로는 일부 지질학자들, 특히 학계에 있는 사람들은 이를 비웃는다. 그들의 주장에 따르면, 지도 작성은 더 이상 첨단 지질학이 아니며, 특히 본질적으로 모든 것이 50년 전에 "끝난" 영국에서는 더욱 그렇다. 지도 작성은 암석의 종류는 눈을 가리고도 맞힐 수 있지만 첨단 연구의 이면에 있는 수학은 버거울 늙고 꼬장꼬장한 교수들을 위한 전유물이라는 것이다.

"사실 나는 그런 입장에 동의하지 않아요." 패런트가 말했다.

> 지도 작성과 측량이 지금은 조금 시대에 뒤떨어진 것처럼 보일 수도 있어요. 특히 100만 번이나 측량된 곳이라면 더 그럴 거예요. 하지만 한 학생이 지도를 작성하려면, 기반암, 표면의 퇴적층(모래, 자갈), 지형학적 특징, 퇴적 환경, 화석, 구조와 같은 것들을 전부 고려해야 하고, 그것들이 서로 어떤 관계인지를 생각해야만 해요. 만약 어떤 장소를 조사하는 회사나 석유 혹은 가스 회사에서 일을 하게 되면 그런 모든 정보를 종합해서 그 장소가 어떤지, 기름이 나올지를 알아낼 그림을 그릴 수 있어야 해요. 야외 지도 작성은 그런 것들을 가르쳐주죠.

패런트의 동료 중 한 사람은 어떤 학생이 실제로 괜찮은 지질학자인지를 알아보는 좋은 방법이 지도 작성이라고 말했다. 시험에서 최고 성적을 받는 것과 현장에서 그 지식을 활용할 줄 아는 것은 다르기 때문이다.

패런트는 이 백악 지도 작성 프로젝트를 1996년부터 부정기적으로 지속해오고 있다. "나는 학계가 영국의 지질학을 이해하는 데 충분한 주의를 기울이지 않는다고 말하고 싶어요." 그가 말했다. "만약 내가 이 프로젝트를 그린란드 동부에서 하고 있었다면, 아마 연구비를 지원받았을 거예요. 그린란드 동부는 매력적이거든요. 게다가 영국의 지질도는 이미 있기 때문에 사람들은 그 작업이 모두 끝났다고 생각해요. 하지만 실제로는 계속 개선해나가야 해요."

이를테면 칠턴힐스의 지질도가 마지막으로 작성된 해는 1912년으로, 그로부터 100년이 넘는 시간이 흘렀다. 그후로 이 분야에는 약간의 변화가 있었다. 지질학자들은 이제 판구조론을 이해하고, 방사성 연대 측정법을 안다. 입체적인 기복도와 디지털 지형 모형을 위한 라이더 데이터세트lidar dataset(레이저 기반 거리 측정법)와 해상도가 더 높아진 영국 국립지리원의 지도는 지금까지 인식되지 않았던 특징을 기록할 수 있게 해준다. 이런 모든 것들은 지도에 영향을 줄 것이다.

그리고 백악과 관련해서는 이 새로운 지도가 1912년에는 없던 방식으로 중요한데, 그 이유는 1912년 이후로 남동부에 거주하는 인구가 약 33퍼센트 증가했기 때문이다.[3] 이와 같은 인구의 급증은 특히 이 지역의 교통 체계와 수자원에 부담이 되고 있다. HS2 고속철도, 그레이브젠드 터널과 지하철 개통과 같은 교통 체계 확충은 종종 백악에 구멍을 뚫어서 진행되고, 이 지역의 수자원은 대부분 백악 대수층帶水層에 저장되어 있기 때문이다.

❖ ❖ ❖

1746년 프랑스의 지질학자 장 에티엔 게타르는 지표면에서 지질학적으로 유사한 지대를 나타내는 지도를 처음으로 제작했다.[4] 프랑스의 지질학적 특성을 나타내기 위해서 점선과 실선, 그리고 다른 기호를 이용하여 흑백으로 인쇄된 이 지도에는 "모래 지대", "이회암 지대", "금속을 함유한 지대"가 표시되어 있었다. 암석과 광물이 드러난 시대보다는 암석과 광물의 위치 추적에 관심을 둔 이 지도는 지질도라기보다는 광물도에 더 가까울 것이다. 1800년대 초반에 이르러 프랑스의 조르주 퀴비에와 알레상드르 브롱냐르, 영국의 윌리엄 스미스가 최초의 지질도로 여겨지는 것을 작성했다. 이 지도들은 지표면 아래에 있는 암석을 보여주고 그 암석들의 상대적 연대와 퇴적 방식을 기록했다는 면에서 큰 도약이었다.[5] 퀴비에와 브롱냐르는 1810년에 파리와 그 주변 지역의 지도를 발표했다. 한편 스미스는 1815년에 세계 최초로 한 나라에 대한 진정한 비교 지질도를 발표했는데, 이 지도에는 잉글랜드, 웨일스, 스코틀랜드(대부분)가 포함되었다.[6] 신사 지질학자들의 시대에 측량사였던 스미스는 부자도 아니었고, 귀족도 아니었고, 인맥이 좋지도 않았다. 사실 그는 사회적 지위 때문에 권위 있는 런던 지질학회의 일원이 되지 못했다. 하지만 암석과 화석에 대한 생각과 영국의 지질도를 만들어야 한다는 생각에 사로잡혀 있었고, 자료를 수집하기 위해서 영국 전역을 돌아다니면서 오랜 세월을 보내다가 결국 지도의 초판본을 작성하던 중에 파산하고 말았다. 화석을 이용해서 암석의 유형을 확인한 선구자였던 그는 1796년에 "자연은 경이로운 순서와 규칙성으로 이런 단일 산물들

[예 : 화석]을 쌓아놓았고, 저마다 특유의 지층에 배정했다"라고 썼다. 지질학회의 어느 온라인 전시회의 설명처럼, "즉, 그는 특정 화석이 특정 지층의 속성일 수 있다는 사실을 깨달았고, 그 덕분에 [영국] 전역에 걸친 지층을 쉽게 확인할 수 있었다."

오늘날 피커딜리에 있는 지질학회 본부 로비에는 스미스의 원본 지도 중 하나가 걸려 있다. 빛으로부터 지도를 보호하기 위한 파란 벨벳 커튼을 걷어내면, 그 아름다움이 가장 먼저 다가온다. 왼쪽 위에서 오른쪽 아래로 영국을 굽이치며 내려가는 일련의 곡선들은 영국 남서부의 서머싯 톤턴에 있는 어느 한 점에 다다른다. 진한 녹색, 연한 갈색, 연한 분홍색, 짙은 자주색, 연한 보라색이 어우러져서 나라 전체가 하나의 대리석 덩어리 같다.

스미스의 지도를 보면 영국 서부가 더 오래되었고 동부는 더 젊다는 사실을 한눈에 알 수 있다. 쉽게 말해 영국 남동부에서 출발해서 북서쪽으로 이동하여 스코틀랜드의 하일랜드까지 가면, 이스트앵글리아의 가장 새로운 지층에서부터 하일랜드의 아주 오래된 변성암까지 시간을 거슬러 여행을 하는 셈이 되는 것이다. 각각의 지층에는 저마다 다른 색이 주어졌다. 지층의 색은 대략 그 지층에서 주를 이루는 암석의 색이 바탕이 되었고, 위치에 따라서 색의 농도가 달라졌다. 따라서 지층의 맨 밑바닥은 색이 가장 짙고, 위로 올라갈수록 색이 옅어진다. 오늘날의 층서학자들도 스미스가 선택한 색을 어느 정도는 여전히 이용한다. 그 색들은 암석 자체의 색을 토대로 한다. 노란색은 뜨겁고 건조한 사막에서 만들어진 슈롭서의 트라이아스기 사암을 나타내고, 연한 분홍색은 오늘날 웨일스에 있는 선사시대 화산들에서 관입貫入한 마그마에서 만들어진 캄브리아기의 화강암을, 파란색은 석탄을 품고 있는 잉글랜드 중부의 석탄기 암석을 나타낸다. 당시 잉글랜드 중부는 생명이 그득하고 번들거리는 습지였다. 황녹색은 하얀 백악을 나타낸다. 백악을 흰색으로 표시하지 않은 까닭은 종이에서 흰색이 잘 보이지 않기 때문이었다.

스미스의 지도는 산업혁명 기간 동안 영국의 과학과 경제 발전에 도움을 주었다. 그 지도는 공장의 동력이 될 석탄을 어디에서 찾을 수 있는지, 점점 커져가는 도시를 지탱할 암석과 점토를 어디에서 캐낼 수 있는지를 알려주었다. 또한 주석과 납과 구리 광산이 있을 만한 곳, 수로와 철도를 가장 쉽게 놓을 수 있는 자리도 나와 있었다. 그의 지도는 지식뿐만 아니라 돈을 벌 길도 제시해주었다. 그러나 스미스는 부당한 대우를 받았다고 전해진다. 지질학회 회원들을 포함한 그의 동시대인들은 그에게 아무런 감사 표시도 하지 않고 그의 생각을 도용했다. 그렇게 그의 지도를 도용한 다른 지도들이 만들어지면서 스미스는 지도 제작 비용을 회수하지 못했고, 결국 영국 고등법원의 채무자 감옥에 수감되었다. 지질학회는 1831년이 되어서야 그의 업적을 인정하고, "잉글랜드 지질학의 위대하고 독창적인 발견자로 승인하는" 첫 울러스턴 메달을 그에게 수여했다.[7] 그리고 1832년에는 드디어 연 100파운드의 정부 연금 형태로 금전적 보상도 받게 되었다.[8]

오늘날 스미스는 "영국 지질학의 아버지"로 알려져 있다. 2003년에는 그의 원본 지도 중 하나가 5만5,000파운드에 팔렸다. 한때 그를 거부했던 지질학회 본부에는 그의 유품이 성인의 유물처럼 전시되어 있다. 액자틀에 그의 백발 한 뭉치를 봉인한 유화 한 점과 불편해 보이는 나무 의자 2개가 그것이다.

❖ ❖ ❖

백악에 대한 연구는 때로는 "연암soft rock" 지질학이라고 불린다. "연암" 전문가들은 사암과 석회암 같은 퇴적암을 연구하는 반면, "경암hard rock" 지질학자들은 화강암이나 점판암 같은 화성암과 변성암을 연구한다. 이런 구분이 완벽하지는 않다. 이를테면 퇴적암인 석회암 속에 들어 있는 방해석은 변성암인 대리암만큼 단단하지만, 전문 용어로는 연암 지질학의 범주에 속한다. 때로는 경쟁이 뒤따른다. 언젠가 나는 은퇴한 퇴적암 지질학자를 만난 적이 있다. 이제는 열정적인 연극배우가 되어 아마추어 극단에서 연기를 하고 있는 그는 "연암 지질학자"가 항상 더 생각이 깊다고 주장했다. 그는 골똘히 생각하더니, 퇴적암의 형성을 고심하느라 그리되었을 것이라고 중얼거렸다. 하나의 암석 단위는 수백만 년에 걸쳐서 퇴적물이 조용히 켜켜이 쌓이면서 만들어졌다. 천천히, 느리게 형성되는 세계이다. 경암 지질학자는 어떨까? 나는 그에게 물었다. 그는 "경암 지질학자들은 모두 나쁜 놈들"이라고 답했다.

백악의 세계는 약 1억-8,000만 년 전에 시작되었다. 당시 지구는 따뜻한 시기로 접어들고 있어서 해수면의 높이가 급상승했다. 오늘날 존재하는 대륙괴의 3분의 1은 높아진 파도 아래로 사라졌다. 지질학자들은 이 시기를 라틴어로 "백악"을 뜻하는 Creta를 따라 Cretaceous, 즉 백악기라고 부른다. 백악기는 층서표에서 가장 긴 지질시대로, 약 8,000만 년간 이어졌다. 백악기가 끝난 후로 지금까지 6,500만 년이 흘렀으니, 얼마나 긴 시간인지 알 수 있다. 오늘날 백악이 발견되는 지역의 물에는 코콜리스coccolith라고 하는 현미경으로만 볼 수 있는 크기의 유기체

잔해가 가득하다. 석회비늘편모류coccolithophore라는 미생물이 죽으면 미생물을 둘러싸고 있던 원반 모양의 방해석 골격인 코콜리스가 맑은 물을 통과하여 가라앉았는데, 일부 지역에서는 바닷물의 색이 뽀얀 청색으로 바뀔 정도로 그 양이 많았을 것이다. 바다 밑바닥에는 코콜리스가 쌓여서 부드러운 진흙 같은 석회질 연니軟泥가 형성되었다. 이 연니는 시간이 흐르면서 점점 다져지고 단단해졌다. 생물의 뼈가 하얀 암석으로 바뀌었다. 비교적 균일하고, 때로는 두께가 1킬로미터가 넘을 정도로 두꺼운 백악은 수백만 년 동안 안정적으로 유유히 흘러간 세계를 보여주는 증거이다.

19세기 후반 동안 지질학자들은 기존의 암석 단위의 유형과 시대를 더 세밀하게 구별하기 위한 작업을 시작했다. 이를테면 쥐라기의 인피리어 어란석층Inferior Oolite은 버드립Birdlip, 애스턴Aston, 샐퍼톤Salperton이라는 3개의 층으로 나뉘었고, 각각의 층은 더 작은 층들로 다시 세분되었다. 버드립 층은 기간이 200만 년에 불과하지만 일곱 구간으로 나뉘었다. 그러나 백악층은 상부, 중부, 하부라는 세 구간으로 나뉘었고, 각 구간당 기간이 500만–700만 년에 달했다. 그것이 끝이었다. 지질학자들은 이 균질한 하얀 암석에 대해서는 별로 말할 것이 없다고 느꼈고, 백악을 더 자세히 연구해야 할 경제적 이유도 딱히 찾지 못했다. 백악은 비료로 조금 쓰이고 나중에는 콘크리트에 첨가되는 재료가 되었지만, 석탄이나 석유나 귀한 광물이나 금속도 들어 있지 않고, 일반적으로 너무 물러서 만족스러운 건축 재료도 아니었다.

괜찮은 암석 한 덩이에 신이 나는 부류의 사람들 사이에서도 백악은 오랫동안 꽤 따분한 것으로 간주되었다. 패런트는 1996년에 영국 지질조사소에서 일을 시작했던 당시를 이렇게 회상했다. "나는 백악을 떠맡았고, 이렇게 생각했죠. 아이고, 얼마나 지루할까. 내 동료 중 한 명은 웨일스 중부로 보내졌는데, 나는 그가 운이 좋다고 생각했어요. 흥미로운 지질이 훨씬 많을 테니까요. 그런데 알고 보니 내 생각이 틀렸더라고요."

브리튼 섬, 더 정확히는 브리튼 섬이 될 자리에 있던 백악층에 그다음으로 일어난 큰 사건은 약 5,000만 년 전에 아프리카판이 유럽에 충돌한 일이었다. 땅이 맞물리면서 피레네 산맥과 알프스 산맥을 포함한 일련의 산맥이 형성되었고, 낮은 백악 언덕들이 바다에서 올라오기 시작했다. 이 백악 언덕들은 처음에는 모래와 진흙으로 덮여 있었지만, 침식이 일어나면서 마침내 사우스다운스와 노스다운스와 칠턴힐스에서 볼 수 있는 백악 절벽들이 되었다.

오늘날 영국 남동부에서는 사방으로 뻗은 시가지와 두 차례의 세계대전 사이에 형성된 교외 지역 아래로 백악이 자취를 감추었지만, 건물이 없는 곳에서는 전형적인 영국 풍광이라고 여겨지는 백악이 만든 경관을 볼 수 있다. 한결같이 "굴려놓은 듯하다"고 묘사되는 이 매끈한 언덕들은 키 작은 잔디로 덮여 있다. 완만한 경사와 가파른 벼랑, 건조한 계곡과 언덕 위에 외롭게 서 있는 나무들이 경관을 수놓는다. 멀리서 바라본 백악의 풍경에서는 한때 그곳에 있던 대양처럼 물결이 치는 듯하다. 1773년 12월, 교구 목사이자 자연학자인 길버트 화이트는 이스트본에서 16킬로미터쯤 떨어진 링머에 사는 친구들을 방문하면서 이렇게 썼다. "내 생각에 매끈하게 형태를 갖춘 백악 언덕은 아무렇게나 부서져 있는 투박한 바위투성이 지형보다 무엇인가 특이한 상냥함과 재미가 있

그림 7.1 영국 해안 지대의 백악 절벽 (©Marathon)

는 것 같습니다."[9]

엽서와 테이블보에 그려진 백악의 풍경은 특별한 영국스러움을 자아낸다. 그것은 베라 린("도버의 하얀 절벽The White Cliffs of Dover"을 부른 영국 가수/옮긴이), 셰익스피어(『리어 왕*King Lear*』의 클라이맥스는 도버의 절벽 위에서 펼쳐진다), 러디어드 키플링("뭉툭한 뱃머리, 뱃머리를 닮은 고래, 고래 등 같은 언덕들"이라고 썼다[10])의 영국스러움이다. "백악은 나름 잉글랜드 문화사의 중심에 있어요. 도버의 하얀 절벽, 백악 지대에 형성된 언덕과 시내 같은 그 모든 것들이 말이에요." 패런트가 말했다. "그리고 아직 대부분의 사람들은 백악이 무엇이고 어떻게 형성되었는지 아무것도 몰라요."

그 땅의 끝에서 백악은 극적인 마음의 동요를 일으킨다. 서식스 주의

쿠크미어 헤이븐의 해변에 서서 높이 솟은 그 순백의 절벽을 올려다보면, 순간 그것이 파란 하늘에서 곧바로 내게 떨어지는 듯한 느낌을 받게 된다. 드러나 있는 백악은 어딘가 차갑고 다른 세상의 것처럼 느껴진다. 그렇게 새하얗고 밝게 빛나는 것을 보고 있다는 사실이 부자연스러운 느낌이다.

백악은 영국 남부 해안에서 영국 해협 아래로 내려갔다가 또다른 하얀 절벽으로 다시 나타난다. 프랑스인들은 코트달바트르Côte d'Albâtre("설화석고 해안")라고 하고, 영국인들은 별로 입에 올리지 않는 이 하얀 절벽은 모네, 피카소, 르누아르의 그림 속에 많이 남아 있다. 영국인들은 종종 백악이 영국에만 있다고 생각하는데, 백악은 프랑스 북부의 상당 지역과 스칸디나비아의 일부 지역, 네덜란드 림뷔르흐 지방, 독일 일부 지역에도 있다. 그중에서 독일 뤼겐 섬의 하얀 절벽은 독일의 대표적인 낭만주의 화가 카스파르 프리드리히가 1818년에 신혼여행 중에 그린 그림 속에도 있다. 사랑스럽고 몽환적인 이 그림 속 하얀 절벽은 암석보다는 얼음과 더 비슷해 보인다. 그 백악 속에는 얇은 플린트flint의 띠가 있는데, 세븐 시스터스 플린트 층Seven Sisters flints이라고 알려진 이 지층은 요크셔의 고원에서부터 파리 분지까지 이어진다. 또다른 플린트의 띠는 폴란드에서도 볼 수 있으며, 이곳에서는 이회토라고 하는 점토의 층도 볼 수 있다.

1993년, 당시 임피리얼 칼리지 런던의 교수였던 리처드 셀리는 노스다운스와 프랑스 북동부 샹파뉴 지역의 백악 지형 사이의 유사성을 생각하고 있었다.[11] 그때 그의 이웃인 에이드리언 화이트라는 공학자가 노스다운스의 도킹 근처에 있는 그의 땅에서 양과 돼지를 길러보려고 했지만 잘되지 않았다. 셸리는 그에게 "스파클링 와인을 한번 해보지 그래?" 하고 제안했다. 현재 그 땅에서는 화이트의 아들인 크리스가 덴비스라는 이름의 포도 농장을 운영 중이며, 2018년에는 생산량이 100만 병 가까이 되었다. 스파클링 와인은 프랑스 북동부에서 온 술이 절반 이상만 섞이면 샴페인이라고 부를 수 있다.

"영국 남부의 노스다운스와 사우스다운스는 프랑스 북부의 샹파뉴 지방과 비슷해요. 따라서 이 남동부 지역에서는 아주 품질 좋은 스파클링 와인이 생산된다고 해요." 크리스 화이트가 내게 설명했다. "우리는 온도 조건도 같고, 테루아terroir(풍토에서 오는 특유의 향미/옮긴이)도 같고, 비탈이 남쪽을 바라보고 있어서 햇빛도 최대로 받고, 백악질 토양은 물을 싫어하는 포도가 뿌리를 물에 적시지 않고도 필요한 양분을 확실히 빨아들일 수 있게 해줘요."

패런트의 말처럼, "영국 해협은 별것 아니다. 기본적으로 같은 퇴적층이므로, 백악에 브렉시트Brexit는 없다."

칠턴힐스는 옥스퍼드셔의 고링에서부터 하트퍼드셔의 히친까지 남서에서 북동으로 약 74킬로미터에 걸쳐서 대각선으로 놓여 있다. 가장 높은 지점인 버킹엄셔의 웬도버 근처 해딩턴힐에는 267미터라고 쓰인 정상석이 있다. 경관의 대부분은 농지이다. 그곳에는 메마른 계곡 깊숙이 옹기종기 모여 있는 작은 마을들이 있고, 유서 깊은 시장들이 있고, 두 차례의 세계대전 사이에 형성된 교외 지역의 끝자락이 있다. 나는 어느 화창한 날에 패런트와 그의 지질조사소 동료들을 만났다. 하늘은 파랗고, 가을 햇살이 강하게 내리쬐었다. 아직은 초록빛을 띤 나무들이 많았지만, 군데군데 단풍이 들기 시작한 참이었다. 패런트와 나는 지질조사소의 신입 직원인 로메인 그레이엄과 함께 출발했다. 그레이엄은 한 석유가스회사에서 퇴적학자로 일하다가 6개월 전에 지질조사소로 이직했다. 2주일 동안 백악을 연구하고 있던 그녀는 망치질을 계속하느라 양 손바닥에 피물집들이 잡힌 채였고, 한쪽 손목에는 손목 보호대를 하고 있었다.

우리는 통통하고 빨간 열매가 주렁주렁 달린 장미 생울타리와 하얀 솜털로 뒤덮인 씨앗이 맺힌 좀사위질빵 생울타리 사이로 난 길을 따라갔다. 갈아놓은 두 밭 사이에 있는 담장도 넘어갔다. 길이 없는 곳으로 가기 위해 조사관들은 땅 주인의 호의에 기대야 한다. 농민들은 대개 선뜻 허락하지만, 사냥터 관리인들은 텃세를 부리는 편이다. 그 밭의 가장자리에서 패런트와 그레이엄은 망치로 백악 조각을 떼어냈다. "이건 지그재그 백악이에요." 패런트가 말했다. "굳기는 중간 정도고, 연한 회색을 띠고, 묵직해요."

이제 우리는 백악이 한 가지 암석으로 된 3개의 큰 덩어리가 결코 아님을 안다. 19세기 지질학자들은 백악층을 상부, 중부, 하부라는 3개의 시대로 나누자고 제안했다. 그로부터 약 100년이 지난 1980년대에 이르러 대부분의 다른 암석들에 대한 분류를 끝낸 지질학자들은 마침내 백악을 9개의 층으로 세분하기 시작했고, 각 층의 이름은 가장 전형적인 표본이 발견되는 곳의 지명에서 따왔다.[12] 이 연구의 뒤에는 로리 모티머라는 지질학자가 있었다. 판구조론자들을 비롯한 많은 지질학자들이 지질학에 대해서 "서술적인" 학문에서 "정량적인" 학문으로의 변화를 말하던 시절에, 그의 분류 작업은 19세기 지질학자들의 연구를 떠오르게 했다(언젠가 나는 지질협회에서 주관한 답사에 참여해서 낯부끄러운 짓을 한 적이 있다. 모티머에게 가장 좋아하는 암석이 무엇인지를 물은 것이다. 잠시 어색한 침묵이 흘렀고, 내 옆에 있던 남자가 조금 어이없다는 듯이, 내가 이 나라 최고의 백악 전문가에게 좋아하는 암석을 물어보았다는 점을 조용히 지적했다. 18세기 회화 전문가나 16세기 전투 재현 전문가에게 역사에서 가장 좋아하는 시대가 언제인지 물어본 셈이었다).

걸음을 옮기는 동안, 패런트와 그레이엄은 백악 지층 사이의 차이를 두고 토론을 하기 시작했다. 문외한이 보기에는 아무것도 아닌 차이였다. 백악을 연구하는 일은 눈을 크게 뜨고 가장 미묘한 단서들을 읽어내는 것이다. 이를테면 지그재그 백악층은 "꽤 흐리멍덩한, 존 메이저 전 영국 수상 같은 회색"이라고 묘사된다. 이에 비해 시포드 층Seaford은 연하고 매끄러우며 밝은 흰색을 띠고, 종종 커다란 플린트가 있다. 홀리웰 층Holywell은 크림색이며 작은 화석들이 가득하다. 루이스 층Lewes은 흰색이거나 크림색이거나 노란색이다. 백악은 매우 단단하다. 우리는 대체로 백악이 분필처럼 무르고 잘 바스러진다고 생각하지만, 그보다는 체더 협곡의 단단한 석회암에 더 가깝다. "백악에는 시비를 걸지 않는 편이 좋다." 각각의 지층은 저마다 다른 세계를 나타내고, 그 각각의 세계는 인간이 지구에 나타나기 아주아주 오래 전부터 존재해왔다.

모티머의 연구 이전에는 백악 위에 건물을 짓거나 백악에 구멍을 뚫는 공사를 하는 엔지니어들이 항상 문제에 부딪혔다. 패런트는 그 이유가 엔지니어들이 백악으로 된 지층을 무조건 하나의 균질한 덩어리로 취급했기 때문이라고 말했다. "아주 단단한 백악을 만날지, 정말로 큰 플린트가 들어 있는 백악을 만날지, 플린트가 거의 없는 아주 무른 백악을 만날지 그들은 알 수가 없었어요."

눈을 가린 채 알 수 없는 풍경 속을 비틀거리며 걸어간다고 상상해보자. 발밑의 지형은 울퉁불퉁하고, 크고 단단한 물체가 난데없이 튀어나오기도 할 것이다. 제대로 된 지도가 없다면, 이는 터널을 뚫다가 거대한 백악 덩어리를 맞닥뜨린 엔지니어들의 상황과 기본적으로 동일하다. "장애물은 아주 큰 문제예요." 런던 교통국의 수석 지질공학자인 마이크 블랙은 「새로운 토목공학*New Civil Engineering*」과의 인터뷰를 떠올렸다. "우리는 모든 것이 어디에 있는지, 또는 어디에 있을지를 알아내기 위해서 엄청나게 많은 시간을 책상 앞에서 보냅니다."[13] 예상치 못한 플린트띠, 즉 경암층은 1억 파운드짜리 터널 천공기의 보호 장치를 산산조각 낼 수 있다. 균열이나 점토층을 건드린다면 사람과 장비가 가득한 터널에 물이 들어올 수도 있다(과거에도 백악 속에 터널을 만들었지만, 수작업으로 터널을 팔 때에는 허용 가능한 실수의 범위가 훨씬 넓었다. 기계 장치는 그 힘과 속도 때문에 인간이 휘두르는 곡괭이에 비해서 실수에 매우 취약하다). 가령 영국 해협 터널은 A에서 B까지 일직선으로 뻗어 있는 것이 아니라 가능한 한 하나의 백악층만 통과한다. 그 백악층은 터널을 만들기에 가장 적합한 웨스트멜버리 이회질 백악이다.[14] 이 경로를 계획하기 위해서 엔지니어들은 시추공에서 나온 백악 표본을 관찰하고 미화석을 분석하여 지층을 측량했다. "덕분에 유로 터널은 5억 파운드쯤 공사비를 아낄 수 있었을 거예요." 패런트는 내게 이렇게 말했다. 조금 더 위로 올라갔다면 투수성이 더 크고 플린트가 더 많은 지그재그 백악층을 건드렸을 것이다. 조금 더 아래로 내려갔다면, 석회암층을 건드렸을 것이다.

석회암은 훨씬 단단하기 때문에 결과적으로 터널 공사가 더 까다로웠을 것이다.

겉으로 드러난 암석, 즉 노두가 별로 없는 곳에서는 백악에 닿을 다른 방법을 찾아야 한다. 시추공이 정보를 제공할 수는 있지만, 그 시추공을 직접 볼 수 있는 경우가 아니라면 조사관들은 다른 사람이 수행한 자료 해석의 질과 정확성에 의존해야 한다. 혹은 오래된 채석장, 오소리 굴, 새로 갈아엎은 밭을 찾거나 심지어 최근에 흙을 뒤집은 묘지를 찾아야 할 수도 있다. 스톤헨지 근처에서 연구를 하고 있던 패런트는 시끄러운 A303 도로 옆에서 두더지가 만들어놓은 둔덕을 찾느라 자신이 네발로 기어다니고 있음을 알아차렸다. "이 일을 하는 게 최근에는 더 어려워졌어요." 그가 말했다. "지난 10년 사이에 농민들은 깊이갈이를 하지 않게 되었어요. 이제는 땅을 갈지 않고 씨를 바로 뿌리는 농법이 주로 쓰여요. 자연에는 아주 좋은 농법이라지만 우리에게는 큰 문제예요."

패런트가 앞에서 작은 풀숲을 찾아냈다. 그는 어쩌면 밭에 비료로 석회를 뿌리고 싶어했던 한 농민이 파놓은 오래된 백악 구덩이의 흔적이 그 풀숲에 있을지도 모른다고 생각했다.

"우리는 덤불숲과 실랑이를 하면서 많은 시간을 보내죠." 그레이엄이 말했다. "앤디는 덤불숲을 좋아해요." 우리가 그를 따라잡았을 때, 그는 덤불숲의 한가운데에 앉아서 백악 조각을 난도질하고 있었다. "토턴호 스톤이에요." 패런트가 확신에 차서 말했다.

그레이엄은 몸을 앞으로 숙여서 관 모양의 플린트 하나를 집어들었다. 지질학자인 그녀의 남자친구가 좋아할 것 같은 모양이라고 했다. "우리 집에는 암석 상자가 14개나 있어요." 그레이엄이 말했다. "나는 차고에 보관하고 싶지만, 남자친구는 충분히 안전한 환경이 아니래요." 그녀는 머리를 흔들었다. "나도 지질학자예요. 하지만 그래봤자 결국 돌이잖아요!"

노두가 별로 없는 곳에서 백악 지도를 만들기 위해서는 패런트가 "경관을 읽는 능력"이라고 부르는 능력의 개발에도 크게 의존해야 한다. 이 능력은 지표면을 연구함으로써 땅속에 무엇이 있는지를 결정하는 능력이다. 봄과 가을이 이런 종류의 연구를 하기에 가장 좋은 시기이다. 여름에는 농작물과 다른 식생 때문에 지형을 보기 어려운 경우가 많고, 겨울에는 눈과 오후 4시쯤이면 날이 어두워진다는 점이 문제이다(그러나 웨일스에서는 비를 피하기 위에서 여름에 지도를 제작한다). 이는 스미스의 시대 이래로 지질학자들이 해온 일이다. 그러나 패런트는 이렇게 말한다. "[학술적인] 문헌에는 많지 않아요……. 지질학자들은 알고는 있지만, 격식을 갖춰서 글을 쓰는 일은 잘 안 하거든요." 경관을 읽는 능력을 얻는다는 것은 둥그스름한 언덕 꼭대기는 전형적인 시포드 백악이고, 평평한 들판은 전형적인 지그재그 백악이라는 사실을 알게 되는 일이다. 또는 백악이 지표면에 있는 곳에서는 너도밤나무와 주목과 감탕나무를 볼 수 있고, 백악이 모래와 자갈로 덮여 있는 곳에는 소나무와 헤더와 가시금작화가 자란다는 사실을 아는 일이다.

오후가 되자 빛이 더 풍부해지고 더 황금빛으로 바뀌었다. 들판은 라벤더 색과 살구색으로 빛났다. 더 가까이에는 밝은 회색을 띠는 마른 흙이 있었고, 그 위에 찍힌 지질학자들의 발자국은 달 표면에 찍힌 발자국

같았다. 이빙호비컨의 기슭에 서자 우리 위로 흐릿하게 언덕이 보였다. 한때는 청동기 시대의 무덤이 있었고, 그다음에는 철기시대의 요새가 있었던 이 언덕은 에일즈버리 계곡의 농지에서 갑자기 솟아올라서 칠턴 힐스의 얕은 산줄기의 일부를 형성했다.

"이 일을 하려면 항상 경관과 어울리려고 노력해야 해요." 패런트가 말했다. 그는 우리 앞에 있는 산허리를 힐끗 보더니, 내 공책을 빌려서 그가 본 것을 재빠르게 스케치했다. "대부분의 사람들은 언덕이 하나의 큰 비탈을 이루며 꼭대기까지 올라갔다가 다시 비탈을 이루며 반대편으로 내려온다고 생각하지만, 사실 가파른 비탈에는 다양한 면이 있어요. 비탈이 있고, 그다음에는 단구bench(비교적 좁고 기다란 평평한 면, 위아래로 더 가파른 비탈과 연결되어 있다)가 있고, 다시 비탈이 있고……. 지그재그 백악, 그다음에는 홀리웰, 그다음에는 뉴피트New Pit, 그다음에는 시포드가 있는 거죠." 그는 우리 앞에 놓인 들판 한가운데에 툭 튀어나온 부분을 가리켰다. "나는 이것이 다시 토턴호스톤일 거라고 생각해요. 하지만 확인하려면 드러난 백악을 조금 봐야 해요."

우리가 이빙호비컨을 오르기 시작하자, 길을 내기 위해서 언덕 비탈을 파냈을 때 드러난 백악층이 나타났다. 그들은 여기서 화석을 발견할지도 모른다고 생각했다. 그레이엄은 자신의 망치를 내게 빌려주었다. 나는 백악을 딱히 화석이 있는 암석이라고 생각해본 적이 없었지만, 망치질을 시작한 지 5분 만에 우리는 오래 전에 죽은 해양생물의 작은 컬렉션을 만들 수 있었다. 백악 조각이 반으로 쪼개지면서 갈색 관벌레 하나, 발톱처럼 생긴 완족류 껍데기 하나, 어느 암모나이트의 완벽한 나선 무늬가 드러났다.

"난 흔적 화석trace fossil을 정말 좋아해요." 그레이엄이 말했다. "흔적 화석은 많은 것을 알려줄 수 있어요." 흔적 화석은 생물체 자체의 유해가 아니라 생물의 발자국, 지나간 길, 생물이 파놓은 굴, 배설물 따위를 말한다. "때로는 지나간 길이나 풀을 뜯은 흔적이 2개인 것도 있어요. 어쩌면 삼엽충 두 마리가 모래를 가로질러 잽싸게 움직였을지도 모르죠. 그러면 그 삼엽충이 어디서 만나서 작은 파티를 벌였는지 알 수 있어요. 그 생물들이 살았을 때의 흔적을 볼 수 있으면 과거의 풍경을 떠올리기가 더 쉬워요. 와, 정말 여기에 있었구나, 하는 생각이 드는 거죠."

현대의 조사관들은 스미스가 19세기 초에 개척한 기술을 토대로 화석과 미화석을 활용하여 백악의 층을 확인한다. 시포드 층의 하부에는 일반적인 이매패류(볼비케라무스*Volviceramus*, 플라티케라무스*Platyceramus*)와 성게류(미크라스터*Micraster*)가 있고, 포츠다운 층Portsdown 상부에는 일반적인 완족류(마가스*Magas*, 크레티린키아*Cretirhynchia*)와 굴(피크노돈테*Pycnodonte*)이 있다.[15] 영국 지질조사소는 키워스의 본부에 이 화석들을 보관할 때 자연사 박물관처럼 종을 기준으로 정리하지 않고, 그 화석이 발견된 백악층의 층서에 따라서 정리한다.

패런트에 따르면 지난 2002년에 소엄에서 두 어린이를 살해한 이언 헌틀리의 자동차 바퀴 위쪽 차체의 아치 부분에서 작은 백악 조각이 발견되었을 때, 경찰은 지역 지질학자들에게 도움을 청했다. 그 백악 조각에서는 2개의 특별한 미화석이 발견되었다. 하나는 시포드 층에서만 발견되는 것이었고, 하나는 뉴헤이븐 층Newhaven 상부에서만 발견되는 것이었다. 두 미화석이 함께 존재한다는 것은 그 백악 조각이 2미터 두께의 어느 특별한 지층에서 나왔다는 뜻이었다. 그런 백악 위로 차를 몰고 달릴 수 있는 유일한 장소는 한 농민이 그 특별한 백악을 덮은 지역의 한 농로였다. 그리고 헌틀리는 그곳에 간 적이 없다고 주장했다. 백악 조각은 결국 그의 범죄 혐의를 입증하는 증거의 일부가 되었다.

우리는 이빙호비컨 정상에 앉았다. 바람 한 점 없이 아주 고요했다. 어딘가에서 종다리 한 마리가 지저귀고 있었다. 저 멀리 버킹엄셔, 베드퍼드셔, 하트퍼드셔, 옥스퍼드셔의 들판이 보였다. 멀리 한 줄로 늘어선 작은 떨기나무들이 초록색 들판의 가장자리를 따라서 빨갛고 노란 빛을 내뿜었다. 이곳에 처음 살았던 사람들이 언덕을 올라와 이 자리에서 탁 트인 세상을 보고 그곳으로 향했다는 이야기도 말이 된다는 생각이 들었다.

그레이엄은 바나나를 먹으면서 내일은 가시자두를 찾아서 먹어보고 싶다고 말했다. "항상 오늘처럼 쾌적한 건 아니에요." 패런트가 내게 경고했다. "몹시 춥고 비까지 내리는 1월에 와보면 알아요. 그때는 왓퍼드에 있는 어느 산업 단지를 조사하면서 처박혀 있을 거예요."

패런트는 노트북 컴퓨터를 꺼내서 수치를 입력하기 시작했다. 그들이 지금 만들고 있는 지도는 영국 환경부, 템스 워터, 어피니티 워터와 상하수도 관련 기업의 지원을 받았다. 백악은 투수성이 매우 좋아서 식수원을 제공하는 거대한 대수층으로 작용한다. "이곳에서는 백악이 식수 처리비용 수십억 파운드를 아껴줘요. 하지만 백악은 복잡한 야수와도 같아요." 백악은 백악을 통과하는 물을 정화하는 천연 여과기로 작용한다. 그러나 백악 속에는 균열도 있어 그런 곳에서는 물이 백악을 통과하지 않고 균열을 따라 흘러간다. 수자원 회사들은 물이 백악을 따라 어떻게 흘러가는지, 물을 안전하게 뽑아낼 수 있는 곳이 어디인지, 농지에서 흘러나오는 질산염 같은 오염원으로부터 물을 어떻게 보호할지를 알아야 한다. 게다가 앞으로는 백악 속에서 물의 흐름이 어떻게 바뀔지, 균열이 어떤 양상으로 일어날지를 예측하기 위해서도 다양한 지층에 대한 정확하고 상세한 지도가 필요하다. 홀리웰 층의 균열은 시포드 층의 균열과는 파열되는 방식이 다르고, 뉴헤이븐 층에 있는 균열은 지그재그 층에 있는 균열과 다르다.

노트북 컴퓨터의 입력을 끝낸 패런트는 언덕의 내리막을 가리켰다. "만약 앵글 빙기Anglian Glaciation에 이곳에 서 있었다면, 저기 백악 절벽의 아랫부분까지 올라온 빙상을 볼 수 있었을 거예요."

칠턴힐스의 형성에 얽힌 이야기의 다음 장은 약 45만 년 전에 시작되었다. 당시 브리튼 섬의 북부를 덮고 있던 거대한 빙상이 왓퍼드까지 내려왔다. 얼음이 내려오기 전, 칠턴힐스에는 춥고 황량한 툰드라 지역이 넓게 펼쳐져 있었다. 땅이 꽁꽁 얼어 있었기 때문에 눈과 얼음이 녹은 물과 여름에 내린 빗물은 땅속으로 스며들지 못하고 지표면 위로 흘러갔다. 그렇게 강물이 흐르는 고랑이 형성되었고, 결국에는 암석이 깎여 나가면서 백악 지형의 뚜렷한 특징인 마른 계곡이 만들어졌다. "잉글랜드 남부 전체는 빙하 주변부 침식에 의해서 아름답게 다듬어졌어요." 패런트가 말했다. 훨씬 더 북쪽에서는 얼음이 모든 것을 불도저처럼 밀고 지나갔다. "그래서 우리가 여기서 지질도를 만들 때 활용하는 기술은 빙하의 흔적이 깊이 남아 있는 북쪽에서는 종종 쓸모가 없어요." 나는 경관을 가로질러 무자비하게 움직이는 거대한 얼음덩어리를 상상해보았다. 엘리아손과 로싱의 「아이스 워치」 속 얼음덩어리와 같지만 훨씬 더 컸다. 그 얼음은 지나는 길에 놓인 암석을 매끈하게 갈아버릴 정도로 무거웠다.

그레이엄이 자신의 전화기를 쳐다보았다. 돌아갈 시간이었다. 다른 조사관들은 일을 마치고 숙소로 향하고 있었다. 우리가 왔던 길을 되돌아 내려오는 동안, 늦은 오후의 빛을 받은 언덕 비탈에서는 모든 선과 각들이 도드라지면서 빙하 주변부 침식의 결과물로 형성된 지형이 또렷하게 드러났다. 그 모습은 화가 에릭 라빌리어스가 양차 세계대전 사이에 화폭에 담은 사우스다운스의 풍광 같았다. 「겨울의 다운스」(1934)에서는 쟁기질이 된 들판과 연달아 굽이치는 언덕들이 희미한 겨울의 태양 아래에서 단순한 기하학적 형태를 이루고 있다. 「비치 곶의 등대」(1939)에서는 절벽 윗부분을 옅은 녹색과 갈색의 빗금을 교차하여 묘사한 반면, 백악이 드러난 절벽 면은 하얀 삼각형이다. 「백악 오솔길」(1935)에서는 한 줄의 검은 수직선으로 표현된 담장 기둥이 둥글둥글 물결치듯 이어지는 땅을 가로지른다. "나는 뚜렷한 형태가 좋다." 이스트본 근처에서 자란 라빌리어스는 이렇게 썼다.[16] 그는 자신이 사우스다운스를 사랑하는 이유를 그 "설계"가 "너무 아름답게 분명하기" 때문이라고 주장했다.

칠턴힐스를 다녀오고 몇 주일 후, 나는 런던 반대편에 있는 노스다운스로 산책을 나갔다. 리지웨이로 이어지는 농로를 따라가는 동안, 런던을 순환하는 M25 도로의 소음이 먼 바다의 파도 소리처럼 희미하지만 끊

임없이 들려왔다. 발밑의 길은 연한 갈색이었고, 얇게 덮인 표토가 바람에 날려간 곳에는 밝은 흰색이 땅의 뼈처럼 드러났다.

산등성이에 올라서 잠시 숨을 고르다가 고개를 돌려서 멀리 런던을 바라보았다. 너도밤나무 숲과 교외 주택지의 붉은 지붕들 너머로 회색과 은색의 건물들이 흐릿한 푸른색 위로 높이 솟아 있었다.

그곳에 서서 도시를 돌아보는 동안 흐릿한 푸른색이 점점 더 선명해지는 듯했다. 그러더니 순간 오래 전 백악기의 대양이 런던 분지로 다시 돌아온 듯한 느낌이 들었다. 아니면 미래의 어느 날 물에 잠긴 도시를 보고 있는 것 같기도 했다. 그곳에 서서 나는 녹아가는 빙상과 점점 높아지는 해수면을 생각했다. 그리고 약 2만 년 전에 북쪽의 거대한 빙상이 녹기 시작하면서 일어난 시소 효과로 스코틀랜드가 융기되는 동안 브리튼 섬의 남동부는 어떻게 가라앉고 있었는지도 생각했다.[17]

그리고 런던이라는 도시의 땅이 물에 흠뻑 젖은 스펀지처럼 무거워지는 상상을 했다. 보도블록 사이로 지하수가 스며나오고, 배수로와 맨홀 위로 물이 콸콸 솟구칠 것이다. 템스 강에서 불어난 물이 강둑 위로 흘러넘칠 것이다. 소금기를 머금은 물은 여러 갈래를 따라서 칩사이드 거리로 살금살금 올라와서 세인트폴 대성당 경내로 흘러들어갈 것이다. 그렇게 국회의사당, 빅벤, 웨스트민스터 궁전이 물에 잠기고, 경관은 온통 푸른색이 될 것이다.

08

불타는 들판

"우리는 지금 화산을 만져볼 수 있는 곳으로 갈 거예요." 빈첸초 모라는 내게 이렇게 말했다.

오후의 열기 속에서, 나폴리에서 바로 서쪽에 있는 야트막한 갈색 언덕 지대로 차를 몰고 가던 우리는 시내 외곽에 있는 할인점과 버려진 축구 경기장을 지나서 차를 세웠다. 버려진 건물 맞은편에 주차를 하고 차에서 내리자마자 두 가지가 동시에 느껴졌다. 썩은 계란에서 풍기는 악취를 닮은 유황 냄새, 그리고 언덕 지대의 고요함에 비해서 충격적일 만큼 엄청난 굉음이었다.

모라는 작은 골짜기로 향하는 좁은 길로 나를 안내했다. 소리는 더욱 커졌다. 마치 거대한 폭포나 제트 엔진, 혹은 무엇인가 요란한 공장 기계에서 나는 소리 같았다. 그리고 마침내 우리는 그 소리의 원인을 보았다. 거대한 증기구름이 회색 암석의 틈새에서 터져 나오고 있었다. 그 아래 구덩이에서는 진흙이 연기를 내뿜으며 부글거렸다. 근처에는 어떤 식물도 자라지 않았다. 만약 손을 뻗어서 땅바닥을 만지면, 너무 뜨거워서 닿자마자 바로 떼야 할 것이다.

캄피 플레그레이Campi Flegrei, 즉 "불타는 들판"이라는 뜻의 이름을 가진 이곳을 화산학자들은 칼데라caldera라고 부른다. 칼데라는 화산이 분출한 뒤 분화구가 무너져 내리면서 만들어진 거대한 그릇 형태의 우묵한 지형으로, 너비가 12-15킬로미터에 이른다. 미국 와이오밍에 있는 옐로스톤, 파푸아뉴기니의 라바울, 갈라파고스 제도의 시에라 네그라도 칼데라이다. 수백 년 동안 꾸벅꾸벅 졸고 있는 이 화산은 분기공을 통해서 온천과 연기를 내뿜으며 조용히 자신의 존재를 알리고 있다. 이제 모라는 이 화산이 잠에서 깨어나고 있다고 믿을 만한 이유를 얻었다. 인간의 관점에서 이는 매우 큰 문제이다. 캄피 플레그레이는 50만 명이 넘는 사람들의 보금자리이고, 그중 다수는 나폴리 서부 교외와 포추올리 시내에서 살기 때문이다. 이는 보스턴이 활화산 위에 지어졌다는 사실을 알게 된 것과 같다.

"베수비오 화산은 삼각뿔 형태의 화산이 눈에 보이기 때문에 모두가 두려워하죠. 하지만 실제로는 캄피 플레그레이가 훨씬 더 위험해요." 모라는 담배에 불을 붙이며 내게 말했다. "베수비오는 분출이 어디에서 일어날지 알고 있어요. 하지만 캄피 플레그레이는 몰라요." 베수비오 화산은 복합 화산composite volcano이라고 불린다. 이런 화산에서는 분출이 일어나는 위치가 화산 꼭대기인지 옆면인지를 화산학자들이 알 수 있다. 반면 칼데라에서는 대단히 다양한 위치에서 분출이 일어날 수 있다.

"게다가 70만 명이나 되는 사람들을 대피시키는 일은 보통 일이 아니에요. 위급 상황에서 사람들은 뭘 해야 할지 몰라 허둥대죠. 내 아내에게 물어봐도 뭘 해야 할지 모를 거예요. 이게 문제예요."

그림 8.1 캄피 플레그레이 (©Donar Reiskoffer)

이탈리아 남부 해안 바로 앞은 아프리카판이 북쪽으로 올라오고 있는 지점이다. 이와 같은 아프리카판의 움직임은 지중해를 점점 좁히고 있어서, 언젠가 우리는 리비아에서 이탈리아로 바로 건너갈 수 있게 될 것이다. 아프리카판이 유라시아판 아래로 들어가는 곳에서는 맨틀로 내려간 일부 암석이 녹아서 마그마로 바뀐다. 때로는 그 마그마가 화산을 통해서 다시 지표면으로 올라오기도 한다. 즉 화산이란 지표면 아래에서 일어나는 끊임없는 교란이 격렬한 방식으로 지표에 표출되는 것이다. 이런 판구조의 움직임이 캄피 플레그레이를 만들었다. 깊은 시간의 판구조 운동 과정이 인간의 시간 속에서 폭발하고 있는 것이다.

모라는 이 화산의 형태와 크기를 더 잘 가늠해볼 수 있도록 나를 그의 배에 태워주겠노라고 약속했다. 항구에서 우리는 항해를 도와줄, 모라의 친구이자 해양생물학자인 카르미네 미노폴리를 만났다. "그리스 시대 이래로, 어쩌면 그보다 더 일찍부터 사람들은 아름다운 풍광과 비옥한 토양에 이끌려 이 지역으로 왔어요." 줄지어 높이 솟은 모래색 절벽을 지나서 포추올리 만을 벗어나는 동안 모라는 이렇게 말했다. 그날은 물살이 잔잔했지만, 깊은 시간의 관점에서 보면 캄피 플레그레이의 해안선은 고요하다기보다는 격렬하다. 우리의 시선이 닿는 모든 풍경이 격렬한 화산 활동의 산물이었다. 모래색 절벽은 단단히 다져진 화산재로 만들어진 것이었고, 저 멀리 드러난 바위는 오래 전 분출한 용암류의 잔해였다.

일반적으로 캄피 플레그레이 칼데라는 약 3만5,000년 전에 캄파니아 화산 대분화Campanian Ignimbrite super-eruption가 일어난 후에 형성된 것으로 알려져 있다. 그로부터 약 2만 년 후에 두 번째 분화가 일어나면서 칼데라의 모양이 현재의 형태로 바뀌었다. 그후로도 칼데라 안에서는 작은 분화가 수없이 많이 일어났다. 모라는 화산의 흔적이라면서 여기저기의 언덕이나 작은 섬들을 가리켰는데, 솔직히 나는 그 수를 헤아리다가 잊어버렸다. 마침내 화산이 조용해졌고, 그 잠잠한 시기에 그리스 정착민들이 그곳에 당도했다. 그들은 비옥한 토양과 쾌적한 기후, 드넓게 펼쳐진 푸른 만을 발견했다. 훗날 몇몇 로마 황제들이 이곳에 여름 별장을 지었고, 포추올리에는 황제의 함대를 위한 계류장이 생겼다. 연기를 내뿜는 분기공, 온천, 밝은 노란색의 유황 퇴적층과 같은 화산 활동의 증거가 곳곳에 있었지만, 그 어떤 것도 지표면 아래에 숨어 있는 엄청난 화산의 힘을 명확하게 보여주지 않았다.

인간의 시간 규모에서 생각하면 캄피 플레그레이 주변 지역은 대대로 포도밭을 일구고 어업을 하면서 평화롭게 살기에 좋은 곳으로 보였을 것이다. 1538년 9월의 사건을 대비할 수 있었던 것은 오직 깊은 시간 속으로 들어가서 아주 오래 전에 분출했던 그 화산의 역사를 돌이켜볼 수 있는 사람뿐이었다. 당시 트리페르골레라는 온천 마을 부근에서 땅속의 화도火道가 열렸다. 이후의 분출이 그다지 격렬하지는 않았음에도 불구하고, 마을은 높이 133미터, 직경 700미터의 원뿔 모양 흙더미 아래에 완전히 파묻히고 말았다. 목격자들의 설명에 따르면, 땅이 부풀어오르고 갈라지면서 차가운 물이 콸콸 쏟아져 나왔고, 뒤이어 거대한 연기와 "짙은 색의 불꽃"이 일었다.[1] 불타는 화산재와 하얗고 뜨거운 부석이 5.5킬로미터 떨어진 곳까지 날아갔고, "거대한 대포를 쏘는 것 같은 소리"가 났다. 죽은 새들이 하늘에서 떨어져 땅을 뒤덮었다. 건물과 식생에는 화산재와 부석이 내려앉았는데, 그 두께가 포추올리에서는 25센티미터, 나폴리에서는 2–4센티미터에 이르렀다. 이 원뿔형 더미는 몬테누오보, 즉 새로운 산이라고 알려지게 되었다. 이후 400년에 걸쳐서 몬테누오보의 비탈에 나무와 집들이 생겨났다. 화산은 잠잠했고, 위험한 느낌은 희미해졌다. 지역 주민을 대상으로 한 최근 조사에서 그 지역의 활화산을 물었을 때 캄피 플레그레이를 언급한 응답자는 14퍼센트뿐이었고, 지역 사회에서 가장 큰 위협 세 가지 중 하나로 캄피 플레그레이를 꼽은 응답자는 0.5퍼센트에 불과했다. 그보다는 실업과 범죄가 더 급박한 문제였다.[2]

육지로 다시 돌아온 뒤 모라는 나를 호텔까지 데려다주었다. 우리는 디오클레치아노라는 거리를 지났는데, 옥상 위에 텔레비전 수신용 안테

나와 접시 모양 안테나들이 삐죽삐죽 솟은 아파트 단지 사이로 흙먼지와 매연이 가득한 긴 거리였다. 7월의 열기 속에서, 발코니에서는 빨래가 마르고, 차들로 꽉 막힌 도로에서는 전동 자전거들이 이리저리 빠져나가고, 노상을 점령한 카페에는 지역민들이 앉아 있었다. "이 모든 것들이 적색지대red zone 안에 있어요." 모라가 밝은 목소리로 말했다. 적색지대는 이 도시 내에서 캄피 플레그레이가 분출하면 파괴될 것으로 예상되는 지역이다.

이후 나는 불카니아 피자전문점에서 저녁 식사를 했다. 역시 적색지대에 속하는 그곳에는 1미터 높이의 모형 화산을 따라서 좌석들이 놓여 있었다. 카르페 디엠carpe diem을 분명하게 상기시켜주는 모형 옆에서 피자를 먹어라? 어쨌든 내일은 우리 머리 위로 하늘이 무너져 내리고, 화산의 연기가 나폴리의 밝은 햇살을 가리게 될지도 모를 일이다. "우리는 자연과 싸울 수 없어요." 벤치에 앉아 있던 한 남자의 의견이다. 70세인 그의 철학에 따르면 화산이 폭발한다면 폭발하는 것이었다. 호들갑을 떨 일이 전혀 아니었다.

밤에는 적색지대 내에 있는 내 호텔 방에서 유튜브 영상을 보았다. 캄피 플레그레이의 가상 분출을 보여주는 영상이었다. 캄피 플레그레이나 로스앤젤레스나 샌프란시스코 같은 곳에서 살려면 위험과 어떤 내적 합의를 해야 할 것 같다는 생각이 들었다. 느리고 은밀한 깊은 시간의 과정이 어느 순간 빠르고 명확해질 수 있음을 받아들이는 것이다. 화면에는 빨갛고 노란 기둥이 형성되어 위로 솟구쳤다가 떨어지더니, 빨갛고 노란 혓바닥처럼 지상을 흘러서 동서남북으로 퍼져나가고 바다 속으로 들어갔다.

❖ ❖ ❖

인간이 야기한 기후 변화의 결과와 씨름하기 시작한 인간 역사의 이 순간에도, 화산은 우리와 크게 상관이 없는 것처럼 느껴진다. 한때 우리는 대양도, 허리케인도, 빙하도 그렇게 생각했다. 이 글을 쓰는 시점에도 우리는 화산의 위험을 공학적으로 해결할 수도, 과학적으로 온전하게 이해할 수도 없다. 우리 대신 쥐나 바퀴벌레나 로봇이 지구를 차지하고 시간이 한참 흐른 뒤에도 화산은 존재할 것이다. 화산이 폭발했을 때 인간이 취할 수 있는 의미 있는 대처는 얼른 몸을 피하는 것뿐이다.

우리는 오랫동안 화산을 이해하려고 노력해왔다. 최초의 화산학자는 아마 소小 플리니우스일 것이다. 확실히 그는 화산 분출을 자세히 기록한 최초의 인물로 알려져 있다. 그는 기원후 79년에 일어난 베수비오 화산의 폭발을 이렇게 묘사했다. "구름이……피어올랐고, 그 형상이 소나무와 흡사했다. 그것이 내가 할 수 있는 가장 정확한 묘사인데, 그 구름은 아주 기다란 나무줄기의 형태로 높이 치솟았고 꼭대기에서는 나뭇가지처럼 뻗어나갔기 때문이다."[3] 이제 우리는 그런 형상의 화산 분출을 "플리니형 분출Plinian eruption"이라고 부른다. 플리니형 분출의 예로는 1980년에 워싱턴 주에서 일어난 세인트헬렌스 화산 분출과 1883년에 인도네시아에서 일어난 크라카타우 화산 분출이 있다.

화산 연구는 크게 두 가지 범주로 나뉜다. 하나는 오늘날 지표면에서 활동하고 분출하는 현대의 화산을 연구하는 것이다. 이 화산들은 관찰과 측정이 가능하다. 다른 하나는 과거의 깊은 시간 동안 지구의 어디에서 어떻게 화산이 폭발했는지 알기 위해서 암석 기록을 조사하는 것이다. 영국에서의 어느 날 오후, 나는 조금 더 알아보기 위해 유니버시티 칼리지 런던의 크리스토퍼 킬번을 찾아갔다.

킬번은 1980년대에 나폴리에서 대학을 다녔고, 지금도 나폴리의 동료들과 가깝게 교류하며 연구한다. "화산 분출을 처음 보면 누구나 똑같을 거예요." 그가 내게 말했다. "사진이나 영상이나 뭐 그런 것들을 찍는 거죠. 화산은 극적이니까요. 그러니까 내 말은, 고생물학을 무시하고 싶지는 않지만, 그건 실제와 완전히 똑같지는 않잖아요……. 우리 중에는 별다른 목적 없는 과시욕으로 대담한 행동을 좋아하는 거친 사람도 있을 거예요. '나는 타잔이다' 같은 거죠."

그는 화산이 사람과 조금 비슷하다고 설명한다. 공통된 일반적인 특징도 많지만, 모양과 크기가 제각각이다. 게다가 저마다 나름의 뒷이야기가 있고, 언제 분출이 일어날지, 만약 일어난다면 얼마나 큰 분출일지를 결정하는 저마다의 버릇도 있다. 그러나 일반적인 의미에서 화산은 다음과 같이 작용한다. 고체인 암석이 녹아서 마그마가 생성되는 과정은 지하 50-200킬로미터 깊이에서 일어난다. 마그마는 주위의 고체 암석보다 가볍기 때문에 위로 올라간다. 캄피 플레그레이의 경우, 지하 약 5킬로미터 깊이에 있는 거대한 마그마 굄magma chamber에서 일부 마그마가 약 3킬로미터 지점까지 이동한 것으로 보인다. 가장 큰 문제는 그다음에 무슨 일이 벌어질지에 대한 것이다. 킬번은 이렇게 설명한다.

> 화산 분출에 대한 장기적인 예측은 아직 불가능해요. 어디에 저장되어 있는 마그마가 탈출할 가능성이 있다는 사실을 알게 되었다고 상상해봅시다. 그후의 가능성은 세 가지예요. 하나는 탈출은 하지만 지표면 쪽으로

향하지는 않는 것이고, 두 번째는 지표면 쪽으로 향하지만 지각을 뚫고 나올 정도의 에너지는 없는 거예요. 마지막 세 번째는 지표면으로 올라와서 분출하는 것이죠. 이 세 가능성 중 어떤 일이 일어날지를 아는 것은 아직 어려운 문제예요. 이유는 간단해요. 그 마그마에서 무슨 일이 일어나고 있는지 암석을 뚫고 관찰할 수 없기 때문이죠.

땅속 마그마의 동태를 알아내려는 시도는 아주 복잡한 그림 맞추기 퍼즐을 눈을 가리고 맞춰보려는 행동과 비슷하다. 한 과학자는 이를 "거대하며 극도로 복잡한 배관시설을 보고 있는 것"과 같다고 묘사하기도 했다.

화산 폭발이 임박했음을 암시하는 신호나 징후는 여러 가지이다. 꽤 오래된 화산의 경우 거의 항상 볼 수 있는 신호가 두 가지 있는데, 바로 화산 표면의 변화(지면이 변형된다)와 지진 활동의 증가(마그마의 이동에서 비롯된다)이다. 모라가 그 화도에서 내게 보여준 것도 바로 그런 신호였다. 화산학자들은 잠자는 거대한 야수를 불안하게 지키는 소인국의 동물원 관리인처럼, 화산의 바이탈 신호를 측정하기 위한 일련의 감지 장치와 GPS 장비를 캄피 플레그레이 곳곳에 급히 설치했다. 그 외에 측정할 수 있는 다른 신호로는 화도의 온도 증가, 화도의 지구화학적 특성 변화, 이산화탄소의 흐름 증가, 황화수소 기체가 이산화황 기체로 변하는 현상을 들 수 있다. 이런 기체의 변화는 보통 사람도 느낄 수 있는데, 썩은 계란 냄새가 더 이상 나지 않으면서 눈이 따가운 느낌이 들기 시작하면 기체가 바뀐 것이다.

"며칠 내 같은 단기간이라면 이런 신호가 분출의 임박과 일치한다고 말할 수 있고, 그래서 일기 예보 수준에 가까운 예측을 할 수 있죠." 킬번은 이렇게 설명했다. 그러나 궁극적으로는 이런 신호가 있다고 해서 분출이 일어난다는 보장은 없다. 게다가 사람들은 일기 예보가 이상한 오보를 내도 대개 용서하지만, 화산 분출에 대해서는 조금 더 까다로운 경향이 있다. 성실한 지진학자들은 사람들이 요구하는 확실성을 제공할 수 없다.

그러나 큰 화산 분출이 일어날 때마다 과학자들은 새로운 사실을 배운다. 1995년 몬세라트 산의 챈스 봉에서 분출이 일어나고 1년 후, 킬번은 화산의 진행 상황을 감시하는 팀에 합류하기 위해서 비행기를 타고 그곳에 갔다. 몬세라트 화산 관측소에서 그는 마루와 골이 삐쭉삐쭉하게 위로 향하는 곡선을 그리는 그래프 하나를 우연히 발견했다. 분출이 일어나기에 앞서서 일련의 지진이 있었음을 나타내는 그래프였다. 그는 저명한 화산학자인 배리 보이트의 일반적인 분출 경향에 대한 강연을 떠올렸다. 당시 킬번은 다른 분야인 용암류를 연구하고 있었지만, 보이트의 말이 뇌리에서 떠나지 않았다. 몬세라트에서 그 그래프를 본 킬번은 분출에 앞서서 지진 빈도가 점점 더 증가하는 경향을 확인할 수 있었다.

1980년대에 들어서면서 화산학, 더 일반적으로는 지질학에 변화가 일어났다. 거의 순수하게 관찰 위주의 과학이었던 지질학은 그 무렵 수학적 규칙을 찾고 모형을 만드는 더 정량적인 학문으로 바뀌어가고 있었다. 보이트 이전의 화산학자들은 분출 전에 목격되는 지진과 같은 현상들이 언제 임계치에 도달하는지를 기반으로 화산 분출을 예측했다. 보이트의 결정적 통찰은 예보를 위해서는 물리적 과정의 변화 속도가 중요하다는 점을 알았다는 데에 있다. 킬번은 이런 통찰을 이용해서 캄피 플레그레이에 적용할 수 있는 모형을 개발하고, 예측을 위한 도구로 활용하기로 결심했다. 이 예측 모형을 만들기 위해서, 킬번은 암석에 언제 균열이 생기는지를 결정하기 위한 물리학을 살펴보아야 했다. "지긋지긋할 정도로 오래 걸렸어요." 그는 머리를 흔들면서 말했다. 킬번은 2000년까지는 발표가 준비될 것이라고 생각했다. 그러나 수업과 다른 프로젝트가 끼어들었고, 시작 단계에서 자꾸 문제가 생겼다. 2017년 5월에 이르러 마침내 그 결과를 얻었는데, 그 연구 결과는 극히 우려스러웠다.

베수비오 화산 관측소는 전면에 유리창이 많은 한 사무실 건물의 다섯 층을 빌려 쓰고 있는데, 이 건물은 나폴리 서쪽, 캄피 플레그레이의 적색지대에 위치한다. "그래서 분출을 감시하는 일을 맡고 있는 베수비오 화산 관측소는 분출이 일어나기 전에 사람들을 대피시킬 거예요. 물론 말도 안 되는 이야기죠!" 우리가 만났을 때, 이 관측소의 소장인 프란체스카 비앙코는 내게 이렇게 말했다. "관측소의 위치를 옮겨달라고 요청하고 있지만, 그렇게 간단하지가 않아요."

1841년에 부르봉 왕조의 페르디난도 2세가 설립한 이 관측소는 세계에서 가장 오래된 화산 관측소이다.[4] 우아한 신고전주의 양식의 건물인 본래의 관측소는 베수비오 화산 비탈에 위치하고 있으며, 이제는 박물관이 되었다. 1800년대에 이곳은 산허리에서 분출되어 강처럼 흐르는 용암을 피하기보다는 그곳에 가까이 가려는 사람들을 끌어들였다.

1872년에 베수비오 화산이 분출하는 동안에는 "이 현상을 가까이에서 관찰하고 싶은 호기심에 이끌린" 한 무리의 학생들이 베수비오 화산의 북서쪽에서 갑자기 흘러나온 거대한 용암류에 목숨을 잃었다. 며칠 후에는 관측소도 용암에 둘러싸여 위험해졌지만, 당시 소장인 루이지 팔미에리는 그 현상을 관측하고 기록하기 위해서 피신을 거부하고 그곳에 남았다(화산학의 음울한 매력은 그 역사책이 희생자들로 점철되어 있다는 사실에서 어느 정도 비롯되었을 것이다. 최근 사례로는 1980년 30세의 미국인 화산학자 데이비드 A. 존스턴이 세인트헬렌스 화산이 분화하는 동안 사망한 일이 있다. 그의 관측 초소를 화산 쇄설류pyroclastic flow가 덮치기 직전에 그가 보낸 마지막 무전은 유명하다. "밴쿠버! 밴쿠버! 그것이 왔다!"[5] 동료 화산학자 해리 글리켄은 인터뷰를 하기 위해서 존스턴과 그날 당직을 바꿨는데, 그의 죽음으로 내내 죄책감에 시달렸다. 글리켄은 1991년에 일본의 운젠 화산이 분화했을 당시 사망했다).

오늘날에는 캄피 플레그레이와 베수비오 화산과 이스키아 섬에 원격 감지 장치가 설치되어 있고, 이렇게 얻은 정보는 관측소에 있는 주감시실로 들어온다. 주감시실은 벽면 거의 전체가 컴퓨터 화면으로 덮여 있고, 방 한가운데에는 빨간색 전화기 한 대가 놓인 책상이 있다. 시민 보호를 담당하는 로마의 정부기관과 관측소를 직통으로 연결하는 비상 전화이다. 만약 분출이 예측되면 비앙코는 이 전화로 정부 당국에 연락을 취할 것이다.

비앙코는 30년 전에 대학생으로 이 관측소에 들어왔고, 내가 나폴리에서 만났던 다른 모든 과학자들과 마찬가지로 자신이 성장한 지역에 머물면서 연구를 하기로 선택했다. 비앙코는 이 관측소의 두 번째 여성 소장으로서, 현재 100여 명의 직원을 관리하고 있다. 그러나 다른 여성 직원들은 대부분 행정 업무를 담당하고 있고, 여성 선임 연구원은 2명뿐이다. "아직까지 과학계는 여러 가지 면에서 남성적인 환경이에요." 비앙코는 내게 이렇게 말했다. "하지만 변화는 일어나고 있어요. 이를테면 내가 이곳의 소장이 된 그 날에 INVG(이탈리아 국립 화산학 및 지구물리학 연구소, 이 관측소의 본부)에서도 처음으로 여성을 기관장으로 지명했어요."

비앙코와 그의 동료들이 캄피 플레그레이에서 들어오는 정보에서 무엇인가 우려할 만한 현상을 처음 감지한 것은 2005년의 일이었다. 칼데라 속에 있는 땅이 위로 움직이고 있었다. 이전에도 1950-1952년, 1969-1972년, 1982-1984년에 이런 일이 일어난 적이 있었다. 가장 최근에는 지면이 2미터까지 상승했고, 이에 수반된 지진 때문에 약 4만 명의 주민이 포추올리에서 대피해야 했다. 그리고 그들 중 일부는 다시 돌아오지 않았다. 땅이 움직이기 시작할 때마다 지진학자들은 긴장하며 기다렸다. 지진 활동과 땅의 변형(이 경우에는 융기)은 분출이 임박했음을 나타내는 두 가지 중요한 지표였다. 그러나 이때까지는 분출이 일어난 적이 없었다.

2012년 12월이 되자 모라와 화산위험위원회의 다른 위원들은 지진 활동의 증가를 포함한 다른 신호들 및 새로운 융기 주기에 대해, 캄피 플레그레이의 경보 수준이 녹색("보통")에서 황색("주의")으로 바뀌어야 한다고 확신했다. 관측소의 모든 감시 활동이 강화되었고 새로운 장비가 들어왔다. 화산의 위험을 알리는 정보 자료들이 지역 학교로 보내졌다. "우리가 아이들에게 정보를 주면, 아이들은 그 정보를 다시 부모와 조부모에게 전달하죠." 비앙코가 말했다.

2016년에 조반니 키오디니와 INVG의 다른 과학자들이 내놓은 보고서에 따르면, 이 지역의 마그마 활동 유형은 시에라 네그라와 라바울에서 칼데라 분출이 일어나기 전에 나타난 활동과 유사했다.[6] 그들은 "이 칼데라 근처에 50만 명이 넘는 인구가 산다는 사실은……[이런] 상호작용을 더 잘 이해하는 일이 시급하다는 사실을 강조한다"고 썼다. 그로부터 1년 후, 킬번이 발표한 모형은 이 사태에 새롭고 중요한 정보를 주었다.[7]

분출은 지구의 지각이 늘어나고 파열될 때에 일어난다. 마그마는 지표 쪽으로 이동하고, 마그마가 들어갈 공간이 생기려면 지각은 팽창해야 한다. 고무줄을 상상해보자. 고무줄은 어느 정도까지는 잡아당길 수 있지만, 어떤 한도를 넘으면 끊어진다. 지각에서도 비슷한 일이 일어난다. 지각이 끊어지면 분출이 발생할 것이다. 킬번은 땅의 움직임, 지진 활동의 정도, 지각이 파열될 확률 사이의 관계에 대한 완전한 모형을 처음으로 만들었다. 그는 이렇게 말했다. "[이 모형은] 모든 것을 정량화할 수 있는 하나의 체계가 되어줘요. 지금까지는 확실히 객관적인 방법이라기보다는 모든 것이 감에 가까웠어요."

지금까지는 1950년에서 1985년 사이의 불안정한 기간에 늘어났던 지각이 매번 원래와 비슷한 상태로 돌아갔다는 가정이 지배적이었지만, 캄피 플레그레이에 적용된 킬번의 모형은 기존의 가정에 이의를 제기했다. 별개의 사건처럼 보이는 각각의 시기가 사실은 모두 하나로 길게 이어지는 지진 활동의 일부라는 것이다. 킬번이 옳다면, 다음의 큰 융기는 그 직전에 융기가 시작된 위치 대신 마지막에 융기가 끝난 위치에서 시작될 것이다. 이는 화산의 지각이 임계점에 점점 더 가까워지고 있다는 뜻이다. "처음 융기가 일어났을 당시에는 사람들이 두려워했을지 모르지만, 두 번째부터는 조금 무덤덤해지고, 세 번째에는 더 무덤덤해지고……그런 점이 곤란해요. 사태는 그와 정반대로 더 심각해지고 있는데 말이에요! 사람들에게 불필요한 겁을 주고 싶지는 않지만, 그런 메시지는 전하고 싶어요." 그는 이렇게 말했다.

이탈리아 시민보호부에서는 캄피 플레그레이의 분출에 대해서 네 가지 시나리오를 구상하고 있다. 바로 소형, 중형, 대형, 초대형으로 분류될 수 있는 폭발성 분출, 여러 개의 화도에서 일어나는 동시다발적 분출, 수증기가 일으키는 수성 분출, 지속적으로 용암이 흐르는 분류성 분출이다. 그들은 분출이 중형 규모보다 크지 않을 확률을 95퍼센트로 예상하지만, 그렇더라도 이 칼레라 안에는 많은 사람들이 살고 있기 때문에 엄청나게 위험할 것이다. 공교롭게 그 시간에 그 장소에 있게 된다면 아주 작은 분출도 큰 분출만큼이나 치명적일 것이다.

그러나 더 큰 규모의 분출이 예전에도 일어난 적이 있고, 앞으로도 일어날 수 있다. 4,100년 전에 이 칼데라에서 일어난 아그나노 몬테-스피나 분출이 그런 예이다.[8] 일부 화산학자는 이 분출을 캄피 플레그레이의 "대형" 분출의 평가 기준으로 삼는다. 그 시나리오에서는 반복적인 지진이 땅을 뒤흔들고 거대한 회색 구름이 칼데라 위로 퍼져나가면서 어둠에 휩싸인다. 뜨거운 물과 독성 기체와 화산재와 부석으로 이루어진 이 구름은 거대한 기둥이 되어 25킬로미터 상공까지 상승한다. 화구 근처에 있는 사람들 위로는 하얗고 뜨거운 암석 파편과 바윗돌이 비처럼 쏟아지고, 뜨거운 화산재는 40킬로미터 떨어진 곳까지 건물이 파괴될 정도로 두껍게 쌓인다.

"화산재 낙하는 특히 끔찍해요." 케임브리지 대학교에서 지질 재해에 대한 강의를 하는 에이미 도노번 박사는 스카이프 통화에서 내게 이렇게 말했다. "나는 완전히 암흑으로 뒤덮여가던 화산에 있어본 적이 있는데, 트럭을 몰고 가려면 그 트럭 앞에서 걸어가면서 길이 어디에 있는지를 알려줄 사람이 있어야 해요. 화산재가 두껍게 쌓인 곳에서 운전을 하면 차도 엉망이 돼요. 화산재는 보기에는 밀가루 같지만 기본적으로 암석이기 때문에 잘 털어지지 않아요. 게다가 기계나 전기 장치 속으로도 들어가고요. 화산재가 많을 때에는 마스크를 쓰지 않으면 숨도 쉴 수 없어요."

더 끔찍한 일은 분출 기둥이 무너지면서 화산 쇄설류가 발생할 때 벌어진다. 이에 대한 시민보호부 웹사이트의 조언은 간단한데, 요점은 다음과 같다. **유일한 방어 수단은……이런 분출이 일어날 만한 지역에서 미리 대피하는 것이다.** 모라는 화산 쇄설류가 용암류보다 훨씬 위험하다고 설명한다. 용암은 일반적으로 느리게 움직인다(물론 예외는 있다). 따라서 우리는 뛰어서 도망갈 수 있고, 심지어 걸어서도 용암을 피할 수 있다. 아이슬란드에서는 지역 사회의 노력으로 용암류가 마을과 항구를 피해서 흐르도록 유도할 수 있었다. 반면 화산 쇄설류가 어느 방향으로 흐르도록 유도할 수 있는 사람은 없다. 화산 쇄설류는 섭씨 200-700도의 뜨거운 기체와 암석 입자(테프라tephra)가 시속 96킬로미터에 달하는 속도로 움직이는, 그야말로 매우 위험한 흐름이다. 이보다 암석이 조금 더 적고 기체가 조금 더 많으면 화쇄 난류pyroclastic surge라고 부른다. 유튜브에서 화산 쇄설류 영상을 켜면, 거대한 갈색 구름이 꾸역꾸역 피어오르면서 모든 것을 덮치는 모습을 볼 수 있다. 나무와 건물들은 모두 납작해진다. 잔해는 수백 미터 두께로 쌓인다. 그런 조건에서는 엄청난 열기가 살아 있는 모든 것을 순식간에 죽인다. 폼페이의 화산 쇄설류는 섭씨 300도가 넘었다. 유명한 석고 주형으로 남은 희생자들의 뒤틀린 자세는 바로 그런 이유로 생긴 것이다.

비앙코와 관측소 직원들에게 가장 큰 난제 중의 하나는 최종 적색 경보를 언제 울릴지를 결정하는 일이다. 현재는 따라야 할 기준이 정해져 있지 않다(킬번의 모형은 지각의 결함을 설명할 수는 있지만, 반드시 분출을 보장하지는 않는다). "여전히 전문가의 판단이 필요한 부분이 많아요. 전에는 무엇을 보았는지, 전에는 어떻게 했는지 같은 것을 생각해야 해요." 도노번은 이렇게 설명했다. 대규모 화산 분출은 비교적 드물기 때문에, 그런 전문적인 지식이 쌓이기까지는 평생이 걸릴 수도 있다. 미국 지질조사소의 경우 대규모 화산 분출을 여러 번 경험한 노련한 화산학자들이 현재 차례로 은퇴를 하고 있어서 그들의 전문성을 어떻게 보존해야 할지를 고심해야 한다.

위험도는 믿을 수 없을 정도로 높다. 2009년 이탈리아에서는 라퀼라 지진(위험도는 높고 확률은 낮은 사건으로, 화산 분출과 비슷하다)으로 300명이 넘는 사람들이 목숨을 잃었다. 2012년, 6명의 과학자와 1명의 정부 관계자가 과실치사로 유죄 판정을 받고 6년 형을 선고받았다. 그들은 모두 정부 위험평가위원회의 위원들이었는데, 검찰 측은 그들이 그 지진에 앞서서 일어난 더 작은 지진들로 인해서 대지진의 위험이 증가했다는 사실을 제대로 고지하지 않았다고 주장했다. 일부 유가족은 정부의 공식적인 발표가 안일했기 때문에 자신의 친척들이 지진의 위험이 닥쳤을 때에도 집에 남겠다는 치명적인 결정을 했다고 목소리를 높였다. 한편 비평가들은 지진을 예측할 수 있는 정확한 방법은 없으며, 이 재판으로 인해서 앞으로는 과학자들이 정부에 자문하기를 꺼릴 것이라고 반발했다. 과학자들에 대한 유죄 판결은 2014년에 열린 항소심에서 뒤집혔다.

이와 정반대되는 사례로는 지금까지도 화산학을 괴롭히는 1976년의 과들루프 화산 분출 위험 경고를 들 수 있다. 당시 7만2,000명의 사람이 3–9개월 동안 대피를 하면서 엄청난 경제적 비용과 개인적 비용이 들었다. 그러나 화산 분출은 일어나지 않았다.

"정부가 화산의 위험을 우선시하게 만들기는 무척 어려울지도 몰라요. 화산의 시간은 수백 년, 심지어 수만 년 동안 지속될 수 있지만, 이에 비하면 정부의 시간은 매우 짧기 때문이죠." 도노번이 말했다. 깊은 시간 동안 일어나는 사건을 계획하기란 심리적으로나 현실적으로나 어려운 일일 것이다. 우리가 지켜보는 비교적 짧은 시간 동안 그런 일이 일어나지 않기를 바라는 편이 더 쉽다(지구 전체로 볼 때 화산 분출로 인한 위험은 개발도상국이 가장 높고, 그런 국가의 정부에는 더 즉각적인 관심과 자원을 쏟아부어야 하는 문제들이 차고 넘친다. 이런 사실 때문에 이는 더 복잡해진다).

캄피 플레그레이에서 적색 경보가 발령되면 긴급 구호기관의 장들과 과학 및 기술 자문위원들은 로마에 있는 시민보호부 본부에 모일 것이다. 어느 날 아침, 나는 나폴리의 호텔을 나와서 북쪽으로 가는 기차를 탔다. 나폴리를 둘러싼 산비탈 여기저기에 산불이 나서 뜨겁고 뿌연 공기 중에 모닥불 냄새가 가득했다. 로마는 더 뜨거웠다. 에어컨이 가동 중인 시민보호부 사무실에 도착하자 안도감이 들었다. 안전에 만전을 기하려는 접근법이 관측되는 곳이었다. 눈부신 현대적 기계 장비도 많지만, 벽에는 십자가가, 운영위원회실 앞에 있는 작은 대기실에 놓인 의자 2개 뒤로는 화려한 금빛 성화가 걸려 있었다.

"우리는 대피를 완전히 끝내려면 최소 72시간이 필요하다고 계산하고 있습니다." 다비드 파비가 위기관리실에서 내게 말했다. 이 72시간은 준비에 12시간, 이동에 48시간, 안전 보장을 위한 여유 12시간으로 구분된다. 준비 단계에서는 할 일이 엄청나게 많다. 파란색 폴로셔츠를 입은 파비와 그의 동료들은 만반의 채비를 하고 있는 듯했고, 당장이라도 헬리콥터에 뛰어들 수 있을 것 같았다. 그들은 적색지대를 다시 12개의 소구역으로 나누어, 6개의 지방 자치 단체와 6개의 나폴리 지역으로 구분했다. 내가 방문했을 때 그들은 대피 계획을 갱신 중이었고, 거주민들에게 위급 상황이 닥쳤을 때 적색지대를 어떤 수단으로 벗어날지 묻는 설문지를 보내고 있었다. 많은 사람들이 자신의 차로 대피할 것으로 예상되지만, 지방도로와 시골길의 상태가 괜찮을지, 그렇게 많은 교통량을 감당할 수 있을지는 우려스럽다. 대피 기간 동안 라디오와 인터넷과 텔레비전은 주민들과의 소통 수단으로 이용될 것이고, 하루 500대의 버스와 220편의 기차, 여러 척의 선박이 추가적인 이동 수단으로 제공될 것이다. 12개의 소구역은 저마다 이탈리아의 다른 지역과 "자매 결연"을 맺고 있어서, 주민들은 그곳에 머물며 대피를 하게 된다. 이를테면 포추올리 지방의 주민은 롬바르디아로 갈 것이고, 나폴리 키아야의 주민은 시칠리아로 향할 것이다.

정확히 어디에서 분출이 일어날지, 칼데라의 도로 중 어떤 길이 끊길지는 아무도 모른다. 이런 사실 때문에 문제가 더욱 복잡해진다. 게다가 이 대피 계획은 72시간의 결정적인 유예가 있을 것이라고 가정한다. 파푸아뉴기니 대학교의 지질학 교수인 휴 데이비스가 1994년 라바울 분출에 대해 쓴 보고서에 따르면, 현재는 "칼데라 붕괴 화산이 전조 활동을 보인 지 불과 27시간 만에도 분출될 수 있다는 명백한 증거가 있으며, [……이것은] 인구 밀집 지역 근처에 있는 다른 칼데라 화산, 특히 캘리포니아의 롱밸리 칼데라와 나폴리 인근의 캄피 플레그레이의 추적관찰 담당자들에게 중요한 의미를 지닌다."[9] 실제로, 라바울은 분화 속도가 매우 빨라서 당국이 효과적인 경고를 할 수 있는 시간이 12시간에 불과했다. 따라서 돌봄시설들에 대한 식료품 배급, 종합병원의 체계적인 대피, 재난 본부와 라디오 방송국 이전과 같은 분출 전 안전 조치를 대부분 제대로 이행할 수 없었다.

과학자들과 당국과 주민들 사이의 의사소통은 캄피 플레그레이 대피 성공의 관건이 될 것이다. 라바울에서는 4만5,000명을 대피시키기 위한 시간이 12시간밖에 없었음에도 사망자는 5명뿐이었다(4명은 화산의 직접적인 영향으로, 1명은 번개 때문에 사망했다). 데이비스의 보고서에서는 지역 사회의 위험 인식 수준을 대피 성공의 중요한 요인으로 추정했다. 그러나 캄피 플레그레이에서 1970년대와 1980년대에 포추올리의 화산 분출을 목격한 주민들과 인터뷰를 진행 중인 킬번은 내게 보낸 이메일에서 그 결과가 우려스럽다고 설명했다. 그에 따르면 주민들 사이에는 "대피가 온전히 과학적 관심 때문일 것이라는 냉소주의"가 깔려 있었다.

주민 대피는 포추올리의 집값 하락으로 이득을 보는 부동산 투기꾼들에게만 좋은 일이라는 이야기도 단골 주제이다. "그런 의혹들에 충분한 근거가 있는지는 확실하지 않아요. 다만 그런 의혹의 사실 여부를 떠나서, 사람들이 그것을 사실이라고 **믿는다면** 화산 활동이 일어날 수 있다는 경고를 잘 받아들이려고 하지 않을 거예요."

도노번도 같은 의견이었다. "신뢰는 얻기는 힘들지만 잃기는 쉬워요. 그중 일부는 의사소통과 관련이 있어요. 예측이 얼마나 불확실한 것인지, 과학자들이 의도적으로 정보를 공개하지 않거나 나쁜 정보만 주는 것이 아니라는 점을 사람들에게 이해시켜야 해요. 무슨 일이 언제 일어날지를 과학자들도 정확히 모르니까요."

과학자들과 정부 당국에 대한 이런 불신과 다른 여러 요인들 때문에 사람들은 분출이 몇 시간 앞으로 다가와도 집을 떠나기를 주저한다. 다른 우려로는 약탈에 대한 두려움과 반려동물에 대한 걱정이 있다. "고양이를 데려갈 수 있을까요? 아니면 화산의 자비에 맡겨야 할까요? 이는 많은 사람들에게, 특히 선진국에서 큰 문제가 될 수 있어요." 도노번이 말했다. 어떤 사람들에게는 임시 대피소에서의 생활이 큰 걸림돌이 된다. 1995년에 몬세라트에서 대피가 진행되었을 때 몇몇 노인은 집에 남기를 선택했고, 결국 목숨을 잃었다. 초만원의 임시 대피소에서 비위생적이고 품위 없는 상황에 직면하기보다는 집에 남아서 죽는 쪽을 택한 것이다. 이 모든 것에 더해서, 언제쯤 집에 돌아갈 수 있을지도 불확실하다. 화산 분출의 지속 기간은 몇 달이 될 수도 있고, 몇 년이 될 수도 있다.

"우리는 사람들이 무엇을 모르는지, 무엇을 알고 싶어하는지, 정보에 어떻게 접근할 수 있는지에 대해 더 열심히 귀를 기울이려고 노력해야 해요." 킬번은 이렇게 썼다. "요지는 예보를 효과적으로 전달하는 일이 예보를 잘하는 일만큼이나 중요하다는 거예요."

나폴리 서쪽에 있는 바위투성이 계곡에서, 나는 화도에서 눈을 돌려 갈색으로 변해가는 산비탈을 내려다보았다. 적색지대 안에 있는 집들과 상점들, 아파트 건물들이 열기 속에 아른거렸다. 그리고 비옥한 화산 토양에는 분홍색, 흰색, 보라색의 부겐빌레아bougainvillea가 도로를 따라서 놀라울 정도로 화사하게 자라고 있었다. 더 멀리에는 기다란 포도밭들이 보였고, 노란색과 황토색 건물들이 해안선을 따라 옹기종기 모여 있었다.

깊은 시간의 관점에서 생각하면, 내가 볼 수 있는 이 모든 것들은 화산 때문에 존재했다. 그 화산은 3만5,000년 전에 저절로 붕괴되어 우묵한 칼데라를 형성했다. 떨어진 화산재는 단단히 다져져서 바위가 되었고, 용암류는 굳어서 노두가 되었으며, 오래된 화산은 나무로 뒤덮인 언덕이 되었다. 그후에 사람들이 기름진 화산 토양에 이끌려 이 칼데라에 정착했고, 그 후손들은 화산재로 만들어진 암석을 가져다가 화산 언덕 비탈에 집을 짓고 아파트를 건설했다.

훗날 이 풍경이 어떻게 보일지는 화산이 앞으로 무엇을 할지에 달려 있다. 캄피 플레그레이의 언덕과 거리와 들판에서 땅속으로 3킬로미터 아래에는 마그마가 꿈틀거리고 있다. 그 위의 지상에서는 과학자들이 그들의 장비와 컴퓨터 앞에 몸을 웅크리고 앉아서 화면을 왼쪽에서 오른쪽으로 가로질러 지나가는 구불구불한 선들을 걱정스럽게 지켜보고 있다. 정부 관계자들은 결코 실행되지 않기를 바라며 복잡한 계획을 세운다. 적색지대의 주민들은 인간의 시간 속에서 일상을 살아간다. 태어나고, 죽고, 취업 면접을 보고, 휴가를 보내고, 어떤 길을 갈지 선택한다. 때때로 기자가 찾아오는데, 종종 외국인인 그 기자는 질문을 던진다. **어때요? 무섭나요? 걱정되나요?** 적색지대의 주민들은 어깨를 으쓱한다. 그들은 항상 이곳에서 살아왔다. 그들의 부모와 조부모와 증조부모는 온천과 유황 분출구가 있는 이곳에서 계속 삶을 이어왔다.

나는 틈새에서 새어 나오는 수증기와 연기를 보려고 몸을 돌렸고, 시커멓게 탄 식물 토막을 신발 끝으로 쿡쿡 찔러보았다. 모라는 화도 쪽으로 더 가까이 걸어갔다. "내게는 아주 아름다워 보여요." 그는 웃으며 말했다. "화산의 숨결이죠."

식물과 동물들

09

암모나이트

남자는 벨 클리프에서 화석 상점을 운영하고 있는데, 영화 촬영 때문에 한 달 정도 나와서 살고 있다고 했다. 지금 그는 자신의 아들이 운영하고 있는 브리지 스트리트의 화석 상점에서 휴가를 떠난 아들을 대신해서 가게를 보고 있었다. 브리지 스트리트에 있는 이 화석 상점의 맞은편에는 라임 레지스 박물관이 있다. 이 박물관은 1800년대 초반에 라임 레지스 최초의 화석 상점, 즉 "호기심Curie" 상점들 가운데 하나가 있던 자리에 지어졌다. 이 상점가의 형성을 주도한 메리 애닝은 정규 교육을 받지 못한 노동자 계급의 여성이었고, "화석 발견에서 찬양받지 못한 영웅",[1] "세상에서 가장 위대한 화석 연구가"[2]라고 불린다. 내가 도착했을 때, 마을에서는 그녀의 인생을 토대로 한 영화 「암모나이트Ammonite」가 제작 중이었다.

라임 레지스는 도싯의 쥐라기 해안에 있는 작은 마을이다. 그 주 내내 마을에는 이 영화에 출연하는 케이트 윈즐릿, 시어셔 로넌, 피오나 쇼 같은 배우들을 잠깐이라도 보려는 사람들이 몰려들었다. 윈즐릿은 동네 상점에서 코트를 사고 마을 술집에서 맥주를 마시는 모습이 목격되었다. 내가 머물고 있던 쿰 스트리트에서는 교통이 통제되었고, 마차 장면을 연출하기 위해서 19세기처럼 진흙이 뿌려졌다. 벨 클리프 주변 산책로의 오래된 담장은 확실히 더 오래된 것처럼 보이는 폴리스티렌 벽으로 덮였다. 눈에 잘 띄는 겉옷을 입은 한 남자가 나무 상자와 나무 술통, 밧줄 타래 같은 소품을 지키며 서 있었다. 벨 클리프 화석 상점에는 "애닝 화석"이라고 쓰인 새 간판이 걸렸다. 전기 장치를 포함해서 모든 것이 철거되었다. 건축업을 그만두고 화석 판매상으로 전업한 상점 주인은 애닝이라는 간판을 문 위에 계속 걸어둘까 고민했다. 장사에 도움이 될 것 같았다.

"하지만 이해가 안 돼요." 그가 갑자기 불편한 표정을 지으며 말했다. "왜 그런 다른 것들이 들어가야 하는지 모르겠어요."

「암모나이트」의 제작을 처음으로 발표한 기사를 읽으면, 이곳의 블루리아스 층Blue Lias 암석이 7밀리미터쯤 쌓이는 데 걸리는 시간인 약 2세기 전에 죽은 메리 애닝에 대해 오늘날 가장 흥미롭게 여겨지는 점은 그녀의 전기 영화에 케이트 윈즐릿과 시어셔 로넌이 동성애자로 출연한다는 사실인 것 같다.

이런 상황에 대해서 라임 레지스에서는 의견이 분분하다. 어떤 주민은 불만을 드러냈다. "메리 애닝이 레즈비언이었다는 증거는 어디에도 없어요." 몇몇 사람이 내게 이렇게 말했다. 「텔레그래프*Telegraph*」는 애닝의 후손인 바버라의 말을 인용했다. "만약 메리 애닝이 동성애자였다면 나는 그녀가 동성애자로 그려져야 한다고 믿어요……. 하지만 그녀를 동성애자로 그릴 만한 증거가 있다고는 생각하지 않아요."[3]

어떤 사람들은 열광했다. "이 여성은 너무 오랫동안 알려지지 않았고,

많은 이들에게 잊힌 사람이었다. 우리는 이 영화에서 좋은 것만 본다." 메리 애닝 락스Mary Anning Rocks라는 단체의 트위터에는 이런 글이 올라왔다. 이 단체는 라임 레지스에 사는 에비라는 열한 살 소녀가 메리 애닝 동상 세우기 운동을 벌이면서 조직되었다. "언론에서는 이런저런 이야기가 나오고 있지만, 나는 뭐가 문제인지 모르겠어요." 브로드 가의 어느 카페에 있던 한 여성은 이렇게 말했다. "영화 내내 화석만 찾아다니다가 끝날 수는 없잖아요. 그러면 꽤 지루한 영화가 될 거예요." 그녀의 친구도 맞장구를 쳤다. "누구도 그렇게는 못 살아요. 영화에는 꼭 어떤 애정관계가 등장하잖아요."

마침내 이 영화의 감독인 프랜시스 리가 짜증이 난 듯한 글을 트위터에 올렸다. (1) 영화가 아직 만들어지지 않아서 기자나 라임 레지스 주민 중 이 영화를 본 사람은 아무도 없으니, 비판은 영화를 본 후에 하시는 게 좋겠어요. (2) 이성애를 했다는 증거도 없는데, 애닝이 이성애자였다고 추측하는 이유는 무엇인가요?

2019년 라임 레지스의 방문객들은 메리 애닝 관광(8파운드), 제인 오스틴 관광(10파운드), 존 파울즈의 『프랑스 중위의 여자*French Lieutenant's Woman*』 관광(3인 1조로 75파운드) 중에서 선택을 할 수 있었다.

존 파울즈는 라임 레지스 박물관에서 10년 동안 학예사로 일하면서 메리 애닝의 연구를 알리기 위해 많은 노력을 기울였다. 1981년에 그의 소설이 메릴 스트리프 주연의 영화로 제작되었을 때 라임 레지스에서 촬영이 이루어졌고, 마을에는 관광객이 밀려들었다. 라임 레지스에서는 「암모나이트』로 같은 일이 재현되기를 바라고 있다. 제인 오스틴은 1803년과 1804년에 라임 레지스를 방문했고, 이곳을 내가 오스틴의 최고의 소설이라고 생각하는 『설득*Persuasion*』의 배경 중 일부로 삼았다(오늘날에는 "해안에서 영감을 받은 선물과 옷"을 파는 "설득"이라는 선물 가게가 돌로 만든 옛 방파제 근처에 있다). 1804년, 오스틴은 한 목수에게 가구를 고쳐달라고 부탁했는데, 그 목수는 바로 메리의 아버지인 리처드 애닝이었다.[4] 오스틴이 애닝의 딸과 마주쳤는지는 기록되어 있지 않다. 그러나 만약 마주쳤더라도, 이 스물아홉 살의 여성과 다섯 살 소녀가 훗날 이 마을의 중요한 일부가 되리라고는 누구도 상상하기 어려웠을 것이다. 오스틴은 결국 아버지 애닝에게 수리를 받지 않기로 했다. 오스틴이 한 친구에게 쓴 편지에 따르면, 너무 비쌌기 때문이다.

여행 가이드인 내털리 매니폴드는 화석 사냥과 『프랑스 중위의 여자』를 좋아했던 어머니 때문에 어린 시절에 라임 레지스에 자주 방문했다. 매니폴드는 대학을 졸업한 뒤 이 마을로 이사를 왔다. "내가 이 일을 처음 시작했을 때, 그러니까 10년 전쯤에는 제인 오스틴 관광이 가장 인기가 많았어요." 매니폴드가 말했다. "지금은 메리 애닝이죠." 라임 레지스 화석 축제가 열리거나 하면, 매니폴드는 애닝처럼 차려입는다. 애닝이 살아 있을 때에 그려진 유일한 초상화의 모습처럼 맞춤 제작한 이끼색 외투를 입고 빨간 리본이 달린 밀짚 보닛을 쓰는 것이다. 하지만 매니폴드는 "애닝은 그렇게 입고 화석 사냥을 가지는 않았을 것"이라고 말하면서, 내게 펜과 잉크로 그린 스케치 하나를 보여주었다. 낙석으로부터 몸을 보호하기 위해 풍성한 체크무늬 치마와 실크해트를 쓴 채 해변에 있는 애닝의 그림이었다.

그림 9.1 매리 애닝

21세기의 시점에서 볼 때 19세기에 살았던 애닝의 삶은 대부분 종적을 찾기 어려울 정도로 사라졌지만, 언뜻언뜻 나타나기도 한다. 마치 절벽에 튀어나와 있는 화석처럼 그녀의 몇몇 순간들이 당시의 기록 속에 보존되어 있는 것이다.

"라임 레지스에서 말 품종 전시회를 하는 동안 폭풍이 불어닥치면서 엄청난 번개가 내리쳤어요. 그후 세 여자랑 한 아기가 느릅나무 아래에 쓰러져 있는 것이 목격되었어요." 매니폴드가 내게 말했다. 여자들은 죽었지만, 아기는 따뜻한 물이 담긴 욕조에 넣자 다시 살아났다. 그 아기가 바로 애닝이었다. "예전에는 좀 둔한 아이였지만 이 사고 이후 활기 있고 똑똑해졌고, 그렇게 자랐다"라는 당시 기록도 있다. 훗날, 애닝의 아버지는 메리와 메리의 오빠인 조지프에게 화석을 찾는 방법을 가르쳤다. 그들은 관광객과 지역 수집가들에게 판매할 암모나이트, 벨렘나이트, 악마의 발톱이라고 알려진 그리파이아*Gryphaea*, 화석 물고기를 채집했다. 오늘날 우리가 메리의 족적을 찾기 위해서 역사의 구석구석을 샅샅이 뒤지는 동안, 그 속의 애닝은 더 크고 더 낯선 깊은 시간이라는 책에 기록된 것을 읽는 법을 배우고 있었다.

아버지인 리처드 애닝이 폐결핵으로 사망하자, 남매는 가족의 생계에 보탬이 되기 위해서 화석을 찾는 일을 계속했다. 그러다가 메리가 열두 살이 되었을 무렵 그녀의 오빠가 절벽에 박힌 매우 특이한 무엇인가를 발견했다.[5]

그 화석 두개골은 악어의 것과 조금 비슷해 보였다. 그렇지만 언제 악어가 그렇게 새부리처럼 뾰족한 주둥이와 접시처럼 둥근 눈을 가진 적이 있었을까? 메리가 그 몸통을 찾아내어 길이 5.2미터에 이르는 뼈대의 윤곽을 힘겹게 파내기까지는 꼬박 1년이 걸렸다.

라임 레지스 사람들은 여전히 그것을 악어라고 불렀다. 과학계는 마침내 그것에 이크티오사우루스*Ichthyosaurus*, 즉 "물고기 도마뱀"이라는 이름을 붙였다. 이제 우리는 그것이 물고기도 도마뱀도 아니며, 2억100만–1억9,400만 년 전에 살았던 해양 파충류임을 안다. 당시 라임 레지스는 쥐라기 바다의 밑바닥이었을 것이다. 이 "악어"는 결국 지역의 열정적인 화석 수집가에게 23파운드에 팔렸고, 훗날 영국 박물관에 47파운드 5실링에 팔렸다.[6] 현재 이 화석은 런던의 영국 자연사 박물관에 있다. 최초의 중요한 발견을 했을 당시 메리는 여전히 10대였다.

❖ ❖ ❖

돌로 만들어진 방파제가 기다란 회색 팔처럼 항구를 감싸고 있다. 코브라고 불리는 이 방파제 위에서, 제인 오스틴의 루이자 머스그로브는 뛰어내려서 다쳤고, 존 파울즈의 세라 우드러프는 수수께끼 같은 눈빛으로 바다를 응시하며 서 있었다. 해안에서 멀찍이 떨어진 언덕에는 흰색과 분홍색 건물들이 있다. 좁은 골목길들이 복잡하게 얽혀 있는 이 옛 시가지의 건물들은 마치 바닷물을 피하기 위해서 서로 밀치며 언덕 위로 달아나는 듯했다.

바다 때문에, 그리고 부드럽고 미끄러운 진흙이 두꺼운 석회암 사이에 샌드위치처럼 끼어 있는 암석층 때문에, 라임 레지스를 둘러싼 절벽은 항상 움직이고 변화한다. 시내 동쪽으로는 유럽 최대의 진흙사태가 일어나는 블랙 벤이라는 곳이 있다. 몇 년 전, 영국 환경식품농촌부와 지방 의회는 새로운 방파제와 다른 방어책을 위해서 1,950만 파운드를 지출했다.[7] 그러나 만조로 좁아진 해변에 서서 이 무른 청회색 절벽을 올려다보고 있으면, 여기에 인간이 무슨 일을 하든 그 효과가 매우 일시적일 듯한 느낌이 든다. 땅이 움직이기를 원한다면, 결국 그렇게 될 것이다. 절벽은 계단처럼 단차를 만들며 아래로 내려온다. 그 모습은 마치 오락기의 아케이드 게임 속 해안가 절벽과 비슷하다. 게임 속 절벽에서 가끔씩 동전이 쏟아지듯, 무엇인가가 쏟아지는 것도 비슷하다. 그런 일이 일어나면 절벽 아래의 해안으로 수 톤의 암석과 진흙이 쏟아져 내려오고, 절벽 면에는 기름 묻은 손을 닦은 것 같은 검은 자국이 두껍게 남는다.

그러나 이런 끊임없는 교란 덕분에 화석이 표면으로 올라온다. 매번

그림 9.2 블랙 벤 (©Val Vannet)

폭풍이 불어닥치거나 사태가 일어난 후에는 화석 사냥꾼, 즉 화석 채집가들이 새롭게 부서진 땅을 헤집고 다닌다. 내가 해변으로 내려갔을 때에는 폭풍이 불지는 않았지만, 시간이 너무 일러서 태양과 바다와 하늘의 색이 아직 모두 흐릿했다. 수평선은 희었고, 해변으로 내려가는 계단은 아직 물속에 잠겨 있었다. 그래서 나는 한동안 젖은 바위와 조약돌이 깔린 좁은 길을 따라 걸으면서 진흙 절벽과 비탈에 파도가 부딪치며 부서지는 소리, 바닷물이 조약돌 위를 지나서 다시 바다로 빨려드는 소리를 들었다.

"우리는 18세기 지질학자들이 했던 일을 하고 있는 거예요." 레스터에 있는 선로 절단면에서 암모나이트를 찾고 있을 때, 고생물학자인 얀 잘라시에비치가 말했다. 화석을 채집하는 방법은 지난 200년 동안 거의 변하지 않았다. 지금은 큰 암석을 쪼개는 전동 공구가 있지만, 화석 채집가들은 여전히 망치와 끌을 가지고 다닌다. 그리고 찾아낸 뼈를 옮기기 전에는 여전히 소석고로 감싼다. 해변을 걷는 동안 나는 실크해트를 쓰고 체크무늬 치마를 입은 채 갯벌을 가로지르는 애닝을 생각했다.

무르고 짙은 색을 띠는 라임 레지스의 절벽은 쥐라기에 형성된 블루리아스라는 지층의 일부이다. 연한 회색의 갈비뼈 같은 석회암층과 두툼한 청회색 셰일 덩어리가 번갈아가며 쌓여 있는 절벽은 조악한 화질의 초음파 영상처럼 보였다. 서로 다른 두 층이 쌓였다는 것은 이 쥐라기의 바다가 탁한 진흙탕(셰일층)에서 맑고 따뜻한 얕은 바다(석회암층)로 바뀌었음을 보여준다. 이 맑고 따뜻한 바다에는 산호와 바다나리와 옆걸음을 치는 최초의 게가 가득했을 것이다. 최근의 진흙사태는 한때 절벽 꼭대기에 있었던 빅토리아 시대의 쓰레기 더미를 절벽 중간과 해변으로 내려 보냈다. 가끔 바위 사이에서는 오래된 포크나 계단 난간 같은 녹슨 물건이 발견되기도 한다. 이런 인공물들도 화석처럼 암석이 풍화되면서 드러난다. 과거의 단편들은 현재가 된다.

잠시 후 나처럼 혼자서 산책하는 사람들이 차머스 방향에서 나타나기 시작했다. 그들은 화석 사냥꾼처럼 천천히 구부정하게 걸었다. 해변을 옆으로 오락가락하고 같은 자리를 빙글빙글 돌기도 하면서 천천히 앞으로 나아가는 그들의 모습은 멀리서 보면 술에 취했거나 아픈 사람이라고 생각되기 십상이었다.

"뭐 좀 찾으셨어요?" 우리는 서로 알은체를 했다. 검은색 크록스를 신고 낡은 검은색 모자를 쓴 남자는 손을 펴서 길쭉한 벨렘나이트 한 움큼을 보여주었다. 총알처럼 생긴 벨렘나이트는 지금은 멸종한 두족류의 화석이다. 다른 남자는 분석糞石, 즉 화석화된 대변을 찾고 있었다. 하지만 그는 요즘 라임 레지스에서 화석이 과도하게 채집되고 있다고 말했다. 무엇인가 괜찮은 것을 찾기가 점점 더 어려워지고 있었다. 그는 관광청과 소셜 미디어를 탓했다.

1800년대 초반에 여자가 화석 채집가가 되는 것은 아주 괴상하고 특이하며 여자답지 못한 일이었다. 당시의 어떤 글은 애닝에 대해 "표정이 남자같다"고 묘사했다.[8] 또다른 글에서는 그녀를 "수백 개의 표본이 굉장히 무질서하게 쌓여 있는 작고 더러운 가게에 있는……고지식하고 학자연하며 찡그린 표정의 마른 여자, 이야기를 나눠보면 꽤 약삭빠르고 빈정대기를 잘하는 여자"라고 폄하했다.[9] 라임 레지스에서는 높고 불안정한 절벽과 조수도 위험 요소였다. 1833년에는 애닝을 불과 몇 센티미터 차이로 비켜서 떨어진 커다란 바위에 그의 개 트레이가 맞고 숨지는 일이 있었다. 그래도 애닝은 꿋꿋하게 그 일을 계속했다. 그런 태도의 중심에는 금전적 필요성과 과학적 호기심이 섞여 있었으리라고 상상할 수 있다. 그는 파충류의 뼈를 바위에서 끄집어내기 위해서, 한때는 가혹할 정도로 무거웠고 이제는 끔찍할 정도로 잘 부서지는 그 위험한 바위를 올라갔다.

이크티오사우루스 외에 애닝의 다른 중요한 발견으로는 최초의 완전한 플레시오사우루스*Plesiosaurus*, 표본 상어와 다른 어류 사이의 빠진 연결고리로 증명된 스콸로라야*Squaloraja*라는 어류 골격, 영국에서 발견된 최초의 익룡 표본이 포함된다. 그녀는 고생물학자들에게 새롭고 귀중

한 정보의 원천인 분석에 대한 연구도 개척했다. 지질학회 회원들과 다른 화석 애호가들은 라임 레지스에서 화석을 채집하거나 구입하기 위해서 애닝을 찾아왔고, 그녀의 명성은 높아져갔다. 찰스 디킨스는 애닝이 당대의 박식한 남성들로부터 찬탄을 받게 되었다는 점에 주목했다. 그런 남성들로는 리처드 오언(공룡*Dinosauria*이라는 명칭을 만들었다), 윌리엄 버클랜드(화석 공룡을 최초로 완전하게 설명한 글을 남겼다), 헨리 드 라 베크(영국 지질조사소의 초대 소장이며, 계급적인 차이가 있음에도 어린 시절 애닝의 친구였다), 프랑스의 고생물학자인 조르주 퀴비에가 있다.[10]

비슷한 시기에 라임 레지스를 찾아온 다른 방문객도 있었다. 실베스터 부인은 일기에 다음과 같이 썼다. "이런 가난하고 배우지 못한 소녀가 그렇게 축복을 받을 수 있다는 것은 확실히 신의 은총을 보여주는 경이로운 사례이다. 그 소녀는 책을 읽고 응용을 함으로써 교수들이나 다른 똑똑한 남자들과 그 주제에 대해 이야기하고 글을 쓸 수 있는 수준에 도달했고, 그와 이야기를 나눈 남자들 모두 그 소녀가 영국의 그 누구보다도 이 과학을 잘 이해하고 있다고 인정한다."[11] 잘리시에비치는 애닝이 단순한 화석 사냥꾼이 아니라 "생물체 자체에 예리한 과학적 호기심을 가진, 실용적인 화석 해부학에서는 누구나 인정하는 매우 뛰어난 실력자였다"라고 썼다.[12]

그럼에도 이 새로운 과학에 대한 애닝의 기여는 그녀에게 배우러 온 남자들의 과학 논문에는 기록되지 않았다. 그리고 애닝이 직접 발표한 글은 한 상어 화석의 속genus에 대해 이의를 제기하기 위해서 어느 학술지에 보낸 편지 한 통이 전부이다. 당시의 전통이 그렇듯이, 화석을 찾고 수집한 그녀의 작업은 그녀가 찾아낸 화석이 전시된 박물관 카탈로그에는 기록되지 않았다.

"미스 애닝의 일은 당연히 어느 쪽 편을 드는 것이 아니라 전투원들에게 군수품을 공급하는 것이다. 그 군수품은 오늘은 물갈퀴, 그다음에는 턱, 그다음에는 반쯤 소화된 물고기가 가득 찬 위가 될 것이다." 디킨스는 이렇게 썼지만, 애닝이 이런 위치를 억울해했다는 데에는 증거가 있다.[13] 가끔씩 애닝과 함께 화석을 발굴한 애나 파이니라는 이름의 젊은 여성도 친구의 낙담에 대해 썼다. "메리는 세상이 자신의 불운을 이용한다고 말한다.……그 배운 남자들이 메리의 머릿속에 든 것을 쏙 빼먹고, 그녀가 제공한 내용으로 엄청나게 많은 연구를 발표하는 동안, 메리에게는 어떤 이득도 주어지지 않았다."[14] 오늘날에는 당대의 그 숱한 남자들보다 메리 애닝이라는 이름이 더 유명하다는 사실을 알면 아마 그녀도 기뻐하지 않을까?

오늘날 과학계에서 여성이 점하는 위치를 그녀가 어떻게 생각할지도 궁금하다. 영국과 미국에서 지구과학 학부에 들어오는 여학생의 비율은 전체의 약 40퍼센트이지만,[15] 이 수치는 학문의 단계가 높아지면서 줄어든다. 종종 이용되는 비유를 들자면, 교수직으로 가는 파이프라인에서는 여성이 지나치게 많이 "새어 나간다." 영국에서 지구과학, 해양과학, 환경과학 교수 중 여성이 차지하는 비율은 17퍼센트에 불과하고,[16] 미국에서는 15퍼센트이다.[17] 학계 외에 영국의 핵심-STEM(과학Science, 기술Technology, 공학Engineering, 수학Mathematics) 인력 중 여성이 차지하는 비율은 약 24퍼센트이고,[18] 미국에서는 과학과 공학 인력 중 여성은 28퍼센트에 불과하다.[19]

"나는 이 분야에 잠재되어 있는 무의식적인 편견이 오늘날 여성들에게

벽이 된다고 생각해요." 캘리포니아 대학교 로스앤젤레스 캠퍼스의 지구역학자인 캐롤라이나 리스고-베르텔로니는 내게 이렇게 말했다. "편견을 가진 사람들은 당신에게 일을 주지도, 당신을 염두에 두지도 않아요. 남성 동료와 같은 수준의 성과를 올려도 여성에게는 동등한 기회가 주어지지 않죠. 그 점에는 의심의 여지가 없어요. 처음에 당신이 이야기를 할 때에는 제대로 듣지 않다가 같은 이야기를 남자가 하면 귀를 기울일 거예요."

현재 유니버시티 칼리지 코크의 고생물학자인 마리아 맥너마라는 임신을 했을 때 한 (여성) 동료로부터 출산 휴가를 가지 말라는 경고를 받았다. 경력을 망치게 될 것이라는 이야기였다. 맥너마라는 어쨌든 출산 휴가를 냈고, 복직을 했을 때에도 여전히 하루에 두 번씩 유축을 하면서 모유 수유를 했다. "앞에서는 당신이 아기를 위해 최선을 다한다고 칭찬하지만, 뒤에서는 흘끔흘끔 쳐다볼 거예요." 그녀가 말했다. "당신이 회의에 빠져야 한다고 하면 사람들은 메모를 해둘 거예요." 지난해 맥너마라는 모유 수유 여성이 장거리 여행을 할 수 있도록 지원하는 고생물학회의 국제회의 동행자 보조금 제공 계획에 앞장섰다.

"과학계에서 성공한 여성을 부정적으로 묘사하는 경우가 너무 많아요." 맥너마라가 말했다. "오, 그녀는 너무 일밖에 몰라요. 그녀는 정말 단호해요. 남자라면 절대 그렇게 말하지 않을 거예요."

"그런 것들을 알게 되면 엄청 화가 나겠지만, 휘둘리면 안 돼요." 리스고-베르텔로니가 말했다. "그러면 다른 생각은 할 수 없게 되어서 과학 연구에 방해가 돼요. 방정식을 만들거나 코딩을 할 때 당신이 여자인지 남자인지는 상관이 없어요. 논문을 쓸 때도 마찬가지고요."

❖ ❖ ❖

생물체가 죽으면 그 몸은 해체되고, 다른 생명체나 부패 과정에 의해 분해된다. 그러나 아주 드물게는 화석화가 일어나고, 몸의 일부분, 주로 껍데기나 뼈 같은 단단한 부위가 광물로 치환된다. 유기물은 무기물로 바뀌고, 뼈는 암석이 된다.

극히 일부의 생명체만이 화석이 된다. 그 확률은 엄청나게 희박하다. "한 종이 대략 200만-500만 년 동안 지속된다고 가정하면, 현생누대 5억 년간 나타났다가 사라진 후생동물metazoa은 약 10억 종에 달한다. 그 중에서 기재되고 명명된 것은 30만 종에 불과하다. 1,000분의 1도 안 되는 것이다." 잘라시에비치는 이렇게 썼다. "왜 그럴까? 대부분의 동물은 몸이 연해서 화석화될 가능성이 낮았고, 어떤 동물은 단순히 수 자체가 적었다. 육상의 고지대에서는 침식이 잘 일어나기 때문에 한때 그곳에 살았던 동식물의 흔적이 잘 남지 않는다. 반면 심해저에 기록된 것은 섭입subduction(지각판이 다른 지각판 밑으로 내려가는 현상/옮긴이)에 의해서 지워진다."[20]

하나의 생물이 화석이 되고 그 화석이 인간의 눈에 띄기 위해서는 통계적으로 있음직하지 않은 사건들이 연달아 일어나야 한다. 우선 몸이 온전한 상태로 죽어야 한다. 유난히 강한 폭풍처럼 특별한 사건이 일어나서 충분히 두꺼운 퇴적층에 그 온전한 몸이 빨리 덮여야 하고, 그 퇴적층이 암석이 되어야 한다. 그렇게 만들어진 퇴적암에 지하 깊은 곳의 열과 압력이 가해져서 심한 변형이 일어나서도 안 된다. 그런 다음 지표로 올라와서 그 생물이 죽고 수백만 년쯤 흐른 뒤에 다시 빛을 보아야 한다. 이 마지막 단계는 화석 채집가들이 자주 출몰할 가능성이 있는 곳에서 일어나야 하고, 깊은 시간에서 인간이 차지하는 좁디좁은 구간 동안에 벌어져야 한다.

토머스 하디의 소설 『푸른 눈동자*A Pair of Blue Eyes*』(1873)에서, 암벽에 갇힌 헨리 나이트는 화석과 마주한다. "죽어서 돌로 변한 그 눈은 지금도 그를 빤히 쳐다보고 있었다.……그의 시야가 닿는 곳에서, 그처럼 한때 살아 있었고 보전해야 할 몸을 가졌던 것은 그 화석이 유일했다."[21] 깊은 시간을 생각한다는 것은 충격적인 그 시간의 범위, 비인간적인 광대함과 씨름하는 일을 의미할 수 있다. 화석이 주는 충격은 그것과는 다르다. 그 충격은 작고 개인적이다. 어떤 의미에서는 우리처럼 "보전해야 할 몸을 가진" 한 생명체의 이야기이기도 하다. 화석은 깊은 시간 속에 살았던 과거의 생물에 대한 가장 직접적인 증거, 과거의 정경을 가장 잘 떠오르게 하는 증거이다. 과거의 풍경을 암석을 통해서 추론해야 하는 곳에서, 화석은 즉각적으로 만지고 조사하고 경험할 수 있는 실체이다.

어릴 적 나는 킴머리지 만에 가서 수 킬로미터에 걸친 도싯 해안을 따라 화석을 찾아본 적이 있다. 불안정하게 우뚝 솟은 절벽들이 어떻게 해변을 위협하고 있었는지, 셰일 조각에서 어떻게 암모나이트 화석을 찾아냈는지, 잠깐 다른 데 정신이 팔린 사이에 어쩌다 그 화석을 영영 잃어버렸는지를 아직 기억한다. 나중에 부모님은 지역 선물 가게에서 내게 조개껍데기 화석을 사주었다. 나는 지금도 그 화석을 가지고 있지만, 가게에서 화석을 사는 것은 화석을 줍는 것과 다르다고 느꼈던 기억이 난다. 화석을 줍는 것은 해변과 파도의 망각 속에서 내 손으로 그 화석을 구해내는 일이었다.

그다음에는 라임 레지스의 해변을 따라서 걷다가 나의 두 번째 화석을 찾아냈다. 조약돌과 삐죽삐죽하게 부서진 돌들이 뒤섞인 돌무더기 속에서 암모나이트의 형태가 내 눈에 들어왔다. 그것의 조직화된 형태, 정밀한 선들은 그것이 엔트로피의 산물이 아니라 진화의 산물임을 너무나 명백하게 보여주었다.

암모나이트(동그랗게 말린 숫양의 뿔로 묘사되는 이집트의 아문 신에서 유래한 이름)는 두족류이며, 오늘날의 앵무조개와 비슷하게 생긴 해양생물이다. 대부분 둥글게 말려 있는 암모나이트의 껍데기는 격벽septum에 의해서 작은 방들로 분리된다. 하나의 분류군으로서 굉장히 실험적이었던 암모나이트는 형태와 크기가 급속도로 다양해졌다. 지름은 20밀리미터에서부터 2미터까지 가지각색이었고, 어떤 것은 껍데기가 곧고 가늘고, 어떤 것은 뾰족한 가시가 있거나 주름진 격벽이 있었다. 너무 빠르게 진화한 탓에 각 암모나이트 종의 수명은 비교적 짧았다. 그렇기 때문에 암모나이트는 층서학자에게 훌륭한 표준 화석이 된다. 깊은 시간을 거슬러올라갈 때, 암모나이트는 지질시대를 20만 년 이하의 간격으로 구별하는 데에 이용되는 안내판 구실을 한다.

나는 내 암모나이트에서 모래를 씻어내기 위해 작은 바위 웅덩이 옆에 무릎을 꿇고 앉았다. 가운데 부분은 원형이었고, 바깥쪽 테두리 부분은 4분의 1만이 남아 있었다. 모양이 온전했다면 지름이 30센티미터는 되었을 것이다. 이 화석의 껍데기에 치환된 광물이 황철광iron pyrite이었기 때문에, 바깥쪽 테두리에는 금빛 광택이 돌았다. 꼭 사람이 만든 것처럼 보였다. 인간 중심적인 생각이기는 하지만, 이것이 인간이 감상을 하려고 인위적으로 만든 물체가 아니라는 사실이 잘 믿기지 않았다.

❖ ❖ ❖

이른 오후가 되자 태양은 따사롭게 빛났고, 해변은 바빠지지 시작했다. 아버지와 아들은 짙은 회색의 커다란 바윗돌로 감싸인 암모나이트에 번갈아 망치질을 했다. 무릎을 꿇고 기어다니면서 조약돌들을 살피던 한 중년 커플은 지나가는 나를 올려다보았다. "이거 중독성 있네요." 그 커플의 여자가 말했다. 유럽 연합 야구 모자를 쓴 어떤 남자는 자신의 아내에게 보여주겠다며 내 금색 화석을 사진으로 찍었다.

라임 레지스에서 1.6킬로미터쯤 떨어진 곳에 있는 옛 콘크리트 공장 자리에는 차머스 자연유산 해안 센터라는 자선 교육 단체가 들어와 있었다. 그곳에서 나는 당직자인 댄 브라운리와 이야기를 나누었다. 노팅엄셔와 대거넘에서 제품 디자인과 그래픽 교사로 일했던 브라운리는 화석을 보존 처리하는 일도 하고 있다. 어릴 적 그는 광산의 폐석 더미 속 점판암에서 고사리 화석을 찾고는 했다. 20대 초반에는 친구의 아버지가 운영하던 화석 전시장과 작업실에서 가끔씩 슬그머니 담배를 피웠다. 그곳은 환기 장치가 잘 되어 있었기 때문이다. "친구 아버지가 하는 일을 보고 있으면 정신이 얼떨떨했어요. 내가 본 것은 분명히 돌덩어리였는데, 주말에 가보면 거기에 게 한 마리가 있었죠." 결국 그는 친구 아버지에게 화석을 보존 처리하는 법을 배울 수 있는지를 물어보았다.

우리 앞에 놓인 책상에는 그가 작업 중인 표본들이 있었다. 일반적으로 브라운리는 화석을 그것이 발견된 암석 속에 계속 고정시켜둔다. 가운데가 파인 매끈한 타원형 돌은 그 가운데에서 그와 같은 형태의 굴곡을 이룬 황갈색 앵무조개를 동그랗게 감싸고 있었다. 다른 암석에서는 진줏빛 암모나이트 세 마리가 옅은 회색의 석회암을 배경으로 헤엄치고 있었다.

오늘날의 화석 보존 처리 작업자들은 애닝이 쓰던 것보다 훨씬 좋은 도구들을 구할 수 있다. 그들은 주로 압축 공기를 내뿜는 펜 모양의 장치를 이용해서 화석 주위의 암석을 제거한다. 그러나 기본적인 기술은 같다. 다시 말해서 "엄청난 끈기와 배짱"이 필요하다.

처음에는 화석의 아주 작은 부분만 보이는 경우가 많다. 어쩌면 암모나이트 껍데기에 있는 가시 하나, 또는 회색 암석 위에 묻은 하얀 방해석 결정이 그 안에 화석이 들어 있음을 암시할 수도 있다. 화석 보존 처리를 하는 사람은 암석 속에 들어 있는 화석을 온전하게 꺼내기 위해서 어디를 쪼개고 파낼지를 선택해야 한다. 다이아몬드 커팅과 마찬가지로, 잘못된 결정으로 수천 파운드 값어치의 물건이 파괴될 수도 있다. 브라운리의 유튜브 채널인 화석 아카데미The Fossil Academy에서는 브이넥 티셔츠에 파란 멜빵을 입은 그가 화석 보존 처리에 대한 기본적인 강습과 실용적인 조언을 제공한다. 그는 화석 보존 처리를 할 때 서둘러서는 안 된다고 말한다. 한 영상에서 그는 4시간 동안 암석층을 "펜으로" 긁어낸다(저속 촬영 영상). 제대로 된 표본이 정말 그 안에 있는지조차 확실하지 않지만, 혹시라도 있을 화석이 손상되지 않도록 천천히 작업해야 한다.

"나는 화석 보존 처리를 포드 엔진에서 평생을 일한 정비사의 생각에 비유할 수 있다고 생각해요." 그는 내게 이렇게 말했다. "포드 엔진을 하나 가져다가 콘크리트로 덮고 이리저리 굴린 다음, 망치로 콘크리트를 내리쳐서 엔진이 아주 조금만 보이게 만들었다고 해봅시다. 당신이나 내가 그 엔진을 본다면, 우리는 우리가 보고 있는 것이 무엇인지 모를 거예요. 하지만 그 정비사는 그 작은 부분을 보고도 엔진의 모든 부분이 어디에 있는지를 알 수 있을 거예요. 어떤 화석을 보존 처리할 때에는 그 화석의 모든 부분이 어디에 있는지를 알아야 해요."

그는 내가 주운 화석은 보존 처리할 가치가 없다고 말했다. 황철광은 보기에는 멋지지만 불안정했다. 어느 시점에 이르면 산화, 즉 녹이 슬기 시작해서 결국에는 한 줌의 흙먼지가 될 것이다.

애닝은 평생 험담과 소문에 시달렸다. 특히 애닝을 끈질기게 따라다녔지만 결코 입증된 적 없는 이야기가 있었는데, 그녀가 스물한 살쯤일 때 나이가 2배나 많은 버치 대령이라는 화석 애호가의 정부가 되었다는 소문이었다. 그러다가 1840년대에는 메리 애닝이 술을 마시고 아편을 한다는 소문이 라임 레지스에 돌기 시작했다. 그 소문은 사실이었다. 애닝은 유방암의 고통을 누그러뜨리기 위해서 술과 아편의 힘을 빌렸고, 결국 마흔아홉 살에 유방암으로 세상을 떠났다.

죽음을 앞두고 애닝은 그녀의 연구를 인정하는 과학자들의 모금과 정부 지원을 통해서 특별 연금을 받았다. 이는 애닝이 지질학계의 존경을 받고 있었다는 증거이다. 당시 여성은 지질학회 회원이 될 수 없었기 때문에 그녀는 지질학회 회원이 아니었지만, 「지질학회 계간지*Quarterly Journal of the Geological Society*」에는 드 라 베크가 쓴 애닝의 부고가 실렸다.[22] 윌리엄 버클랜드와 다른 이들은 라임 레지스의 교구 교회에 애닝을 추모하는 스테인드글라스 창문을 봉헌했다(이 스테인드글라스는 화석과 관련된 내용은 전혀 다루지 않고, 빅토리아 시대의 여성에 더 어울리는 여섯 가지

자비로운 행동을 보여준다).

19세기 말과 20세기 초에는 애닝을 향한 관심이 점점 사그라들었다. 편지, 공책, 기도서 같은 애닝의 기록물들은 결국 런던의 자연사 박물관으로 가게 되었고, 나중에 박물관에서는 대부분의 기록을 거저 나눠주거나 파기했다. "애닝의 기록물은 과학사에서 중요한 인물의 귀중한 기록물이 아니라 '그저 호기심 어린 추억거리'로 여겨졌다. 그래서 여전히 많은 조사가 필요하다." 역사학자인 휴 토런스는 이렇게 썼다. "내가 발견한 가장 가슴 아픈 문서 가운데 하나는 그녀의 비망록과 함께……1935년에 도싯 카운티 박물관에서 발견되었다. 그것은 초기에 영국 박물관에서 보낸 거절 편지였는데, 그녀의 책이 어떻게 그들에게 '충분히 중요하다고 입증되지 않았는지' 이야기하고 있었다. 나는 애닝의 기록물을 분산시키고 너무 많은 자료들이 '소실되게' 만든 이 판단에 의문을 제기할 수 있을 것 같다."[23] 여기에서 우리는 역사에 작용하는 선택적인 힘을 엿볼 수 있다. 화석 기록이 예전에 우리 행성에 살았던 생물의 세세한 모습을 극히 일부만 보여주듯이, 역사적 기록도 극히 불완전하다. 그 결과, 애닝의 개인적 견해가 담긴 사례나 그녀의 목소리를 우리가 직접 포착할 수 있는 순간은 거의 남지 않았다. 애닝과 같은 신분의 여성은 광범위한 일기나 회고록을 쓸 시간도, 그런 글을 쓰도록 권하는 이도 없었을 것이다. "그녀의 사생활에 대해서는 알려진 것이 별로 없기 때문에 구멍이 있어요. 그래서 사람들은 더 많은 조사를 하기로 선택할 수도 있고, 빅토리아 시대에 있었는지 없었는지 모를 무엇인가를 논의하는 무대로 활용할 수도 있어요. 이를테면, 레즈비언 연애 같은 것 말이에요." 내털리 매니폴드가 말했다.

그나마 회자되는 애닝의 이야기도 성인이 된 이후의 업적보다는 어린 시절의 발견에만 집중되는 편이다. 이런 이야기들은 주로 아이들에게 꿈과 희망을 주는 일화로 포장되었다. 그러나 최근에는 애닝의 유산이 재평가되면서, 그녀의 삶이 선구적인 여성 과학자의 삶으로 세상에 알려지고 있다. 애닝의 삶에 대한 전기와 소설도 나왔는데, 가장 유명한 작품은 트레이시 슈발리에의 『놀라운 피조물*Remarkable Creatures*』(2009)이다. 샤론 시핸이 극본을 쓰고 감독을 맡은 「메리 애닝과 공룡 사냥꾼들Mary Anning and the Dinosaur Hunters」이라는 다른 영화도 이 글을 쓰는 시점에 개봉을 기다리고 있는데, 이 영화는 더 전통적인 전기 영화가 될 것으로 보인다. 런던에 있는 지질학회 본부에는 애닝의 초상화가 걸려 있고, 라임 레지스의 교구 묘지에 있는 애닝의 무덤에는 지역민들과 관광객들이 두고 간 화석과 조개껍데기들이 놓여 있다.[24]

나는 애닝이 최근의 명성에 당황하지 않으리라고 믿는다. 1844년의 어느 날에는 작센의 왕이 그녀의 가게에 방문할 정도로 그녀는 평생 유명했다. 왕의 특사는 그때의 일을 이렇게 기록했다.

> 마차에서 내렸을 때……우리가 마주친 상점에는 가장 놀라운 화석들이……창문에 전시되어 있었다. 우리는 안으로 들어갔다. 그 작은 상점과 함께 붙어 있는 방에는 해안에서 나온 화석이 가득했다.……아무튼 나는 간절히 주소를 적고 싶었고, 상점을 지키고 있던 여자는 이렇듯 과학을 추구하는 데 헌신하느라 단단해진 손으로 내 수첩에 "메리 애니스"라는 자신의 이름을 썼다. 그녀는 수첩을 내게 돌려주면서, "나는 전 유럽에 잘 알려져 있다"라고 덧붙였다.[25]

10

최초의 숲

2010년 5월의 어느 날 저녁, 데본기 식물 전문가인 크리스 베리는 뉴욕주 빙엄턴 대학교의 동료인 윌리엄 스타인으로부터 전화 한 통을 받았다. 그 숲을 보고 싶다면 자신이 있는 쪽으로 건너와야 한다는 내용의 연락이었다. 그로부터 몇 주일이 지난 후, 웨일스의 카디프 대학교에서 강의를 하고 있던 베리는 시험지 채점을 내팽개치고 밤 비행기에 탑승해 토론토로 향했다. 토론토에서 비행기를 갈아타고 올버니로 간 다음, 다시 약 100킬로미터를 운전해서 그가 도착한 곳은 쇼하리 저수지 근처의 발굴지였다. 오래 전에 메워졌다가 다시 파헤쳐진 이 발굴지는 뉴욕주 쇼하리 카운티에 있는 길보아라는 작은 마을의 바로 동쪽에 위치해 있었다. 그곳에서 댐을 건설하던 노동자들은 무엇인가 경이로운 것을 발견했다. 바로 세상에서 가장 오래된 것으로 알려진 숲이었다.[1] 과학자들이 그곳에 접근할 수 있도록 일단 댐 건설은 중단되었지만, 그것은 한시적인 집행 유예일 뿐이었다. 이 숲은 몇 주일 안에 다시 파묻히게 될 것이다.

❖ ❖ ❖

나는 하나의 특정한 지식에 평생을 바치는 사람들이 정말로 멋지다고 생각한다. 이를테면 제빵이나 자동차 엔진 같은 것을 프리즘으로 삼아서 세상을 알아가는 사람들은 생각이 넓어진다기보다는 깊어진다. 어떤 무작위적인 운명의 장난이, 어떤 실용적이거나 낭만적인 충동이, 혹은 어떤 경험이 한 분야를 다른 분야보다 더 깊이 파고들게 만들까? 왜 어떤 의사는 다른 장기가 아니라 간이나 심장이나 대장의 권위자가 되기로 결정할까? 왜 어떤 지질학자는 다른 시기가 아니라 캄브리아기나 페름기, 혹은 트라이아스기로 눈을 돌릴까?

베리는 대학에서 데본기에 빠져들었다. 데본기보다는 약 5억4,000만 년 전에 대부분의 중요한 동물 체제body plan가 갑자기 화석 기록에 등장한 시기인 "캄브리아기 대폭발"이 더 유명했지만, 캄브리아기 대폭발을 공부하던 베리는 다음과 같이 생각했다. "나는 데본기를 보면서 이 시기에 식물에서 또다른 대폭발이 진행되고 있었다는 것을 깨달았어요. 그리고 그 세상이 어떤 모습이었는지에 대해서 우리에게 아무런 개념도 없다는 것도 깨달았죠. 그 시기에 세상은 매우 단순한 식물이 있던 곳에서 거대한 숲이 있는 곳으로 바뀌고 있었어요."

지구 역사에서 데본기는 이 세상이 처음으로 오늘날 우리가 사는 세계와 비슷한 모습으로 보이기 시작한 시기이다. 이 시기에는 처음에는 식물이, 그다음에는 동물이 물에서 뭍으로 대규모 이동을 하기 시작했다. 그때까지 헐벗은 채였던 바위에는 초록이 드넓게 덧입혀졌고, 오래 전에 사라진 늪과 해안의 부드러운 진흙에는 최초의 발자국들이 찍혔다.

영국 남서부에 위치한 데본 카운티에서 이름을 딴 데본기는 영국의 지질학자인 애덤 세지윅과 로리 머치슨에 의해서 1839년에 공식적으로 설명되었다. 데본기는 4억1,900만–3억5,900만 년 전까지 지속되었고, 최초의 공룡이 나타나기 약 1억 년 전에 끝났다. 데본기의 가장 유명한 지층은 구적색 사암이다(조금 당혹스럽지만, 이 암석군이 모두 빨갛거나 사암인 것은 아니다). 구적색 사암은 처음 쌓인 때로부터 수억 년의 시간이 흐른 뒤에 다시 캐내어져서 헤리퍼드 대성당, 시카포인트의 세인트헬렌 성당, 틴턴 수도원 같은 건물이 되었다.

케임브리지 대학교의 척추동물 고생물학 명예교수이자 데본기 네발동물 전문가인 제니퍼 클랙은 내게 이렇게 말했다. "데본기에 대한 내 관심에 불을 붙인 것은 아서 미의 어린이 그림 백과사전이었어요. 그 책에 가장 초기 화석 기록에 대해서 설명하는 부분이 있었는데, 나는 항상 그런 부분이 정말 흥미로웠어요. 공룡 이야기로 들어가고 나면 모든 일이 다 일어났기 때문에 조금 지루해지잖아요. 그렇지 않나요?" 공룡의 세계는 우리에게 비교적 친숙하다. 그곳에는 나무도 있었고, 풀도 있었고, 꽃도 있었다. 육상 포유류와 파충류도 오늘날 우리가 볼 수 있는 동물과 대체로 비슷했다. 데본기는 조금 달랐다. 클랙이 본 그림에서는 낯선 모양의 축 늘어진 식물이 석호 가장자리의 습지에서 자랐고, 물고기처럼 생긴 이상한 동물들이 몸을 끌면서 물웅덩이나 강에서 올라오고 있었다. "쇼스타코비치 5번 교향곡의 느린 악장을 들으면서 그 책을 처음부터 휙휙 넘겨본 기억이 있어요. 그렇게 하면 그 그림과 음악이 딱 들어맞아요. 거기에 내가 상상한 데본기의 모습이 압축되어 있었어요."

❖ ❖ ❖

린다 배날러 허닉은『길보아 화석*The Gilboa Fossils*』에 "식물의 육상 정착은 생명 그 자체의 등장만큼이나 이상한 사건의 연속이었다"고 썼다.[2]

초기 지구는 비바람에 그대로 노출된 바위와 아무것도 존재하지 않는 드넓은 사막이 해안까지 뻗어 있는 곳이었다. 부패한 식생과 활발한 세균의 활동이 없었다면 유기물이 풍부한 토양은 형성되지 못했을 것이다. 식물 뿌리의 고정 작용이 없었다면 소량의 토양이 있더라도 이내 빗물에 씻겨나갔을 것이다. 생명은 대부분 마른 땅이 아니라 대양에 우글거렸다.

배날러 허닉에 따르면, "남세균과 실 모양의 특정 녹조류로 이루어진 더껑이 같은 것이 해안과 가까운 젖은 지표면을 가장 먼저 뒤덮었을 것이다."[3] 식물의 육상 정착은 이렇게 시작되었다. 4억5,000만 년 전에는 오늘날의 이끼와 비슷한 식물이 습한 지대의 지표면을 매트처럼 얇게 덮고 있었을 것이다. 그 모습은 당구대 위에 깔려 있는 초록색 천과 비슷했을지도 모른다. 그 뒤를 이어서 질소 고정 식물과 유기물을 먹고 살아가는 미생물들이 나타났고, 그들이 죽은 유기체의 물질을 분해하여 양분이 풍부한 부식토를 만들었다. 우리는 실루리아기(4억4,400만–4억1,900만 년 전)에는 지네와 쿡소니아*Cooksonia*라는 식물이 있었다는 사실을 알고 있다.[4] 쿡소니아는 키가 몇 센티미터에 불과하지만, 관다발을 가진 최초의 육상식물로 알려져 있다. 이는 이 식물이 물관과 비슷한 조직을 만들었음을 의미한다. 이런 조직은 몸 전체에 물을 전달하는 역할을 하며, 한편으로는 몸을 단단하게 만듦으로써 어느 정도 형태를 유지할 수 있게 해주었다. 이런 적응이 일어나면서 식물은 키가 커질 수 있었고, 습한 환경과 우기를 벗어나서 서식 범위를 확장시킬 수 있었을 것이다.

"그런 다음 식물이 점점 더 쑥쑥 커지죠." 사우샘프턴 대학교의 데본기 전문가인 존 마셜은 내게 이렇게 말했다. "그러니까 데본기가 시작할 무렵에는 몇 센티미터 크기였는데, 3,000만 년 후에는 키가 10미터가 된 거예요. 폭발한 거죠."

깊은 시간에 익숙한 사람만이 3,000만 년에 걸친 변화를 "폭발"이라고 묘사할 수 있을 것이다. 그러나 만약 식물이 물에서 뭍으로 올라오는 이 힘겨운 이동에 대처할 방법을 발달시키지 않았다면, 이족보행을 하면서 "우리는 어디에서 왔는가?", "우리는 왜 여기에 있는가?", "우리가 사는 이 세상은 어떻게 시작되었는가?"와 같은 의문을 품는 생물은 지구에 나타나지 못했을 것이다.

베리는 데본기 식물상을 연구하는 전 세계 10여 명의 전문가들 중 한 사람이다. 카디프에 있는 그의 연구실에는 그가 "영국 최고의 데본기 화석나무 컬렉션"이라고 묘사한 표본들이 있다. 큰 키에 넓은 어깨, 살짝 부스스한 그의 모습이 사무실 컴퓨터 옆에 놓인 작은 크리스마스트리 위로 불쑥 나타났다. "노퍽 섬 소나무예요." 그가 말했다. "[2억 년 전의] 칠레소나무와 아주 가깝기 때문에 고식물학적으로 흥미로워요."

책과 서류 파일 사이에는 밝은색의 놀이용 점토통들이 있었다. 베리는 이런 찰흙놀이 점토를 이용해서 그가 연구하는 식물의 모형을 만든다. 공룡 뼈와 달리, 식물 화석은 3차원적으로 보존되는 경우가 드물다. 대개 탄소로 이루어진 섬세한 검은색 선으로 된 식물 화석은 암석 속에 납작하게 눌려 있어서 암석에서 분리하기가 불가능하다. "머릿속에서 원래 모양대로 부풀릴 수 있어야 해요." 베리는 이렇게 설명했다. 점토로 3차원 모형을 만드는 것은 이런 "부풀리는" 과정을 생각하는 한 가지 방법이다.

"대형 식물에 대한 고식물학은 매우 느리고 매우 어려운 분야예요. 나무 한 그루를 재구성하려면 몇 년이 걸려요. 나무는 크고 뿔뿔이 흩어져 있기 때문이죠." 마셜은 내게 이렇게 말했다. 껍데기나 뼈가 없는 나무는 다른 유기체에 비해서 화석 기록을 남길 확률이 더 희박하다. 화석 기록이 남더라도, 서로 이어져 있지 않고 조각조각 떨어져 있는 경우가 많다. 가지는 여기에 있고, 뿌리나 줄기는 저기에 있는데, 그것들이 어떻게 연결되었는지는 전혀 알 수 없다. 베리는 이렇게 썼다. "초기 식물에 대한 여러 복원 시도는 '희망적인 괴물hopeful monster'이라고 묘사할 수 있는데, 그 이유는 그 식물들의 진화적 지위 때문이 아니라 그것들이 연관성이 없는 식물기관들을 낙관적으로 합체한 키메라이기 때문이다. 그런 이상한 생김새의 식물은 그것을 상상한 고식물학자의 마음속에만 존재한다."[5]

베리는 스물세 살에 유명한 고식물자인 뮈리엘 패롱-드마레와 함께 벨기에의 리에주에서 1년을 보내면서, 데본기에 살았던 신비로운 식물군인 클라도그실론류cladoxylopsids의 조각 수백 개를 조사했다. 훗날 길보아에서 발견된 것도 같은 종류의 식물인데, 현재로서는 이것이 지구 최초의 진정한 나무로 여겨지고 있다. 식물 화석은 매우 약하기 때문에 뼈와 껍데기를 연구하는 사람들이 즐겨 쓰는 전기 드릴 종류의 도구는 이용할 수 없다. 그래서 베리는 시내의 가죽 공예 전문가에게서 구입한 가죽 공예 바늘을 이용해서 손으로 힘겹게 화석을 분리해냈다. 그것이 30년 연구의 시작점이었다. 이후 그는 암석뿐 아니라 전 세계 박물관과 대학의 소장품에서 클라도그실론류의 화석을 찾아다니면서 이 식물군이 어떻게 생겼고 어떻게 자랐는지에 대한 수수께끼를 풀기 위해서 노력하고 있다.

베리의 사무실 벽에는 그의 논문에 수록된 복원도 중 일부가 붙어 있다. 그가 과제물을 가지러 온 학생과 이야기를 하는 동안, 나는 서서 그 그림들을 보았다. 클라도그실론류의 일종인 칼라모피톤 프리마이붐 *Calamophyton primaevum*의 복원도를 보면, 머리로는 나무라는 것을 알아도 나무처럼 보이지는 않는다. 아마 태평양에서 야자수를 처음 본 17세기의 유럽인들이나 영국의 참나무를 처음 본 18세기 폴리네시아인들이 이런 기분이었을 것이다. C. 프리마이붐은 친숙하면서 동시에 낯설다. 밑동 부분이 둥글게 부푼 길고 가느다란 나무줄기는 작은 가시 같은 것으로 뒤덮여 있는데, 이 가시는 가지가 자랐다가 떨어진 자리에 남은 흔적이다. 남아 있는 가지들은 모두 나무 꼭대기에 뭉쳐서 자라서 야자수와 비슷한 느낌이 들고, 어디선가는 셀러리 줄기 같다는 묘사를 읽은 적도 있다. 잎은 없고, 각각의 가지는 마치 팔 끝에 손가락이 붙어 있는 것처럼 5–6개의 더 작은 가지로 갈라진다.[6]

베리는 나무로 만들어진 오래된 수집가용 수납장을 열더니, 만찬 접시만한 크기의 납작하고 둥근 클라도그실론류의 화석을 꺼냈다. 그는 "이 화석을 처음 봤을 때 완전히 넋이 나갔다"고 말했다.

그 화석은 유리처럼 매끄럽고 옅은 회색이며, 두께 2센티미터, 지름 70센티미터쯤 되는 원반 모양이었다. 원반 가장자리에는 짙은 색의 타원 무늬가 있는 두꺼운 띠가 있었는데, 마치 표범 무늬 같았다. 나는 그 화석이 멋지다고 생각했다. 그런데 그 화석을 가만히 쳐다보다가 어딘가 편치 않은 기분이 들었다. 내 감상이 그것을 보여준 사람의 열정에 화답하지 못하고 있음을 깨달은 것이다. 나는 대단한 화석처럼 보인다느니 하며 얼버무렸다.

베리는 설명을 해야 했다. 그것은 화산 분출로 인한 실리카silica(이산화규소) 속에 완벽하게 보존된 클라도그실론류 나무줄기의 횡단면이었다. 유리질의 실리카가 이 식물의 세포에 들어찼지만 세포벽은 파괴되지 않았다. 마치 베리가 데본기로 시간여행을 가서 나무를 직접 얇게 잘라온 것처럼 모든 세부적인 부분이 선명했다. 이 화석 덕분에, 그는 지구 최초의 나무 중 하나의 아주 괴상한 내부 구조를 처음으로 볼 수 있었다.[7]

나는 베리에게 그 분야에서 성공한 비결이 무엇인지 물어보았다. 그는 자신이 습득한 지식과 행운의 결과라고 말했다. 이 화석은 행운의 본보기로, 중국 북서부에 있는 신장新疆 자치구의 사막에서 나왔다. 지금까지는 다른 어떤 곳에서도 이런 표본이 나오지 않았다. 만약 베리가 난징 지질고생물학 연구소의 쉬훙허라는 중국인 고생물학자와 오랜 우정을 이어오지 않았더라면 그 화석을 연구할 기회는 없었을지도 모른다. 과거에 그는 신장을 직접 찾아갔었지만, 오늘날 신장 위구르 지역은 서구 과학자들에게 사실상 폐쇄되어 있다. 중국 당국에서는 그곳을 신장 무슬림 소수민족을 위한 (재)교육 학교라고 묘사하고, BBC와 다른 뉴스 매체에서는 포로수용소라고 부른다.

베리와 쉬홍허는 그 나무에 크시니카울리스 리그네스켄스*Xinicaulis lignescens*라는 이름을 붙였다.[8] 여기에서 Xin은 중국어로 "새롭다"는 뜻이다(동시에 신장 지방을 암시한다). caulis는 라틴어로 줄기라는 뜻이고, lignescence는 "목질이 된다"는 의미이다. 베리는 골똘히 생각하더니, 이름을 짓는다는 것이 아주 멋지게 들리지만 실제로는 엄청나게 지루한 일이라고 말했다. "어딘가 의미가 있고, 멋지게 들리고, 이전에 쓰인 적이 없는 이름을 찾아야 해요." 어떤 식물이나 공룡에 자신의 이름을 붙이는 것은 형편없는 행태로 여겨진다. 연인의 이름도 안 되는데, 불행을 가져온다고 여겨지기 때문이다. 하지만 동료의 이름은 괜찮다. 베리와 쉬홍허가 크시니카울리스 리그네스켄스라는 이름을 고른 까닭은 이 화석이 "식물이 되는 완전히 새로운 방법"을 보여주어 연구자들의 경탄을 불러일으켰기 때문이다.

나무는 키가 아주 커지려면 부러지거나 넘어지지 않기 위해 줄기를 굵게 만들어야 한다. 오늘날의 나무들은 위로 자라는 만큼 바깥쪽으로도 자람으로써 이 문제를 해결하며, 이 과정에서 나무껍질 안쪽에서 줄기의 둘레를 천천히 확장시키면서 나이테를 만든다. 아르카이오프테리스*Archaeopteris* 같은 일부 초기 나무들은 이런 전략을 이용했다. 크시니카울리스 리그네스켄스는 이와 완전히 다르고 훨씬 복잡한 방법을 썼다.

이 식물의 줄기 내부에 있는 짙은 색의 작은 타원을 현미경으로 살펴보면, 저마다가 수많은 작은 동심원으로 이루어져 있음을 알 수 있다. 오늘날의 나무와 달리, 크시니카울리스 리그네스켄스는 나무를 이루는 물질을 개개의 가닥 내부에서 생장시킨 것이다. 저마다 독립적인 미니어처 나무와 같은 역할을 하는 이 가닥들은 그 사이를 채우는 목질 조직의 복잡한 연결망에 의해서 하나로 결합되었다. 개개의 "나무들" 사이의 공간은 연한 조직으로 채워져 있었고, 줄기의 내부는 대부분 완전히 비어 있었다. 그 결과 크시니카울리스 리그네스켄스는 나무로 된 에펠탑과 비슷한 구조를 가졌을 것이다.

이 나무가 굵어지기 위해서는 나무가 자라는 동안 그 사이를 연결하고 있던 목질 조직을 천천히 찢어야 했을 것이다. 그러면서 탄탄한 구조를 유지하기 위해서는 그런 손상의 복구도 동시에 일으켜야 했다. 즉, 크시니카울리스 리그네스켄스는 지속적이고 통제되는 내부 붕괴 상태에 있었다는 뜻이다. "정말 말도 안 되는 미친 짓이죠." 베리는 고개를 가로저으며 말했다. 오늘날의 어떤 나무도 그렇게 복잡한 과정을 거치지 않는다. 그는 "어쩌면 다른 나무 유형과의 경쟁이 없었기 때문에 그런 일이 일어났을지도 모른다"고 추측했다.[9]

길보아의 화석 나무들은 1871년에 한 화석 나무 그루터기의 사암 캐스트cast(생물체 내부가 다른 광물로 치환되어 그 생물체의 외형이 그대로 남아 있는 화석/옮긴이)에 대한 설명이 「지질학회 계간지」에 발표된 후 알려지기 시작했다(그러나 숲이 아닌 개개의 표본으로만 알려졌다).[10] 이 화석은 북아메리카에서 최초로 발견된 화석 나무로 기록되었다.

1848년에 형성된 길보아라는 마을은 누군가는 불길하다고 생각할 수 있는 성서 속 장소인 이스라엘의 길보아 산에서 이름을 땄다. 그 산에서 사울 왕의 두 아들은 팔레스타인인들에게 죽임을 당했고 사울은 자살

했다. 1917년에 뉴욕 시를 위한 저수지를 만들기 위해서 그 지역 하천에 댐이 건설되었고, 길보아 마을은 현재 위치로 옮겨졌다. 댐 건설을 위해서 암석을 떼어내는 동안, 점점 더 많은 화석 그루터기가 발견되었다. 둘레 3미터가 넘는 한 그루터기는 절단된 코끼리 발처럼 발굴지의 바닥에 펼쳐져 있었다. 뉴욕 주의 담당 고생물학자인 위니프리드 골드링은 1921년부터 이 발굴지를 연구했고, 이 초기 나무들에 대한 가장 방대하고 일관성 있는 연구 결과물을 최초로 내놓았다. 그후 1926년에 이 발굴지에는 다시 댐 건설 폐기물이 채워졌다. 그곳에서 나온 화석들은 여러 박물관들로 옮겨졌고, 가끔은 시골 뒷마당으로 가기도 했다.[11]

길보아 숲의 이야기는 거기서 그냥 끝났을 수도 있다. 그러나 2009년에 미국 동부 해안 지방이 폭풍우와 홍수로 큰 타격을 입고 댐이 움직일 징후를 보이자, 그 지역 공무원들은 댐을 다시 지을 때가 되었다고 결정했다. 건설에 이용되는 대형 화물차가 지나갈 도로의 토대를 다질 물질이 필요했기 때문에, 오래 전에 파묻었던 건설 폐기물을 다시 파내야 했다. 그러자 발굴지가 드러났다.

뉴욕 주립 박물관에서 온 스타인과 프랭크 마놀리니는 그 발굴지에서의 연구를 지휘 감독하는 역할을 맡았다. 우선 그들은 예전에 나무 그루터기들이 발견된 위치인 발굴지 바닥에서 약 3.5미터 깊이 부분을 집중적으로 조사했다. 그러나 나중에는 발굴지 바닥 자체에서 이상한 둔덕 같은 것들을 발견했다. 각각의 둔덕은 중심부가 푹 꺼져 있었다.

베리의 설명에 따르면, 골드링이 그곳에 왔었을 때에는 "사방에 쓰레기가 널려 있었기 때문에 그녀는 바닥을 전혀 보지 못했거나 아주 일부만 보았을 것이다." 이곳은 아직까지 그 누구의 발길도 닿지 않은 영역이었다. 그 둔덕 하나하나가 고대 데본기 나무가 있던 자리임을 깨달은 스타인과 마놀리니의 흥분은 점점 더 고조되었다. 실제로 그들이 가지고 있던 것은 데본기 숲에 대한 최초의 지도였다.

베리가 여독이 채 가시기도 전에 서둘러 발굴지로 왔을 때는, 약 1,200제곱미터 넓이의 맨 바위를 드러내기 위해 호스로 물을 뿌리면서 땅을 씻어내는 중이었다. 지금까지 데본기 경관의 그림과 박물관에 있는 모형에 주로 나타나는 풀과 나무들은 베리가 "데본기 식물원"이라고 부르는 것에 속하는 개별적인 표본들이었다. 이제 과학자들은 초기 숲 생태를 보여주는 직접적인 증거를 처음으로 가지게 되었다.[12]

"이 나무들이 무엇인지를 알아내기 위해서 20년을 바쳤고, 그런 다음 그 끔찍한 여행을 하고 아침 일찍 발굴지로 걸어갔어요. 그리고 그곳에 책상다리를 하고 앉아서 주위를 둘러본 기억이 나요. 정말 놀라웠어요." 베리가 말했다. "더 이상 그것은 내 머릿속에만 있지 않았어요. 나는 처음으로 이 고대 환경을 실감나게 경험했어요."

그곳에 앉아 있는 동안 그는 고대의 데본기 숲이 살아서 그의 주위에 감돌고 있는 것 같은 기분을 느꼈다. 그곳은 아마도 얕은 강어귀의 언저리에 있는 따뜻한 열대 지방일 것이다. 홀로 그곳을 찾은 방문객에게는 이상할 정도로 적막한 곳이다. 데본기의 그곳에는 새들의 노랫소리도 없고, 덤불숲을 헤치고 지나가는 동물도 없다. 우듬지를 스치는 바람 소리와 나뭇가지의 달그락거리는 소리뿐이고, 수면 위로 올라온 물고기가 첨벙거리면 기름기 있는 수면에는 둥글게 물결이 퍼진다. 줄기가 가느다란 클라도그실론류 나무들이 8, 10, 12미터 높이로 빽빽하게 서 있는데, 그 꼭대기에서는 나뭇잎 같은 가느다란 섬유들이 장식처럼 달린 가지들이 뭉텅이로 펼쳐진다. 런던의 트래펄가 광장만 한 크기의 면적에 그런 나무들이 무려 900−2,100그루 있다.[13] 그 사이로 원시 겉씨식물인 아네우로피탈레스aneurophytales의 목질 땅속줄기가 숲 바닥을 기어간다. 두께가 최대 15센티미터이고 길이 4미터까지 자라는 이 땅속줄기는 똑바로 서 있는 나무의 줄기를 뱀처럼 휘감고 있다.[14]

베리와 그의 동료 연구진은 그들의 연구를 기반으로 데본기 길보아의 지도를 만들었다. 그 덕분에 우리는 소파에 편안히 앉아서 우리 행성 최초의 숲속에서 나무 사이를 걸어다닐 수 있게 되었다. 그 숲은 데본기의 세계를 완전히 새로운 방식으로 바꾼 변화의 시작이었다. 그후 2020년, 베리는 또다른 고대 숲을 다룬 논문을 발표했다. 이 숲은 길보아에서 동쪽으로 약 40킬로미터 떨어진 카이로라는 마을에서 발견되었다. 이 숲의 연대는 약 3억8,600만 년 전으로, 길보아의 숲보다 200만−300만 년 정도 더 오래되었다. 따라서 이 글을 쓰는 시점에 지금까지 알려진 세계에서 가장 오래된 숲이다.[15]

"이 새로운 숲이 해낸 가장 대단한 일은 지구의 토양을 바꾼 거예요." 존 마셜은 내게 이렇게 말했다. 나무뿌리에 암석이 부서지면서 광물과 영양분이 방출되어 더욱 비옥하고 안정된 토양이 형성되었다. 이런 좋은 토양은 다시 식물의 생장을 촉진했고, 그로 인해서 침식 속도가 둔화되면서 육지의 형태가 바뀌었다. 번성하는 나무들은 물의 순환을 완전히 바꿔놓았다(이를테면 지표수가 줄고 강수량이 증가했다). 나무는 대기 중의 이산화탄소를 제거했다. 일부 연구자는 고생대 전반에 걸쳐서 이산화탄소 농도가 90퍼센트까지 감소했다고 주장한다. 결국은 그로 인해서 지구 냉각화 시기가 촉발되었는데, 베리는 이 시기를 "숲이 있는 지구의 첫 번째 빙하기"라고 부른다.[16] 양분이 풍부한 새로운 토양이 대양으로 씻겨 들어가는 곳에서는 조류藻類가 과도하게 성장하면서 물 속의 산소 농도가 크게 감소했다. 어떤 연구자들은 이것이 데본기 말에 곳곳에서 일어난 멸종 사건의 원인일지도 모른다고 추측하고 있다.[17] 그리고 그로부터 수백만 년 후인 석탄기에 자란 고대 나무들의 유해는 석탄 광부들에게 캐내어져서 영국을 비롯한 유럽, 미국 전역에서 산업혁명의 연료가 되었다. 21세기의 기후 위기로 이어지는 과정은 그렇게 시작되었다.

그러나 다른 모든 것도 함께 시작된다. 처음부터 이 새로운 세계에는 생명이 가득하다. 서로 싸우고, 성장하고, 초록으로 물들인다. 숲 바닥에 떨어져 쌓여 있는 클라도그실론류의 나뭇가지 사이로 지네, 거미, 거대한 노래기가 돌아다닌다.

지구와 달의 거리는 오늘날의 절반에 불과하다. 그래서 밤에는 더 크고 더 밝은 거대한 황금빛 달이 떠오른다. 달빛은 나뭇가지 위, 늪에서 천천히 부풀어올라 터지는 거품 위, 얕은 강어귀의 어둡고 잔잔한 수면 위를 비춘다. 강어귀 모래밭에는 납작한 머리와 콧구멍은 악어를 닮았지만 생김새는 물고기인 생물이 지느러미를 써서 앞으로 나아가면서 모래와 진흙과 갈대 사이를 지나간다.

이 생물은 한 번도 마른 땅을 밟아본 적이 없지만, 곧 식물의 여정을 따라서 물과 뭍의 경계를 향해 나아갈 것이다. 시간이 흐르면서 지느러미는 팔다리가 될 것이다. 그리하여 최초의 육상동물이 등장할 것이다.

11

공룡을 이야기할 때 우리가 말하는 것

> 런던……인정사정없는 11월의 날씨. 지구 표면에서 물이 처음 물러난 것처럼 거리는 진흙 천지였다. 길이가 12미터쯤인 메갈로사우루스*Megalosaurus*가 거대한 도마뱀처럼 홀본힐을 어슬렁어슬렁 올라오는 모습을 마주친다고 해도 놀랍지 않을 것이다.
>
> — 찰스 디킨스, 『황폐한 집*Bleak House*』

어느 봄날 오후, 한 무리의 포유류가 영화 「쥐라기 공원Jurassic Park」에서 영감을 받은 파충류 의상을 입고 볼링을 하러 갔다. 우리는 곧 다가올 결혼식을 축하하고 있었다. 신랑에게는 초록색 벨벳 머리와 커다란 발톱처럼 생긴 벨벳 장갑이 주어졌다. 딱 달라붙는 무용복을 입은 섹시한 공룡도 있었고, 목도리도마뱀처럼 골판지로 만든 목도리를 두른 공룡도 있었고, 주체할 수 없이 긴 꼬리로 탁자 위의 음료수를 계속 떨어뜨리는 공룡도 있었다. 나는 나뭇잎으로 장식한 점프수트를 입고, 플라스틱 공룡 장난감으로 만든 목걸이를 하고 공원으로 향했다. 공룡을 주제로 한 결혼 축하 파티에 참석한 것은 이때가 두 번째였다. 고질라까지 공룡으로 넣는다면 세 번째라고 할 수 있겠다.

1993년, 「쥐라기 공원」이 개봉했다. 이 한 편의 영화로 고생물학이 단번에 엄청난 인기를 끌게 되었다고 주장할 수 있을 정도로 영화는 흥행에 성공했다. "'쥐라기' 세대는 100퍼센트 물건이에요." 사우스웨스턴 오클라호마 주립 대학교의 고생물학자인 조지프 프레더릭슨 교수는 최근 NPR 라디오와의 인터뷰에서 이렇게 말했다. "내 동료들 중에는…… 「쥐라기 공원」이 개봉했을 당시 어린이였던 사람들이 아주 많아요. 내게 그랬듯이, 그들 모두에게도 이 영화가 큰 의미를 지닌다고 굳게 믿어요. 그들이 진지하게 고생물학에 입문하고 싶다는 생각을 하게 만든, 정말 인생을 바꾼 사건 중 하나라고 할 수 있어요."[1] 「쥐라기 공원」은 고생물학의 핵심에 있는 우울한 그리움을 압축한 영화이다. 그 메마른 뼈대에 다시 살을 붙인 영화이고, 오래 전에 죽은 것을 다시 걷게 만든 영화이다.

공룡을 이야기할 때 내가 만난 과학자와 예술가와 학예사들은 크게 두 부류로 나뉘었다. 한 부류는 열성 팬으로, 어린 시절에 공룡과의 만남이 좋은 기억으로 남아 그후로 공룡에 대한 열정이 생긴 사람들이었다. 다른 부류는 그 모든 것에 살짝 당혹스러워하는 듯 보였다. 한 고생물학자는 "내게 흥미로운 것은 과학"이라고 강조하면서, "내게 공룡은 과학을 하는 매개체일 뿐"이라고 말했다. 브리스틀 대학교의 고생물학자인 야코프 빈테르는 우려를 표했다. "때로 나는 공룡을 연구한 것이 살짝 후회스러워요. 공룡은 어떤 면에서는 사람에게 아편과 같기 때문이에요. 폭스 뉴스는 공룡을 사랑해요. 그래서 우리는 이 세상의 진짜 심각한 문제를 외면하고 공룡에 대한 바보 같은 이야기를 하죠. 그러니까 제 말은, 공룡이 멋진 것은 맞지만, 공룡을 연구하는 과학자들은 터무니없이 많은 관심을 받는다는 거예요." 그는 선사시대의 무척추동물을 주로 연구하는데, 최근 그의 연구팀에서는 연체동물의 조상인 동물을 발견했다. "우리는 모든 연체동물의 조상이 어떻게 생겼는지를 보여줄 수 있어요. 하지만 이건 뉴스거리가 되지 않았어요!" 그는 당혹스러운 표정으로 이렇게 말했다. "기자들이, 아니 우리 모두가 공룡을 원하는 것 같아요. 공룡은 재미있으니까요."

공룡은 재미있으니까, 나는 오빠 부부와 일곱 살, 다섯 살 조카들과 함께 런던의 자연사 박물관에 갔다. 비 오는 토요일이었고, 박물관은 어린이들과 그들과 함께 온 성인들로 북적였다. 많은 관람객들이 1층에 있는 어두침침한 공룡 전시장으로 향했다. 그곳으로 가면 뼈가 앙상하고 눈이 없는 형체가 어둠 속에서 서서히 나타났다.

대략 6,600만 년 전에 멸종한 비조류 공룡은 오늘날 어디에나 있다. 실제로 본 적은 없어도 쉽게 볼 수 있을 정도로 친숙하기 때문에, 이 거대한 괴물을 지상으로 처음 끌어냈을 당시 사람들이 겪은 기이한 놀라움을 이해하기는 쉽지 않다. 나는 한 공룡 표본 앞에 섰다. 이 동물은 약 6,800만 년 전에 진흙 속에서 죽었고, 그 뼈는 서서히 돌이 되었다. 누군가 땅속에서 끄집어낸 그 뼈는 이제 박물관의 희미한 조명 속에서 다시 조립되었다. 눈이 없는 두개골에는 주먹만 한 크기의 눈구멍이 있었다. 두 줄의 날카로운 이빨, 부드럽게 휘어진 흉곽, 무엇인가를 움켜쥘 수 있는 2개의 손도 있었다.

그러나 거대한 턱은 그 손과 이상할 만큼 어울리지 않았다. 손은 너무 친숙하고 편안해 보였다. 인간의 손 같다는 생각이 들 정도였다. 우리의 기본적인 체제는 공룡과 같다. 공룡과 우리의 공통 조상은 지금도 우리의 골격 속에서 그 모습을 드러낸다. 공룡처럼 우리도 최상위 포식자이기 때문에 우리가 공룡에 매료되었는지도 모른다. 공룡처럼 우리도 아마 결국에는 통제할 수 없는 환경의 힘에 휘둘리게 될 것이다.

어릴 적 나는 런던 남부의 수정궁 공원에 있는 빅토리아 시대의 공룡 조각상들을 보러 가는 것을 좋아했다. 크고 이상한 것이 재미나면서도 무서웠지만, 공원의 인공호수에 있는 그들의 섬에서는 물리적으로나 시간적으로나 우리와 그들이 떨어져 있었기 때문에 안전했다. 어릴 적 공룡과의 조우는 종종 깊은 시간의 광대함에 처음으로 사로잡히는 경험이 되고는 한다. 마지막 비조류 공룡은 약 6,600만 년 전에 죽었다. 하나의 속으로서 비조류 공룡은 1억5,000만 년 넘게 존재했다.[2] 우리 인간이 속한 호모 속*Homo*이 지속된 기간은 지금까지 250만 년에 불과하며, 현생 인류는 겨우 20만 년이다. 개개의 공룡의 수명은 호모 사피엔스*Homo sapiens*에 비해 확실히 짧았으리라는 점을 생각하면, 하나의 속으로서 공룡은 불가능에 가까울 만큼 오래 살았다. 이렇게 생각해볼 수도 있다. 티라노사우루스 렉스(6,800만–6,600만 년 전에 살았다)는 스테고사우루스*Stegosaurus*가 절멸하고 약 7,700만 년이 흐른 뒤에야 등장했는데, 이는 티라노사우루스가 살았던 시기가 스테고사우루스보다 우리와 더 가깝다는 뜻이다.

내 조카들은 둘 다 공룡을 좋아하지만, 그중 어린 조카가 진짜로 공룡에 푹 빠져 있다. 그 아이는 해부학적으로 세밀하게 묘사된 자그마한 피규어에서부터 장난감 가게에서 산 커다란 고무 티라노사우루스 렉스까지 현재 100개가 넘는 플라스틱 공룡 인형을 소장하고 있다. 조카는 그 플라스틱 공룡이 한때 정말로 살았던 생물이고 이제는 지구에서 영원히 사라져서 더 이상 존재하지 않는다는 사실을 어떤 방식으로든 두 살 때부터 알고 있었다. 그 사실 때문에 지나친 걱정을 하는 것 같지는 않아 보였다. 그러나 아이는 사실에 엄격하다. 그의 공룡 게임에 의인화된 요소를 도입하려고 시도하면 가차 없이 준엄한 힐책을 받는다.

"공룡은 말을 할 수 없어요." 아이는 참을성 있게 다시 설명한다.

"그럼 공룡은 무엇을 할 수 있어?" 내가 묻는다.

"이 공룡들은 초식공룡이니까 이쪽이에요. 저 공룡들은 육식공룡이니까 저쪽이에요."

"그다음에는?"

"그다음에는 얘네가 얘네를 죽여요."

박물관을 잘 아는 소년들은 자신 있게 앞장서서 미로 같은 전시물 속으로 들어갔다. 거대한 골격들이 어둠 속에서 나타났다. 무시무시한 뿔. 갈색 이빨. 무엇인가를 움켜쥐려는 발톱. 스콜로사우루스*Scolosaurus*! 아이들이 외쳤다. 파라사우롤로푸스*Parasaurolophus*! 내가 만났던 다른 초등학생과 유치원생 공룡 애호가들처럼, 내 조카들도 외울 수 있는 복잡한 라틴어 이름이 점점 늘어가고 있다. 분홍색 볼살이 포동포동하고 사랑스럽게 웃는 작은 조카는 더 폭력적인 전시물을 좋아한다. "트리케라톱스*Triceratops*는 실제로 티라노사우르스 렉스의 허벅지 뼈를 찔러 죽일 수 있었어요." 그는 인정한다는 듯이 말했다.

공룡 전시관의 바깥쪽에는 오로지 공룡을 주제로 한 상품으로만 채운 선물 가게가 있었다. 21세기에 어린이가 가지고 싶거나 필요로 할 수 있는 모든 것이 이제는 공룡 모양으로 생겼거나 공룡 무늬를 지니고 있다. 구글 쇼핑의 첫 페이지만 보아도 익룡 전등갓, 공룡 팔찌, 나만의 공룡 정원 만들기 세트가 있다. 책도 있다. 공룡을 주제로 한 책에는 『행성에 똥을 싼 공룡*The Dinosaur that Pooped a Planet*』, 『공룡이 너무 좋아요!*Mad About Dinosaurs!*』, 『도와주세요, 제 공룡이 도시에서 길을 잃었어요*Help, My Dinosaurs Are Lost in the City*』, 『공룡의 배변 훈련*The Dinosaur Potty Training Book*』이 있다.

"공룡이 아주 크고 무서울 수 있다는 사실이 정말로 중요해요." 아동심리학자인 러번 앤트로버스는 내게 이렇게 말했다. "생명의 한계, 두려움, 이 모든 것을 공룡놀이를 통해서 탐구할 수 있어요." 공룡을 생각하면 경험하지 못한 것에 대한 실감나는 전율이 느껴진다. 그러나 용 같은 것과 달리, 이제 공룡은 죽어서 안전한 과거로만 남아 있다. 공룡이 우리를 해칠 방법은 없다. "공포를 가지고 놀 수 있는 거예요. 공룡은 어린이가 세상을 배우는 데 도움이 되는 위험의 놀이적 측면과 상상력을 자극해요." 이를테면, 내 조카들은 공룡을 무서운 것으로 인식하지만, 「쥐라기 공원」 영화 속에서 정말 무서운 몇몇 장면을 제외하고는 공룡을 실제로 두려워하지는 않는다. 침대 밑에 숨어 있는 부기맨과 달리 공룡은 한밤중에 공포를 유발하는 것 같지 않다.

그러나 앤트로버스는 공룡 자체보다는 지식 습득과 관련된 것도 중요하다고 생각한다. "종종 이런 지식은 성인의 세계로 가는 최초의 큰 디딤돌처럼 느껴져요. 그 공룡들의 이름을 다 외우고 술술 말하면, 어른들은 감탄을 하죠. 특히 부모들은 아이들의 학업 능력, 정보 처리 능력에 대해 생각하기 시작할 거예요. 읽는 법을 배우기도 전에 복잡한 이름들을 말할 수 있는 것은 어쨌든 놀라운 일이니까요. 그런 것은 진짜로 자신감을 주죠. 또한 나는 그게 어린이들이 얻은 최초의 지식 꾸러미들 중 하나일 거라고 생각해요." 게다가 이 지식 꾸러미에는 기본적으로 정보의 부분집합이 있어서 그것을 공부하고 익혀서 추가할 수 있다는 점도 매력으로 작용한다. "알고 있는 것을 통합하고 다른 방식으로 생각하기 시작해요. 연쇄 작용이죠. 처음에는 이름에서 시작해서, 어떻게 생겼는지, 무엇을 먹었는지, 그들이 잘 어울렸는지 그렇지 않았는지를 생각해요." 그리고 그 어린이를 지켜보는 어른들에게 이것은 믿을 수 없이 놀라운 일이다. 우리는 칭찬을 통해서 그들이 할 수 있는 일이 훌륭하고 특별하다는 생각을 강화한다.

일부 어린이는 고생물학자가 되거나 아마추어 지질학자로 평생을 보낼 테지만, 많은 어린이들이 여덟 살쯤 되면 강한 흥미를 잃기 시작한다. 어쩌면 학교에서 다른 공룡 광신도를 만나면서 자신의 지식이 그렇게 특별한 것은 아님을 깨닫고 흥미가 사그라드는지도 모른다. 아니면 학교 교육을 받으면서 더 광범위한 다른 능력을 개발해야 할 필요성을 직감하는 것일 수도 있다. 어른들도 백악기 하부의 공룡을 줄줄 외우는 능력을 더 이상 그다지 칭찬하지 않는다. 이제는 친구를 사귀고, 수학과 철자법과 읽기 과목을 잘하고, 운동회와 성가대와 성탄 연극에 참여할 때 칭찬을 받는다.

박물관에서 다섯 살짜리 조카가 무엇인가를 발견했다. "데이노니쿠스*Deinonychus*! 고모! 뒤를 봐요! 데이노니쿠스예요!"

내 뒤에는 깃털이 달린 실물 크기의 공룡 두 마리가 움직이고 있었고, 그중 한 마리는 입이 피투성이였다. 조카와 함께 한동안 그 공룡들을 지켜보다가, 조카에게 왜 그렇게 공룡을 좋아하는지 물었다. 아이는 잠시 생각하더니 이렇게 말했다. "아주 크고 무서워서 좋아요. 그리고 색깔도 다르고, 모두 다 달라요."

나는 좀더 가까이 가서 유리와 나무로 된 진열장 앞에 섰다. 그 진열장 안에는 황갈색 이빨 2개와 코뿔소 뿔처럼 생긴 것이 하나 들어 있었다. 그 뿔 같은 것은 엄지발가락에서 떨어져 나온 발톱이었다. 이 화석들은 의사이자 자연학자인 기디언 맨텔이 1822년에 발견한 것이다.[3] 맨텔은 그 화석이 완전히 새로운 동물의 것이라고 판단하고 그 동물에 이구아노돈*Iguanodon*이라는 이름을 붙였다. 이구아노돈은 "이구아나의 이빨"이라는 뜻인데, 이 이름을 붙인 까닭은 그 이빨이 이구아나의 이빨과 닮았기 때문이었다. 1833년, 맨텔은 그가 힐라이오사우루스*Hylaeosaurus*라고 명명한 동물에 대한 설명을 발표했다.[4] 그로부터 8년 후, 영국의 해부학자인 리처드 오언이 이 동물들과 메갈로사우루스*Megalosaurus*라는 다른 동물을 연구했다. 메갈로사우루스는 옥스퍼드의 괴짜 자연학 교수로 유명한 윌리엄 버클랜드가 기재한 동물이었다.[5] 오언은 이 동물들의 공통된 특징에 주목했다. 이들은 다른 파충류에는 없는 고관절이 있었고, 엄청나게 컸다. 그는 이 동물들에 "무서운 파충류"라는 뜻의 공룡dinosaur이라는 이름을 붙였다. 여기서 "무섭다"는 것은 "경외롭다" 또는 "무서울 정도로 거대하다"라는 의미였다.[6]

공룡이라는 새로운 이름은 곧바로 대중에게 널리 받아들여졌다. 오언은 영국 박물관의 자연사 부문 관리자가 되었다. 뛰어난 해부학자라는 그의 명성은 비열한 과학적 모사꾼이라는 오명에 빛을 잃기도 했고, 한번은 다른 과학자의 연구를 자신의 것이라고 주장했다는 혐의를 받기도 했다(그러나 그는 메리 애닝의 연구를 지지한 것으로 보인다). 특히 맨텔과 사이가 좋지 않았는데, 일부 자료에 따르면 맨텔의 일부 논문 발표를 방해하기도 했다고도 한다. 한편 맨텔은 고생물학 연구를 위해서 생업인 의사 일을 등한시해서 결국에는 빚더미에 앉았다. 그는 클래펌 공원에서 마차 사고로 중상을 입고, 아편으로 자가 치료를 시작했다가 1852년에 약물 과용으로 죽었다. 오언은 경쟁자인 맨텔의 척추 일부를 병에 담아서 왕립 외과대학의 진열장에 전시했다.

1881년, 오언은 영국 국립 역사 박물관의 설립 결정 과정에서 중요한 역할을 한 뒤 초대 관장이 되었다. 그는 공룡이라는 명칭을 만들었을 뿐 아니라 자신의 연구를 일반 대중과 공유하는 법도 찾아냄으로써 그 어느 때보다도 더 많은 사람들이 고생물학이라는 과학에 쉽게 접근할 수 있게 만들었다. 1969년, 맨텔의 척추는 왕립 외과대학의 선반에서 치워지고 폐기되었다. 이유는 공간 부족이었다.

6월, 조니와 나는 비행기를 타고 솔트레이크 시티로 향했다. 그런 다음 차를 몰고 길게 늘어선 상가 건물들과 프랜차이즈 음식점들을 지나서 남쪽으로 갔다. 프로보라는 도시의 복잡한 교차로 옆 서브웨이에 잠시 차를 세우고 커피 한 잔을 사려고 할 때, 카운터 뒤에 있는 여자들이 서로를 힐끗 쳐다보는 것이 보였다. 그들은 한 번도 커피머신을 사용해본 적이 없었다. 인구의 88퍼센트가 모르몬교도인 프로보에는 커피 수요가 많지 않다. 나중에 나는 지도를 보면서, 유타 주의 중심부로 향하는 고속도로에 있는 우리의 목적지를 확인했다. 동쪽 어딘가에 내가 이곳에 온 이유가 있었다. 2019년 3월에 미국의 최신 국가 기념물 중 하나로 승인된 그곳은 전 세계에서 쥐라기 공룡 뼈의 밀도가 가장 높은 퇴적층이었다.

미국 서부는 공룡의 땅이다. 1870년대 후반이 되자 북아메리카는 화석 사냥터가 되었다. 때로는 골드러시에 빗대어 "공룡 러시"라고 불리기도 하고 때로는 "뼈 전쟁"이라고 불리기도 한 이런 현상 속에서, 공룡 사냥꾼들은 몬태나, 와이오밍, 유타로 가기 위해서 서쪽으로 향했다. 티라노사우루스, 트리케라톱스, 디플로도쿠스*Diplodocus*, 스테고사우루스 같은 유명한 공룡들이 발견된 것도 이때였다. 특히 에드워드 드링커 코프와 오스니얼 찰스 마시라는 두 남자는 서로 경쟁적으로 뼈를 파내어 동부에 있는 대형 박물관과 대학으로 보냈는데, 그 과정에서 130종이 넘는 공룡에 이름을 붙였다.[7] "거친 서부"라는 이름에 걸맞게, 그리고 남자들의 격렬한 경쟁의식에 휩쓸려서, 두 사람의 공룡 사냥 팀은 서로를 염탐하고, 상대편이 발굴하지 못하도록 뼈층을 다이너마이트로 폭파하고, 종종 서로의 표본을 훔쳤다. 훗날 두 사람은 언론을 통해서 나쁜 과학, 절도, 직원에 대한 저임금 혐의를 주장하면서 서로를 향해 원색적인 공격을 하는 데 열정을 쏟았다. 그 결과 미국 지질조사소는 몇 년 동안 고생물학에 대한 자금 지원을 전면 철회했다.

코프의 유해 일부도 맨텔처럼 결국 박물관에 가게 되었다. 임종을 맞으면서도 코프는 마시에게 도전장을 던졌다. 자신의 뇌가 마시의 것보다 틀림없이 클 것이라고 주장한 것이다. 이를 증명하기 위해서 그는 자신의 몸을 과학계에 기증하고 그의 두개골을 측정하게 했다. 마시도 똑같이 해야 했지만, 마시는 그의 도전을 받아들이지 않았다. 코프의 두개골은 펜실베이니아 대학교의 고고학 및 인류학 박물관에 보관되었다. 맨텔과 달리 코프의 두개골은 오늘날에도 여전히 그곳에 있다. 벨벳으로 내부를 감싼 상자에 담긴 채 그가 사랑한 공룡처럼 체계적으로 정리된 목록에 따라 분류된 채 말이다.

공룡을 향한 대중의 관심은 한동안 지속되었지만, 대런 네이시와 폴 M. 배럿의 지적대로 20세기 초반에 이르자 인기가 시들해졌다.[8] "일반적인 여론은 포유류(특히 설치류와 말처럼 오늘날에도 살아 있는 종류)가 공룡보다 더 연구할 가치가 있다"는 것이었고, 움직임이 느리고 지능이 낮으며 냉혈동물인 공룡은 "지구 생명의 전체 역사에 대한 우리의 이해와 관련해서는 흥미롭지 않고, 일반적으로 주목할 가치가 전혀 없다"는 것이었다. 미국에서는 제1차 세계대전의 반대자들이 외교적 해법보다 전쟁을 선호하는 사람들을 비난하려고 골판을 장갑처럼 둘러싸고 있는 스테고사우루스의 종이 모형을 만들기도 했다. 월터 G. 풀러는 반전 시위자로서 이렇게 썼다. "장갑으로 온몸을 감싼, 뇌 없는 이 괴물은 점점 더 많은 장갑을 갖추었다.……'충분한 준비'보다 더 지적인 삶의 방식을 가지지 못한 이 괴물은 결국 자신의 무게 때문에 습지에 가라앉았다."[9] 공룡은 자신의 편리를 위해서 너무 크게 자란, 낭비가 심한 동물로 여겨졌다. 비즈니스 은어에서 "공룡"은 시류에 맞춰 변하지 못하고 더 기민하게 움직이는 작은 회사들과의 경쟁에서 결국 무너질 거대 기업을 가리키는 말이 되었다(지금도 그런 의미로 쓰인다). 다른 곳에서도 "공룡"이라는 말은 시대에 뒤떨어진 무엇인가를 가리킨다. 영화 「007 골든 아이007

GoldenEye」(1995)에서 주디 덴치가 연기한 M은 피어스 브로스넌의 본드에게 "여성 혐오적인 성차별주의자 공룡, 냉전의 유물"이라고 말한다.

공룡은 이후 30여 년 동안 아이들을 위한 이야기나 코미디의 소재로 치부되었다. 이를테면 하워드 호크스의 유쾌한 코미디 영화인 「베이비 길들이기Bringing Up Baby」(1937)에서는 불운한 고생물학자(캐리 그랜트 분), 브론토사우루스Brontosaurus, 표범, 자유분방한 상류층 아가씨(캐서린 헵번 분)가 등장한다. 공룡은 1960년대가 되어서야 과학계와 일반 대중의 사랑을 다시 받을 수 있었다. 그리고 그 시점에, 유타에 위치한 클리블랜드-로이드 공룡 발굴지는 신세대 연구자들을 끌어들이는 자석이 되었다.

이 뼈층을 처음 발견한 사람이 누구인지는 아무도 모르지만, 고생물학자들은 이곳을 1920년대부터 발굴해왔다. "진짜로 세계적 수준의 발굴지랍니다." 위스콘신 대학교 오슈코시 캠퍼스의 조지프 피터슨은 이렇게 말했다. "지금까지 내가 연구했던 모든 곳을 능가해요."

그 뼈층에 가려면 프라이스라는 마을 근처에서 남쪽으로 19킬로미터를 간 다음, 노란 바위와 관목이 펼쳐진 반건조 지대의 경관을 통과하는 구불구불한 비포장도로를 따라서 21킬로미터를 더 가야 한다. 프라이스에서 멀어질수록 시간과 경관도 점점 더 과거로 간다. 8,000만 년 전인 백악기의 경관을 간직한 프라이스에서 1억5,600만-1억4,600만 년 전에 해당하는 쥐라기의 모리슨 층Morrison Formation에 이르는 것이다. 쥐라기 동안 클리블랜드-로이드 발굴지는 드넓은 평원의 한가운데에 있었을 것이다. 곳곳에 호수가 흩어져 있고, 수평선의 이 끝에서 저 끝까지 펼쳐진 구불구불한 강들을 따라 흙탕물이 천천히 흘러가는 평원의 풍경은 오늘날 아프리카 동부의 풍경과 비슷했을 것이다.[10] 오늘 고생물학자들은 돌이 많은 낮은 산비탈 옆에서 발굴을 하고 있다. 멀리 주황색 뷰트butte(고원이 침식되면서 탁자 모양으로 우뚝 남아 있는 지형/옮긴이)들이 열기 속에서 아른거렸다. 우리가 도착한 이른 아침에는 깃대 위에 매달린 성조기가 뜨거운 사막의 바람에 펄럭이는 소리만 들렸다. 발굴이 진행 중인 곳을 보호하기 위해서 골강판 지붕을 얹은 가건물이 두 채 설치되어 있었다. 회색 토양 속에 까맣게 변한 뼈들이 드러나 있었다. 오랫동안 감춰져 있던 것들이 밝은 세상으로 나오는 중이었다.

토지관리국의 마이클 레신은 지난 20년간 이 클리블랜드-로이드 발굴지를 담당해왔다. 회색 곱슬머리를 하나로 묶고 땀으로 얼룩진 크림색 카우보이 모자를 쓴 그는 주로 혼자서 일한다. 그는 방문객 센터를 관리하면서, 주어진 예산 안에서 그곳을 개발하고 보존할 방법을 계획하려고 노력하고 있다. 우리가 만났을 때 그 발굴지는 아직 국가 기념물 지위를 부여받지 못한 상태였는데, 레신은 그 점을 영 마음에 걸려했다. 추가적인 자금 지원 없이 방문객만 늘어나서 가뜩이나 부족한 재원에 부담이 되지는 않을까 하는 걱정이었다.

"1960년에 유타 대학교의 윌리엄 스토크스가 공동 공룡 발굴이라고 알려진 작업을 시작했어요." 레신이 말했다. 스토크스는 클리블랜드-로이드에 다량의 뼈가 묻혀 있다는 사실은 알았지만, 그것을 꺼낼 돈이 없었다. 다행히도, 마침 1960년대에는 이른바 "공룡 르네상스"가 시작되고 있었다.

공룡을 대대적으로 재해석하는 새로운 과학적 발전은 예일 대학교 피바디 자연사 박물관에 소속된 존 오스트럼의 주도로 이루어졌다. 오스트럼은 공룡이 진화적으로 막다른 길에 다다른 굼뜨고 흐리터분한 냉혈동물이 아니라, 경이로운 성공을 거둔 동물이었다고 주장했다.[11] 그는 공룡을 똑똑하고 진화적으로 우월한 온혈동물로 바꿔놓았고, 그의 생각은 훗날 그의 제자였던 로버트 T. 배커의 글을 통해서 대중의 관심을 강하게(일부의 말에 따르면 지나치게 강하게) 끌었다. 특히 비소설『공룡에 대한 이설*The Dinosaur Heresies*』과 백악기의 아메리카 대륙에서 살아남으려고 애쓰는 어느 암컷 유타랍토르*Utahraptor*의 이야기를 그 공룡의 시점에서 연대기 형식으로 집필한 소설『랍토르 레드*Raptor Red*』가 유명했다(「쥐라기 공원」의 속편인「잃어버린 세계The Lost World」에 등장하는 로버트 버크 박사는 확실히 배커에게서 영감을 받은 캐릭터이다). 1960년대는 활기가 넘치는 시대였고, 순식간에 공룡은 다시 멋진 존재가 되었다.

스토크스는 박물관들에 전화를 걸어서 공룡 뼈를 인력이나 돈과 교환하자고 제안하기 시작했다(고고학적 자원의 이동을 방지하기 위해 제정된 법률 때문에 스토크스의 행동은 사실상 불법이었다. 그러나 아무도 고발을 하지 않았던 것으로 보인다). 지금까지 이 발굴지에서는 1만2,000개 이상의 뼈가 발굴되었고, 유타의 이 좁은 땅에서 발견된 공룡들은 에든버러, 리버풀, 쿠웨이트, 밀라노, 튀르키예, 도쿄를 비롯한 세계 곳곳의 65개 연구소에서 볼 수 있다. 이 발굴지에서 처음 나온 공룡은 일본에 전시되어 있다. 이곳에는 아직도 뼈가 아주 많이 남아 있어서, 이 발굴지에서 연구하는 고생물학자들에게는 오늘날에도 변함없이 새롭게 발견될 뼈를 자신도 모르게 밟을 위험이 있다. "이곳에서는 새로운 뼈를 발

그림 11.1 클리블랜드-로이드에서 발굴된 알로사우르스 (©James St. John)

견하고도 실망할 수 있어요. 뼈가 사방에 널려 있기 때문이죠. 이런 곳은 전 세계에서 이곳뿐이에요." 이 발굴지의 홍보 영상에서 한 사람은 이렇게 말했다.

클리블랜드-로이드 발굴지는 1920년대 이래로 이따금 불규칙적으로 발굴되었고, 이 발굴지의 역사는 공룡 과학의 역사이기도 하다. 고생물학자들이 이 발굴지에서 처음 연구를 시작했을 때, 그들의 주된 업무는 공룡의 조각들을 맞추는 것이었다. "그때 그들은 여기저기에 놓인 뼈의 위치를 표시하는 일에는 신경도 쓰지 않았어요." 레신이 말했다. 오늘날의 고생물학자들은 공룡을 그들이 속한 환경의 맥락에서 설명하고 싶어 한다. 달리 말하면, 공룡의 최후에 대한 이야기, 공룡이 일부를 이루는 진화 이야기, 공룡들이 살아가고 죽은 생태계 이야기와 같은 공룡의 사연에 관심이 있다고 볼 수도 있다. 그런 사연으로 보면 클리블랜드-로이드 발굴지는 1억4,800만 년 된 탐정 이야기이다. 이 모든 죽은 공룡들이 어떻게 한곳에 모이게 되었는지는 아무도 모른다. 게다가 포식자와 피식자의 비율이 왜 3대 1인지도 모른다. "그것은 뭐랄까, 말도 안 돼요! 그런 일은 일어나지 않아요!" 레신이 말했다. 보통은 피식자의 수가 포식자의 수를 크게 웃돌 것이라고 예상하겠지만, 클리블랜드-로이드 발굴지에서 나온 뼈는 75퍼센트 이상이 (종종 "포식성" 또는 "육식성" 공룡 무리로 알려져 있는) 수각류 공룡 중에서 가장 무시무시한 종의 하나로 꼽히는 알로사우루스 프라길리스*Allosaurus fragilis*의 것이다. 그렇게 많은 뼈가 발견되다 보니, 클리블랜드-로이드에서 연구하는 고생물학자들은 그 뼈를 이용해서 알로사우루스의 생활사를 거의 전부 재구성할 수 있었다. 비전문가의 눈에는 티라노사우루스 렉스와 조금 비슷해 보이는 포식자인 알로사우루스는 (대략 2층 버스와 비슷한) 길이 12미터에, 몸무게 2,000킬로그램까지 자랄 수 있었다. 양손에는 무섭게 휘어져 있는 3개의 발톱이 있었고, 이빨은 대개 톱니 모양이었다.[12]

이 발굴지에 있는 뼈들을 설명하기 위해서 수많은 가설들이 나왔다. 그 공룡들은 독 때문에 죽었을까? 가뭄 때문에 죽었을까? 빽빽한 진흙 속에 빠졌을까? 철에 따라 일시적으로 생기는 연못에 사체들이 휩쓸려 들어간 뒤에 퇴적물로 덮인 것일까? 뼈에 물린 자국이 거의 없는 이유는 물이 독성으로 변했기 때문이라고 볼 수 있을까? "우리는 답보다는 의문을 훨씬 많이 얻었어요." 레신이 말했다. "공룡이 신기했던 시절에는 공룡이 존재했다는 것만 발견해도 굉장한 일이었어요. 하지만 지금은 뭐랄까, 이 공룡들이 도대체 어떻게 여기에 있지? 같은 거죠."

이 발굴지는 현재 위스콘신 대학교와 인디애나 대학교에서 발굴하고 있다. 레신은 우리에게 주요 발굴 장소를 보여주었다. 골강판 지붕을 얹은 가건물 중 하나의 안에 있는 얕은 구덩이였다. 가건물은 어쩔 수 없이 레신의 물품 창고를 겸하고 있어서, 구석마다 장비 상자, 장대, 밧줄 타래들이 쌓여 있었다. 이곳에서 레신이 가장 많이 고민하는 것은 가건물 밑으로 물이 스며드는 것을 적은 돈으로 막아서 뼈의 손상을 줄일 방법이다. 우리는 그 구덩이를 내려다보았다. 짙은 색의 뼈 몇 개가 나무뿌리의 까만 옹이처럼 회색의 흙 속에 박혀 있는 것이 보였다. 몇몇 뼈는 발굴될 때 뼈를 보호하기 위한 하얀 소석고로 싸여 있었다.

발굴 기간에는 이 구덩이에 학생과 교수들이 가득할 것이다. 그들은 바닥에 쪼그리고 앉아서 흙을 조금씩 긁어내고 붓질을 하면서 암석을 한 겹씩 벗겨내는데, 이는 매우 지난한 작업이다. 이곳의 지도 제작에는 처음으로 사진 측량photogrammetry 기술이 활용되고 있다. "우리는 10-15 센티미터 높이 간격으로 이 발굴지 전체를 훑을 것이다. 각각의 높이를 지날 때마다 발견한 뼈들을 좌표계에 표시한다. 그런 다음 사진 측량 모형을 만들기 위한 여러 장의 사진을 찍으면, 그 높이의 발굴 정도를 나타내는 컴퓨터 3D 모형을 얻게 될 것이다. 그러면 세월이 흐르는 동안 그 퇴적층이 어떻게 변했는지를 연구할 수 있다." 피터슨은 「스미스소니언*Smithsonian*」에 실은 글에서 이렇게 설명했다.[13] 그는 이런 모형들을 연구함으로써 그곳의 공룡들이 한 번의 재앙으로 한꺼번에 죽은 것인지, 아니면 오랜 시간에 걸쳐서 사체들이 쌓인 것인지를 알게 되기를 바란다.

다른 연구로는 이 발굴지의 지구화학적 분석이 있고, 수각류의 사체가 쥐라기의 클리블랜드-로이드의 환경에서처럼 물에 잠겼을 때 무슨 일이 일어나는지를 알아내기 위한 실험도 있다. 신선한 알로사우루스의 사체는 없기 때문에, 과학자들은 새들로 실험한다.

"나는 이 발굴지를 범죄 현장이나 고고학 유적처럼 접근하고 있어요. 할 수 있는 일은 다 해봐야죠." 피터슨은 말한다.[14]

어느 뜨거운 금요일 오후. 유타 주 카본 카운티의 청사 소재지인 프라이스 중심가의 널찍한 거리는 한산했고, 많은 상점들이 닫혀 있었다. 어떤 곳은 이른 주말 휴가를 떠난 듯했고, 또다른 곳은 완전히 폐업을 한 것처럼 보였다. 지방법원 건물 건너편에 있는 유타 주립 대학교 동부 선사시대 박물관의 시원한 실내에는 클리블랜드-로이드 발굴지에서 나온 생명체 중 일부가 놓여 있었다.

박물관장인 케네스 카펜터는 내게 공룡 전시실을 보여주었다. 그곳에서는 말과 비슷한 모양의 두개골을 가진 캄프토사우루스*Camptosaurus*가 우뚝 서 있는 알로사우루스와 맞서고 있었다. 키가 작고 청바지를 입은, 짙은 색 머리카락의 소유자 카펜터는 조용한 목소리로 이야기를 하는 남자였는데, 주위의 세상을 혼자서 조용히 즐기는 것처럼 보였다. "우리는 가능한 한 진짜 뼈를 많이 포함시키려고 하고 있어요." 그는 전시품을 가리키며 말했다. "스미스소니언은 그들만 이해할 수 있는 이유로 진품은 대부분 치우고 복제품을 전시하고 있지만, 내게는 그것이 진본이 아닌 복사본 「모나리자」를 보려고 루브르에 가는 것처럼 느껴져요. 똑같아 보일 수도 있겠지만, 심리적으로는 같지 않아요. 나한테 누가 뭐라고 하든지 나는 신경 쓰지 않아요. 사람들은 박물관에 가면 진짜를 보고 싶어해요. 복제품이 아니라요."

야코프 빈테르는 공룡에 대한 과도한 관심에 우려를 표했지만, 카펜터는 열광했다. 미국이 점령 중이던 도쿄에서 1949년에 태어난 카펜터는 다섯 살 때 어머니의 손에 이끌려 「고질라Godzilla」를 보러 갔다. 「쥐라기 공원」이 젊은 과학자들에게 그랬듯이, 「고질라」는 그에게 영향을 주었다. "나는 그때 엄청 감탄했고, 곧바로 고생물학자가 되기로 결심했어요."

클리블랜드-로이드의 뼈는 공룡 전문가들의 밤잠을 설치게 했던 의문들 가운데 몇 가지를 해결하는 데 도움을 주었다. "알로사우루스는 스테고사우루스와 싸워서 이겼을까?", "스테고사우루스가 어떤 힘으로 공격을 해야만 알로사우루스에게 자창刺創을 입힐 수 있었을까?" 같은 것들이었다.

"전에 누가 그런 질문을 하더군요. 만약 타임머신을 타고 과거로 가서 볼 수 있다면 그렇게 하고 싶냐고요. 내 대답은 대체로 '아니오'였어요. 나한테 고생물학은 알아내려고 노력하는 게 재미이기 때문이에요. 고생물학은 대부분 정신 운동이에요. 만약 타임머신이 있어서 과거로 갈 수 있으면 미스터리는 사라질 거예요. 그러면 더 이상 고생물학이 아니라 그냥 생물학이 되겠죠. 아, 물론 동물원에 가는 건 좋아해요. 하지만 나는 그 동물들을 연구하고 싶지는 않아요."

이 박물관에서, 카펜터는 유타 주 동부의 깊은 시간에 대한 이야기를 하려고 시도하고 있다. 물론 그가 이야기하고자 하는 시간의 범위는 공룡 시대보다 훨씬 더 넓다. 그러나 공룡은 그의 마음속이나 우리의 내면 어딘가에 어린 시절부터 계속 머물러 있는 듯하다. 2005년에 출간된 『육식공룡*The Carnivorous Dinosaurs*』이라는 책에서 카펜터는 클리블랜드-로이드에서 나온 알로사우루스의 발허리뼈metatarsal bone에서 발견된 뚫린 상처가 스테고사우루스의 꼬리에 달린 골침에 의해서 생긴 것이라고 추측했다. 그의 글은 범죄 프로그램에 출연한 법의학 병리학자의 이야기처럼 들린다. "경험적으로 결정된 최적의 방법을 토대로, 골침은 수평면에서 아래로 58도, 수직횡단면에서 전방으로 33도, 시상면에서 측면으로 10도를 지나서 관통했다.……골침은 상처를 깔끔하게 빠져나오지 못한 것으로 보인다.……따라서 구멍이 넓어졌다." 계속해서 그는 스테고사우루스의 등에 똑바로 서 있는 골판이, 알로사우루스가 선호하는 공격 행동일 수 있는 "기도에 치명상을 입히려는 공격을 무력화하는 역할을 할지도 모른다"고 추측했다.[15] 어떤 면에서 보면, 이런 종류의 과학은 "트리케라톱스는 실제로 티라노사우루스 렉스의 허벅지 뼈를 찔러 죽일 수 있었다"는 내 조카의 말과 본질적으로 크게 다르지 않은 것 같다.

나는 고생물학자들에게 종종 궁금했던 것을 카펜터에게 물어보았다. 왜 굳이 오래 전에 죽은 생명체의 외형과 행동을 복원하기 위해서 애를 쓰는지, 다시 말해서 오늘날 우리가 사는 세상과 실용적 연관성이 없는 것을 추구하는 일에 왜 평생을 바치는지를 물었다.

"나는 가르치는 일이 좋아요. 과거 생물의 진가를 사람들이 더 잘 이해했으면 좋겠어요. 그리고 과거는 현재와 매우 다르다는 것을 사람들에게 알려주고 싶어요." 그가 말했다. 익명을 요구한 다른 고생물학자의 말이 어쩌면 본심에 더 가까울지도 모른다. "내 개인적 의견이요? 그런 건 관심 없어요. 그냥 재미있어서 하는 것뿐이에요."

"자연과학을 하는 주된 이유는 대체로 우리를 둘러싼 세상을 이해하는 것, 그것이 어디로 가고 있는지를 이해하는 것이라고 생각해요." 같은 질문에 대해, 스웨덴의 고생물학자인 요한 린드그렌은 이렇게 말했다. “우리는 미래를 볼 수 없으니까, 우리가 수집할 수 있는 유일한 자료는 과거에서 유래하죠. 오늘날 무슨 일이 일어나고 있는지를 이해하고 싶다면, 과거를 돌이켜봐야 해요.”

“당신이 트집을 잡고 싶다면, 글쎄요, 고생물학이 암을 낫게 하거나 에너지 위기를 해결하지는 않겠죠.” 빈테르가 말했다. “하지만 우리에게는 우리가 사는 세상이 왜 이런지를 이해해야 하는 어떤 본연의 의무가 있다고 생각해요. 그리고 깊은 시간을 거치면서 어떻게 이런 조합이 만들어졌는지를 이해하는 일은 그것의 중요한 일부분이에요. 만약 우리가 우리 주위에 있는 것들을 이해하지 못한다면, 그것들을 왜 돌봐야 하는지도 이해하지 못할 거예요. 그러면 우리는 바다에 플라스틱을 내다 버릴 것이고, 청설모가 모조리 사라져도 전혀 관심을 두지 않을지도 몰라요. 이런 것들을 이해하려는 자연스러운 호기심은 「X 팩터X Factor」 같은 오디션 프로그램을 보거나 미술관에 가는 일과도 비슷하다고 생각해요. 내 말은, 왜 우리가 예술에 신경을 써야 하죠? 왜 우리가 「X 팩터」에 신경을 써야 하죠? 사람들이 관심을 가진다면 그럴 만한 가치가 있을 거예요.”

1997년, 시카고의 필드 박물관은 수라는 이름의 티라노사우루스 렉스 화석을 위해서 830만 달러를 지불했다(구입 자금은 캘리포니아 주립 대학교와 월트 디즈니, 맥도날드의 모금으로 마련되었다).[16] 수는 이 글을 쓰는 시점에 가장 비싸게 팔린 공룡 화석이다.

"『쥐라기 공원』은 이 시장에 엄청난 기회를 가져왔어요." 내가 런던 세인트제임스에 위치한 크리스티 경매장에 갔을 때, 크리스티의 과학 및 자연사 전문가인 제임스 히슬롭은 이렇게 말했다. "『쥐라기 공원』이 없었다면 수가 수백만 달러에 낙찰되지는 않았을 거예요."

2000년대가 되자 공룡의 이미지는 부유한 개인과 기업의 상징으로 재탄생했다. 레오나르도 디카프리오, 러셀 크로, 니컬러스 케이지는 모두 유명 수집가들이다. 캘리포니아의 한 소프트웨어 기업의 로비에는 티라노사우루스 렉스의 두개골이 놓여 있다.[17] 다른 뼈들도 웅장한 저택과 아파트의 실내 장식 소품이 되었다. 육식공룡은 초식공룡보다 인기가 있다. "조금 진부한 것 같지만, 잘나가는 남자들이 이것들을 구매한다는 전형적인 현상 속에는 어떤 진실이 있는 것 같아요. 사람들은 이웃을 씹어 먹을 크고 흉포한 무엇인가를 원하죠." 히슬롭이 말했다. "그리고 정말 흥미진진하고 멋진 것을 원한다면, 항상 티라노사우루스 렉스를 가지고 싶을 거예요." 히슬롭은 티라노사우루스 렉스의 이빨로 매번 5,000-1만 파운드의 수익을 기대한다. 티라노사우루스보다 더 오래되었고 더 희귀한 알로사우루스의 이빨로는 잘해야 1,000파운드를 겨우 벌 수 있다. "모든 것이 결국 이름 값이에요. 어느 정도는 이 시장이 꽤 젊기 때문이기도 해요. 사람들이 공룡에 대해 아주 많이 배우지는 않았죠. 하지만 한편으로는 예술 시장의 작동 방식이 그런 탓이기도 해요." 사람들은 20세기의 화가들 중에서도 피카소나 르누아르나 모네의 그림을 더 사고 싶어하듯이 티라노사우루스를 더 사고 싶어한다.

그러나 히슬롭은 미래에는 달라질 것이라고 전망한다. 내 조카의 세대가 어른이 되면, 그들의 시야는 티라노사우루스 렉스, 스테고사우루스, 트리케라톱스 같은 친숙한 공룡에만 머물지 않을 것이다. 히슬롭은 그가 판매하고 있던 티라노사우루스 렉스의 이빨에 대해 자신의 조카와 나눈 대화를 기억한다. "나는 조카가 흥미로워할 거라고 생각했는데, 그 애는 곧바로 '스피노사우루스의 이빨이 더 크다'고 말하더군요. 아이는 티라노사우루스 렉스에 감명을 받지 않았어요."

공룡이 사회적 지위의 상징이라는 점이 모두에게 편하지만은 않다. 2018년, 프랑스의 아귀트 경매소는 아직 분류되지 않은 대형 공룡의 판매를 광고했다. 그러자 미국 메릴랜드 주 베세즈다에 있는 척추동물 고생물학회는 아귀트 경매소에 그 공룡의 판매를 취소해달라고 편지를 보냈다. 전 세계의 2,200명이 넘는 고생물학자들을 대표하는 이 학회가 보낸 편지에는 "화석 표본이 판매되어 개인의 수중으로 들어가는 것은 과학계의 손실"이라고 쓰여 있었다.[18]

만약 개인 수집가가 화석에 대한 과학자의 접근을 허락한다고 해도, 과학자가 그 화석으로 할 수 있는 일은 많지 않다. "화석을 연구하기 위해서는 공개적으로 이용할 수 있어야 해요. 그렇지 않으면 그 화석에 대한 논문을 발표할 수 없어요." 유니버시티 칼리지 코크의 마리아 맥너마라는 내게 이렇게 설명했다. 논문의 결과를 검증하고 확인하는 과정이 필요한데, 개인 소장품인 화석에 대해서는 그런 과정을 보장할 수 없다. "그 모든 과학적 경이로움이 할리우드 스타의 집 안에 갇혀 있을 가능성이 있다고 생각해요." 맥너마라가 말했다. "화학에서는 화학 물질을 합성해서 어떻게 형성되어 있는지를 연구해요. 생물학에서는 세포를 채취해서 단백질이 어떻게 들락날락하는지를 연구하죠. 근데 우리 고생물학에서는 필요한 자료를 쉽게 얻을 수 없어요. 우리가 의존하는 매우 좋은 화석 발굴지는 그 수가 제한적이에요." 척추동물 고생물학회는 경매로 팔리는 공룡 화석의 수에 대한 자료를 수집하고 있지는 않지만, 이 학회의 전 회장인 폴 데이비드 폴리는 "매우 고가의 경매가 훨씬 더 흔해지고 있다"고 말한다.[19] 그러나 박물관들은 경매에 참여할 예산이 없다.

반대의 목소리도 있다. 내가 카펜터에게 개인 판매에 반대하는 척추동물 고생물학회의 활동에 동의하는지 물었을 때, 그는 "그 문제에 대해서는 동료들과 의견이 갈린다"고 말했다. "척추동물 고생물학의 역사를 보면, 이 학문은 사람들의 매매에서 시작되었어요. 메리 애닝은 그녀의 발굴물을 자연사 박물관에 많이 팔았어요. 이 나라에서는 마시와 코프가 표본을 사고는 했죠." 빈테르도 이에 동의한다. "만약 화석을 수집하는 것이 완전히 불법이었다면 아무것도 발견되지 않았을 거예요. 우리(학자들)는 계속 야외에 나갈 시간이 없어요. 따라서 실제로 우리는 화석을 찾는 사람들에게 의존하고 있어요." 그는 과학자들이 상업적인 화석 사냥꾼들을 비난하기보다는 그들과 좀더 좋은 관계를 맺어야 한다고 주장한다.

아귀트의 공룡은 결국 파리의 경매장에서 익명의 입찰자에게 200만 유로에 팔렸다. 소유주는 그 화석이 프랑스의 박물관에 있는 것을 보고 싶어한다고 보도되었지만, 현재까지 그 이상 알려진 것은 없다.

이런 거액의 낙찰가에도 불구하고, 히슬롭은 이 시장이 어떤 부분에서는 한계에 도달했다고 본다. "이를테면, 지금 시점에서는 트리케라톱스를 발굴해서 상업적으로 성공하기는 불가능해요." 그는 내게 이렇게 말했다. 모든 화석은 희귀하고, 공룡 화석은 특히 더 희귀하다. 그러나 그런 범위 안에서 트리케라톱스는 상대적으로 흔하다. "나는 트리케라톱스를 백악기의 소라고 묘사해요." 히슬롭이 말했다. "만약 누가 '공룡 뼈를 찾았다'고 한다면, 트리케라톱스의 뼈일 확률이 높아요." 그 이유는 한 시기에 트리케라톱스가 많이 돌아다녔기 때문이기도 하고, 비교적 후기의 공룡 화석이기 때문이기도 하다. 따라서 트리케라톱스가 발견되는 암석은 비교적 젊으며, 변형되거나 파괴될 시간이 많지 않았다. "완전한 트리케라톱스 골격은 상한가가 50만 파운드 정도인 것 같고, 두개골은 상태가 아주 좋으면 30만–40만 파운드까지 가요. 하지만 두개골을 발굴하는 데에는 10퍼센트의 시간이 들고, 나머지 부분을 발굴하는 데 80–90퍼센트의 시간이 들죠." 화석 사냥꾼들에게는 두개골만 꺼내고 나머지 부분은 그냥 두는 것이 타산에 맞는다. "가슴 아픈 일이죠. 안 그래요?"

사실, 미술 시장의 맥락에서 보면 수에 지불된 830만 달러도 비교적 적은 액수이다. "뼈 전쟁 시기에는 최상급 공룡 표본의 가격이 세계 최고의 미술품 가격과 거의 비슷했어요." 히슬롭이 말했다. 2020년 현재, 경매에서 팔린 세계 최고가의 그림은 2017년에 4억5,000만 달러에 낙찰된 레오나르도 다빈치의 「살바토르 문디」이다. "그 정도 돈이면, 나는 전 세계의 모든 자연사 박물관을 능가하는, 지구상 어디에도 없는 최고의 공룡 컬렉션을 만들 수 있어요."

그러나 우리가 공룡을 떠올릴 때 가장 많이 하는 생각은 지구의 거의 모든 곳을 지배하던 공룡이 어느 날 갑자기 사라졌다는 것이다. 공룡은 언제나 본질적으로 비극의 상징이었다. 공룡을 생각하면서 그들이 더 이상 지구에 없다는 사실을 묻어두기는 어렵기 때문이다.

“공룡을 죽인 것은 유성이었어요. 그 유성이 폭발하면서 가스가 생기고 암석이 녹았어요. 그리고 화산도 분출했어요. 화산 연기가 햇빛을 차단하면서 식물이 죽고, 초식공룡이 먹을 게 없어졌어요. 그래서 초식공룡이 죽자 육식공룡도 먹을 것이 없어졌어요. 그렇게 공룡이 모두 죽었어요.”

유성과 화산. 내 작은 조카는 현재 많은 과학자들이 **K–Pg** 대멸종(**K**는 백악기Cretaceous, **Pg**는 고제3기Palaeogene의 약자로, 두 시기 사이에 멸종 사건이라는 뜻, C는 이미 캄브리아기Cambrian의 약자로 쓰이고 있어서 백악기는 K로 나타낸다) 때에 일어났으리라고 추측하는 일들을 충분히 이해하고 있다. 우리는 이 설명에 유성, 즉 거대한 소행성이 멕시코에 떨어져서 칙술루브 충돌구가 만들어졌다는 이야기를 덧붙일 수 있을 것이다. 게다가 화산 활동이 대체로 증가하면서, 공룡들은 인도의 데칸 용암대지와도 싸워야 했다. 그곳에서 흘러나온 용암은 수십만 년에 걸쳐서 프랑스, 독일, 스페인을 합친 것과 맞먹는 넓이의 지역을 덮었다. 어떤 곳에서는 용암의 두께가 놀랍게도 150미터에 이르렀다. 이 모든 화산 활동으로 인해서 산성비가 내렸고, 백악기 후기의 지구에는 한랭한 시기와 온난한 시기가 둘 다 나타난 것으로 추측된다. 이는 계속해서 지구 생태계를 더욱 불안정하게 만들었고, 동물 개체군에는 스트레스를 주었다.

일부 지역(예를 들면 북아메리카 서부)에서는 운석이 충돌하기 전에 공룡이 이미 쇠퇴하고 있었다는 증거도 있다. 과학자들의 지적에 따르면, 백악기 말에 해수면의 높이가 낮아지면서 생긴 서식지의 변화 때문에 공룡 집단 사이의 다양성이 부족해졌을 가능성이 있다. 동물 집단은 다양성이 낮을수록 멸종에 더 취약해진다. 네이시와 배럿의 글처럼, "따라서 북아메리카 서부에……존재하는 공룡 종의 구성은 '멸종하기 쉬운' 공동체처럼 보인다."[20]

정확한 원인이 무엇이든 간에, 모든 해양생물 종의 약 75퍼센트와 모든 육상생물 종의 약 50퍼센트가 사라졌다. 비조류 공룡뿐만이 아니라, 특정 포유류, 도마뱀, 곤충, 익룡, 식물, 바다에 사는 플레시오사우루스plesiosaurs, 모사사우루스mosasaurs, 암모나이트, 많은 종류의 어류와 상어가 사라졌다.[21] K–Pg 대멸종 이후, 새로운 세상은 더 조용하고 더 한산한 곳이 되었을 것이다. 대양은 대체로 조용했고, 육상은 흩날리는 재와 까맣게 타버린 나무 등걸로 뒤덮였다. 그리고 극히 추웠던 처음이 지나가자 지구 온난화가 시작되면서 지옥 같은 더위가 찾아왔다.

그 어느 때보다도 지금, 과거 깊은 시간의 재앙들은 우리로서는 어찌하지 못하는 배경을 형성한다. 그리고 우리는 그 배경 위에 기후 변화와 현대의 종말이라는 우리 자신의 공포를 투영한다. 그러면서 한때 우리처럼 전 지구의 최상위 포식자였던 공룡을 보며 두려움에 떤다. 공룡은 거대하고 아주 잘 적응한 생명체였지만, 그런 것들도 결국에는 도움이 되지 않았다.

"우리가 그렇듯이 저들도 저들 제국의 지배자가 아니었겠는가?" 얀 잘라시에비치는 『우리 이후의 지구*The Earth After Us*』에 이렇게 썼다. "우리도 미래의 발굴자로부터 비슷한 경외와 존중을 받기를 바라지 않을까?" 잘라시에비치는 어쩌면 외계에서 왔을지도 모를 미래의 고생물학자들이 화석화된 우리의 유해를 발굴하는 모습을 상상했다.

> [그러나] 아마 그들의 초점은 이 행성에 살고 있는 다양한 생물들 중에서도 전체적인 생명의 짜임새를 보존하는 데 가장 중요한 생명체에 집중될 것이다. 그들은 세상에 무수히 많은 작은 무척추동물이나 세균을 훨씬 더 중요하게 생각할 것이다. 그런 안정적이고 기능적이고 복잡한 생태계가 (행성의 측면에서는) 희귀한 현상이기 때문이다.……최상위 포식자인 공룡을 제거하면 쥐라기의 생태계가 조금 달라지기는 했겠지만, 그에 못지 않게 잘 돌아갔을 것이다. 인간을 제거하면 현재 세계 역시 우리 인간종이 등장하기 2억 년에 그랬듯이 꽤 행복하게 잘 돌아갈 것이다. 반면 지렁이와 곤충과 다른 것들을 없애면 심각한 와해가 일어나기 시작할 것이다. 세균을 없애고, 더 오래된 그들의 사촌인 고세균과 바이러스까지 없애면, 세상은 죽을 것이다.[22]

카펜터는 모아브 마을 근처의 오래된 구리 광산으로 가는 길에 공룡 발자국이 남아 있다고 내게 이야기해주었다. 날은 다시 뜨거워졌고, 주위에는 그늘 한 점 없었다. 언덕을 올라가는 동안, 발밑의 평평한 사암은 녹이 슨 것 같은 칙칙한 붉은색으로 얼룩덜룩했고 몇몇 군데는 거의 보라색에 가까웠다. 울퉁불퉁한 표면에는 1억5,000만 년 전의 물결이 만든 둥글둥글한 무늬가 새겨져 있었다. 당시 이 암석은 쥐라기의 어느 강의 얕은 물가에 있던 모래톱이었고, 그런 강들이 무수히 많이 교차하던 경관을 우리는 모리슨 층이라고 부른다.

길 양쪽 가장자리에 있는 노란 암석에서는 누런빛을 띤 회색 흙이 떨어져 나와 있었다. 푸르스름한 사초들은 연한 금색을 띠는 포슬포슬한 표토 위에 무리지어 자라는 중이었다. 밝은 녹색의 잎사귀와 칙칙한 청회색의 작은 솔방울이 달린 키 작은 삼나무들도 있었다. 까마귀인지, 검은 새 한 마리가 파란 하늘에 나타났다가 사라졌다.

1억5,000만 년 전, 세 마리의 공룡이 이 길을 지났다. 큰 용각류 공룡 한 마리와 수각류 공룡 두 마리였는데, 한 마리는 부상을 입고 절뚝거렸다. 그 공룡들은 모래톱에 발자국을 남겼다. 시간이 흐르면서 발자국은 퇴적물로 채워지고 점점 더 파묻혔고, 깊은 시간의 과정을 거쳐서 마침내 암석으로 변했다. 용각류의 발자국은 크고 뭉툭한 모양이었다. 울퉁불퉁한 바위에서 그 모양을 구별할 수 있으려면, 내가 보고 있는 것이 무엇인지를 알아야 한다. 수각류의 발자국은 더 작았고, 동물의 흔적임이 더 선명하게 드러났다. 그 발자국은 거대한 개와 새의 발자국을 합친 것 같았고, 각각의 발자국마다 뚜렷하게 구별되는 발바닥과 마름모꼴의 발가락 자국을 가지고 있었다.

나는 앉아서 물병에 담긴 뜨뜻한 물을 마셨다. 멀리 꼭대기가 평평한 뷰트들이 구름처럼 보였다. 하늘 높이 떠 있는 진짜 구름은 극장의 무대장치에 있는 배경처럼 조심스럽게 일정한 간격을 유지하면서 물러나고 있었다. 주위를 둘러보고 있을 때, 새가 다시 눈에 들어왔다. 2미터쯤 떨어진 석회암 바위에 내려앉은 그 새는 머리를 꼿꼿이 들고 있었고, 반짝이는 눈에는 조류의 영리함이 깃들어 있었다.

한때 미국이 그랬듯이 중국은 공룡 사냥꾼들을 위한 새롭고 풍부한 개척지가 되었다. 1990년대 이래로 중국을 비롯한 새로운 화석 산지에서는 약 1억6,000만 년 전에 깃털이 달린 작은 포식성 공룡들이 어떻게 새로 진화했는지를 밝혀주는 특별한 화석이 발굴되고 있다. 오늘날 대부분의 고생물학자들은 현생 조류가 단순히 공룡의 친척이나 자손이 아니라, (티라노사우루스 렉스와 알로사우루스를 포함하는 무리인) 수각류의 하위 분류군에 속하는 실제 공룡이라는 사실에 동의한다.[23]

나는 쪼그리고 앉아서 바위에 남은 발자국 모양을 내 공책에 그렸다. 유타의 사막에 무릎을 꿇고 앉아 있는 동안, 나는 박물관에 있는 앙상한 뼈대보다는 이 발자국들을 통해서 비로소 공룡과 더 가까워지는 듯한 느낌을 받았다. 아무래도 뼈에서는 죽음과 몰락이 강조될 수밖에 없다. 나는 케임브리지 대학교 세지윅 박물관의 학예사인 데이비드 노먼이 지질학회의 어느 강연에서 발자국에 대해서 했던 말을 떠올렸다. "공룡 한 마리가 지나갔고, 발자국을 남겼어요. 그 흔적을 만지면 공룡에 더 없이 가까이 있다는 생각에 한편으로는 가슴이 뭉클해요."

비조류 공룡에 대해 이야기할 때, 우리가 쉽게 쏟아내는 온갖 이야기 속에는 공룡이라는 동물의 실체는 빠져 있다. 과장된 이야기, 신화, 시장, 상업화 등, 우리는 공룡을 통해서 우리 자신과 우리의 문화적 순간에 대해 이야기한다. 작은 플라스틱 공룡 피규어와 공룡에 관련된 밈meme이 쏟아지는 가운데, 친숙함이 오히려 진짜 공룡을 볼 수 없게 만든다. 상상력은 슬며시 사라지고, 공룡은 뻔해진다.

그러나 그때 무엇인가가 당신의 관심을 잡아끈다. 이 수각류 공룡의 마름모꼴 발가락 자국의 한 끝을 만지면, 1억5,000만 년이라는 시간은 뜨거운 사막의 공기 속에서 홀연히 사라진다. 공룡이 정말로 이곳에 있었다. 순간 그 사실이 새삼스럽게 놀라워진다. 공룡이 이곳에 있었다.

12

깊은 시간에 색을 입히며

에오세의 어느 날, 작은 물닭처럼 생긴 뜸부기 한 마리가 오늘날 덴마크라고 불리는 땅에서 죽었다. 그로부터 약 5,500만 년 후 덴마크의 한 박사 과정생이 그 새의 화석화된 흔적들을 현미경으로 관찰했다. 그 뜸부기에게는 그다지 위안이 되지 않겠지만, 그 순간은 고생물학에 커다란 기여를 했다.

야코프 빈테르는 지금은 브리스틀 대학교에서 고생물학을 강의를 한다. 그는 손짓을 섞어가면서 약간 덴마크 억양이 있는 영어를 매우 빠르게 구사하고, 종종 딱, 어쩌고저쩌고, 슉 같은 의성어와 의태어로 문장을 마무리한다. 덴마크에서의 어린 시절에 그는 자연 세계에 심취해서 자기만의 유용식물을 모았는데, 그중에는 과일, 채소, 담배, 심지어 대마(버려진 주말농장에서 자라고 있는 것을 발견했다)도 있었다. 도마뱀과 뱀이 사는 수조들이 가득한 자신의 침실에서 그는 공기 펌프의 쉭쉭거리는 소리에 잠을 설치고는 했다.

빈테르의 뜸부기 연구 이야기는 사실 훨씬 더 오래된 생명체, 2억 년 전에 살았던 오징어 친척의 화석에서 시작된다.[1] 메리 애닝 같은 화석 사냥꾼들은 그들의 화석에 있는 먹물주머니 속에 종종 선사시대의 먹물이 보존되어 있음을 19세기부터 알고 있었다. 예일 대학교에서 박사 학위를 받은 빈테르는 그곳의 연구실에서 연구 중이던 표본에서 색소를 발견했다. "유레카!"의 순간이었다. "나는 그 색소를 보고 '도대체 이게 뭐지?' 하고 생각했어요. 그리고 그 먹물이 현생 오징어의 먹물과 같다는 걸 깨달았죠. 즉 멜라닌으로 이루어져 있다는 뜻이었어요. 우리도 가지고 있고, 공룡도 가지고 있던 것과 같은 색소예요."

그 색소를 연구하면, 오랫동안 불가능하다고 치부되었던 일이 가능할지도 몰랐다. 그 일이란 화석에서 나온 증거를 이용해서 오래 전에 죽은 생명체의 색을 알아내는 것이었다.[2]

색소는 가시광선의 특정 파장을 선택적으로 흡수함으로써 색을 만든다. 대표적인 색소로는 멜라닌(빨간색, 노란색, 갈색, 검은색), 카로티노이드(밝은 빨간색, 노란색), 포르피린(녹색, 빨간색, 파란색)이 있다. 그 외의 색은 빛을 산란하는 나노 구조에 의해서 만들어진다. 화학적 성질이 아니라 미세한 표면 구조를 이용해서 가시광선의 간섭을 일으켜서 색을 만들기 때문에, 이런 색을 구조색structural colour이라고 한다. 일부 열대 조류의 화려한 깃털 색이나 튤립 잎의 버터 같은 윤기를 생각해보자. 많은 동식물이 색소와 구조색을 조합하여 활용한다. 가령 공작의 꼬리깃은 갈색 색소를 가지고 있지만 미세한 표면 구조 때문에 파란색, 청록색, 녹색 빛도 반사할 수 있어서 각도에 따라 색이 달라지는 오묘한 색의 깃털이 된다. 인간의 몸에서 멜라닌은 머리카락 색과 눈동자의 색을 조절한다. 멜라닌은 멜라닌소체라는 작은 세포 내 주머니에서 생성되고 저장되는데,

멜라닌소체에는 두 가지 형태가 있다. 소시지 모양의 멜라닌소체는 검은 색 계열의 멜라닌을, 둥근 모양의 멜라닌소체는 불그스름한 색조의 멜라닌을 만든다. 만약 머리카락 색이 붉다면 둥근 멜라닌소체가 있는 것이고, 검다면 소시지 모양의 멜라닌소체가 있는 것이다. 머리카락이 갈색이거나 회색이라면, 두 가지 형태의 멜라닌소체가 섞여 있고 일부 색소가 없을 것이다.

피부와 깃털이 화석이 되는 예외적인 경우도 있지만, (전형적으로 검은 색이거나 갈색인) 화석의 색은 화석화 과정의 결과이므로 살아 있는 생명체의 색을 알려주지는 않는다. 하지만 빈테르는 먹물주머니에 색소가 보존된다면 멜라닌이나 멜라닌이 들어 있는 멜라닌소체 역시 화석화된 피부와 깃털에서 발견될지도 모른다고 생각했다. 이제 그에게는 자신의 가설을 검증할 연조직 화석 하나만 있으면 되었다. 문제는 그 연조직 화석이 엄청나게 희귀하다는 것이었다.

그런 화석을 얻기란 쉽지 않았다. 그 희소성을 감안하면, 그런 화석을 잘라서 전자현미경 관찰을 위한 표본을 만들겠다는 일개 박사 후보생의 요청을 흔쾌히 허락할 학예사는 없다. 빈테르는 마침내 코펜하겐에 있는 지질학 박물관의 척추동물 화석 학예사를 설득해서, 5,500만 년 전의 뜸부기 두개골이 들어 있는 타자기 만한 크기의 석회암 덩어리를 자르게 할 수 있었다.

빈테르가 그 화석을 내게 보여주었을 때, 그 새는 이미 죽은 지 오래였음에도 놀라울 정도로 초롱초롱해 보였다. 고개를 위로 젖히고 에오세 하부의 맛있는 벌레를 쳐다보고 있는 듯했다. 그 새를 그토록 생기 있어 보이게 만든 것은 깃털이었다. 새에게는 빛무리처럼 둥글게 짙은 색의 깃털 흔적이 남아 있었고, 한때 눈이었던 얼룩 2개도 보존되어 있었다. 그 새는 뼈만 남은 화석과는 달라 보였다. 마치 책장 사이에 눌러서 말린 꽃처럼 동물의 골격을 보존한 것 같았다. 이 화석을 입수했을 때 빈테르는 표본을 만들어서 현미경으로 훑어보기 시작했다. "나는 저기 앉아서 현미경의 배율을 높이면서 멜라닌소체를 찾고 있었어요. 그러다가 갑자기, 놀랍게도 거기에 있더라고요! 이제 우리는 공룡 화석에 색을 입힐 수 있어요."

빈테르의 지도교수인 데릭 브리그스는 처음에는 회의적인 태도를 취했다. 빈테르가 묘사한 그 구조는 이미 잘 알려져 있었고, 세균으로 분류되었다.[3] 다른 과학자는 내게 "그것은 크기와 모양이 세균과 같고, 썩은 사체처럼 분해하는 세균이 있을 것으로 예상되는 곳에서 발견된다"라고 말했다. "모든 것이 아주 그럴싸해 보였어요." 추가적인 증거를 찾던 빈테르와 브리그스는 흑백의 띠무늬가 뚜렷한 백악기의 화석 깃털 하나를 관찰했다. 깃털이 검은 곳에는 소시지 모양의 멜라닌소체가 있었다. 깃털이 흰 곳에는 멜라닌소체가 없었다(흰색은 색소가 없음을 나타낸다). 만약 그 멜라닌소체들이 세균이었다면, 깃털의 검은 부분과 흰 부분 모두에서 발견되었어야 했다. "행운 같은 거였어요." 빈테르는 이렇게 말한다. "박사 과정 1년 차였기 때문에 비교적 신선한 시각을 가지고 있었고, 비교적 안전한 지점에 있었기 때문이라고 생각해요. 나한테는 잃을 명성이 없었거든요."

빈테르는 2008년에 그의 초기 연구 결과를 발표했다.[4] 이제 최초의 유색 공룡을 만들기 위한 경쟁이 시작되었다. 멜라닌소체의 형태를 이용해서 공룡의 색조와 무늬를 추론했다. 2010년, 각각 빈테르와 마이클

벤턴이 이끄는 브리스틀 대학교의 두 연구팀이 며칠 간격으로 연구 결과를 발표했다. 이 두 연구팀은 조류와 비슷한 안키오르니스 헉슬리이 *Anchiornis huxleyi*에 붉은색 볏이 있었다는 것과 깃털 달린 공룡인 시노사우로프테릭스 프리마*Sinosauropteryx prima*에 적갈색 줄무늬 꼬리가 있었음을 각각 밝혀냈다.[5] 그후 빈테르의 독창적인 가설을 토대로 후속 연구들이 이루어졌다. 룬드 대학교의 요한 린드그렌의 연구도 그중 하나이다. 린드그렌은 시료 표면의 화학적 조성과 분포를 묘사하는 대단히 정교한 분석 기술인 비행시간 이차 이온 질량 분석기Time-of-Flight Secondary Ion Mass Spectrometry, ToF-SIMS를 활용해서 다양한 화석의 구성을 분석했고,[6] 멜라닌 색소의 화학적 특성에 대한 직접적인 증거를 발견했다(그의 증거는 멜라닌소체의 형태와 일치하는 형태라는 간접적인 증거와 달리 색에 대한 정보를 곧바로 추론할 수 있다).

멸종된 생명체의 색을 찾는 일은 심리적으로 중요하게 느껴진다. 깊은 시간의 흐릿한 혼란 속에서 끄집어낸 과거의 작은 조각 하나에 초점이 맞춰지고, 그것이 점점 더 선명해진다. 시각에 크게 의존하는 종인 우리는 시각에 우선권을 부여한다. 보이는 사물은 우리에게 "진짜"가 된다. 고고학자이자 작가인 자케타 호크스는 1950년에 이렇게 썼다. "어쩔 수 없이 감각은 상상력을 요구한다. 색이 있을까? 그러나 단조로운 회색의 석회암에 찍혀 있는 섬세한 깃털 조직 사이에 불쌍하게 뒤틀린 자세로 놓인 골격 이외에는 연구할 것이 별로 없는 상황에서, 상상력은 스스로의 패배를 시인한다."[7]

지금까지 연구된 것은 소수의 공룡과 곤충과 파충류뿐이다. 그러나 린드그렌의 말처럼, 우리는 겨우 표면만 긁적거리는 셈이다. 지금까지는 삽화가가 티라노사우루스 렉스를 그린다고 하면 기존의 정보를 기반으로 추측을 했을 것이다. 그 삽화가는 오늘날의 많은 파충류와 양서류와 연관된 색조인 흙을 닮은 색들을 떠올려야 할까? 아니면 21세기에 살아남은 유일한 공룡인 조류의 밝고 화려한 깃털색을 떠올려야 할까? 이제 우리는 흑백의 선사시대를 화려한 총천연색의 세계로 바꿀 방법을 찾기 시작했다.

마리아 맥너마라도 빈테르처럼 고생물학자이다. 15년 전에는 아마 그녀도 자신을 고생물학자라고 불렀을 것이다. 그러나 단순한 고생물학은 요즘에는 꽤 구식으로 여겨진다. 이는 트위드 재킷을 입은 나이 지긋한 남자들이 분류의 더 세부적인 지점을 두고 논쟁을 벌이거나, 볕에 그을린 피부에 사파리 재킷을 입은 남자들이 사막에서 찾은 뼈를 움켜쥐고 비척거리며 돌아오는 모습을 연상시킨다. "반면 요즘에는 고대 동물의 생물학적 특성에 더 관심을 가지는 고생물학자들이 아주 많아요. 그것이 어떤 종이었는지보다는 어떻게 움직였고, 무엇을 먹었고, 어디에서 살았고, 어떤 색이었는지를 신경 쓰죠." 맥너마라가 말했다.

이제 30대 후반인 그녀는 빈테르가 박사 학위를 마무리하던 시기에 예일 대학교에서 박사후 연구원으로 일하고 있었다. 어릴 적 맥너마라는 여름방학이면 그녀의 할머니가 살던 아일랜드 티퍼레리 북부의 들판과 숲을 돌아다니며 시간을 보내고는 했다. "할머니는 우리를 밖으로 내보내면서, 세 가지 메뚜기나 다섯 가지 분홍색 꽃을 찾기 전에는 돌아오지 말라고 하셨어요. 우리는 항상 바깥에, 자연 속에 있었어요. 그리고 나는 그

것이 바로 본질이라고 생각해요. 나는 식물과 동물을 관찰하고 그 식물이 어떻게 작동하는지를 생각하는 일이 언제나 정말 흥미로웠어요. 그리고 실제로 과학자의 일은 그냥 지켜보는 거예요. 다만 제대로 보려면 시간이 걸리죠."

현재 그녀는 유니버시티 칼리지 코크에서 연구를 하고 있으며, 구조색의 화석 기록에 대한 최초의 체계적 조사를 포함하여 비非멜라닌 색의 보존 방법에 대한 연구를 개척하고 있다. 2011년, 맥너마라는 대단히 강력한 현미경을 이용해서 화석 딱정벌레에서 구조색을 만드는 구조의 형태를 연구했다.[8] 2016년에 그녀는 카로티노이드 색소의 보존 증거를 제시하는 첫 번째 논문을 발표하면서, 스페인 동북부에서 나온 1,000만 년 전 화석 뱀의 녹색과 갈색 무늬를 재구성했다.[9] "우리가 그 연구를 한 까닭은 비멜라닌 방식의 동물 색도 화석에 보존될 수 있음을 밝히고 싶었기 때문이에요. 그전까지는 사람들이 멜라닌만 찾았어요. 그리고 지금도 여전히 모두 멜라닌만 찾고 있죠. 하지만, 보세요, 카로티노이드도 보존될 수 있다는 것을 화석이 보여주었잖아요." 카로티노이드와 구조색이 둘 다 어느 정도는 보존될 수 있을지도 모른다는 증거는 "멜라닌만을 기반으로 예측한 생명체의 색을 극적으로 바꿔놓을" 수 있다고 맥너마라는 말한다.

예일 대학교에 있는 동안, 맥너마라는 화석화 과정에서 다양한 색의 깃털에 무슨 일이 일어나는지를 알아보기로 결심했다.[10] 화석이 될 때까지 수십만 년을 기다릴 수는 없었기 때문에, 그녀는 속도를 높여서 자신만의 화석을 만들기로 했다.

화석화 과정과 비슷한 효과를 내기 위해서는 열과 압력을 가해야 한다. 맥너마라는 학과의 지하실에서 한 동료의 장비를 빌렸다. 사실상 그 장비는 온도와 압력을 조절할 수 있는 매우 강력한 오븐이나 마찬가지였다. 다른 동료는 그 장비가 생성하는 압력이 엄청나게 크기 때문에 무엇인가가 부서지면 두 층을 뚫고 튀어오를 수도 있다고 말했다. 맥너마라는 교정 구석에 있는 콘크리트 벙커로 장비를 옮기고 무거운 강철 문 뒤에 두었다.

15개의 깃털이 선정되었다. 모두 멜라닌소체를 함유하고 있었지만, 다른 색소와 구조색 메커니즘이 있는 일부 깃털은 노란색, 밝은 파란색, 붉은색, 주황색, 녹색을 띠었다. 각각 주석 포일로 감싸인 깃털은 섭씨 200도의 온도와 250바bar(약 247기압/옮긴이)의 압력에서 24시간 동안 구워졌다. 실험이 끝났을 때, 맥너마라는 화석화 과정을 거친 뒤에는 갈색, 검은색, 칙칙한 붉은색을 만드는 멜라닌소체만 남는다는 것을 발견했다. "따라서 멜라닌소체 하나만을 기반으로 색을 해석한다면, 그건 자신을 기만하는 일일 뿐이에요. 깃털 속에 있던 다른 색소와 구조색 메커니즘의 증거가 사라졌으니까요." 그녀의 실험으로 증명된 두 번째 요점은 멜라닌소체의 기하학적 특성이 바뀐다는 점이었다. 이는 소시지 모양(검은색)이든 둥근 모양(칙칙한 붉은색)이든 보존되어 형태가 있더라도, 멸종한 생명체의 색조를 완전히 정확하게 추측하기란 불가능함을 암시한다. 빈테르는 자신이 논문을 발표하면서 멜라닌소체의 수축 사실을 이미 설명했다고 반박했다. 논쟁은 계속 진행 중이다.

맥너마라는 멜라닌 자체가 아직까지 제대로 이해되지 않았다는 점을 크게 우려한다. "우리는 화석에 적용하기 전에 오늘날의 동물 속 멜라닌을 좀더 연구해야 해요." 멜라닌은 단순히 색을 낼 뿐만 아니라 자외선을 차단하고 물리적인 강화 작용을 할 수도 있다. 그래서 일부 새들은 날개 끝의 색이 진하다. 취약한 바깥쪽 깃털의 표면을 멜라닌이 더 강하게 만들어서 긁힘을 더 잘 견디게 해주는 것이다. 맥너마라는 멜라닌이 털과 피부뿐 아니라 내장기관에도 존재한다는 사실에 특히 주목한다. "우리는 멜라닌의 진화를 조절하는 것이 무엇인지를 찾아내려고 하고 있어요. 우리는 항상 아, 이건 색깔 때문이지, 아, 이건 성선택과 위장 때문이지, 이렇게 생각해왔어요. 하지만 만약 내부 기관에도 멜라닌이 들어 있다면, 멜라닌은 완전히 다른 목적 때문에 진화했는지도 몰라요. 그리고 잘못된 연구로 기억되고 싶은 사람은 없어요. 그건 과학자로서 겪을 수 있는 최악의 일이에요."

린드그렌도 동의한다. "내가 볼 때 고생물학자로서 우리는 지나치게 무엇인가를 단순화하려는 경향이 있어요. A는 반드시 B를 가리켜야 한다고 생각하죠. 하지만 생물학자에게 물어보면, 현대 세계에서는 단 하나의 요인이 하나의 결과로만 이어지는 일은 결코 없다는 사실을 깨닫게 되죠."

다른 과학자들은 한 마리의 새나 공룡의 색 전체를 깃털 하나만으로, 또는 ToF-SIMS 기술에 이용되는 소량의 표본만으로 추론할 수는 없다고 주장한다. 노스캐롤라이나 주립 대학교의 메리 슈바이처는 「국립과학원 회보*Proceedings of the National Academy of Sciences*」에 실린 논문에서, 몇몇 부위에서 채취한 색소만으로 오늘날 공작의 색을 결정한다고 상상해보라고 말한다.[11] 새로운 분야가 너무 빨리 발전하고 있어서 "우리가 실제로 아는 것보다 더 많은 것을 이야기한다"는 린드그렌의 주장과 같은 우려가 제기되고 있다. 쟁점이 되는 문제들에 대해서는 치열한 논쟁이 벌어지고 있으며, 나와 이야기를 나눈 사람들 중 몇몇이 "비공개적으로" 말한 다소 긴장된 사정도 있다.

이런 모든 긴장의 이유 중에는 새롭게 부상 중인 고생물 색에 대한 연구가 "고충격high-impact" 분야인 것도 한몫을 한다. 즉, 보조금을 얻고, 「네이처」의 표지를 장식하고, 언론의 관심을 받는 주제라는 뜻이다. 이 분야에서의 성공은 과학자의 경력을 바꿔놓을 수도 있다.

그러나 빈테르의 입장에서는 고생물의 색에 대한 끊임없는 논쟁은 너무 도가 지나치다. 그는 새로운 논문을 발표할 때마다 누가 무슨 말을 할지, 자신은 어떻게 반응해야 할지를 생각한다. "그런 사람들과 경쟁을 하면서 많은 시간을 보내다보면, 어휴, 관심은 있지만 너무 적대적이지는 않은 사람들과 무엇인가를 하고 싶다는 생각이 들어요."

멸종된 동물의 색은 우리에게 무엇을 알려줄까? 삽화가에게 정확한 팬톤 색상을 보여줄 수 있는 것 외에도, 꽤 많은 쓸모가 있다.

뼈는 화석이 된다. 그러나 동물들이 다른 동물이나 환경과 주고받은 상호작용은 화석이 될 수 없다. "우리가 주위의 동식물을 볼 때에는 색깔과 무늬가 눈에 확 들어와요." 맥너마라가 말했다.

"동물은 색을 이용해서 위장을 하고, 포식자를 피하고, 짝짓기 신호를 보내고, 그들의 사회적 집단 내에서 의사소통을 하죠. 따라서 동물 색의 증거는 고대 유기체의 생물학적 특성에서 이런 매우 불가사의한 측면을 우리에게 알려줄 수도 있어요."

동물의 색은 오래 전에 죽은 생명체의 일상에 대해서 새로운 통찰을 제공할 수도 있다. 이를테면 날개가 4개인 작은 공룡 미크로랍토르 *Microraptor*는 눈구멍이 크다는 점을 기반으로 오랫동안 야행성일 것으로 추측되었다. 그러다가 베이징 자연사 박물관의 리취안궈 연구진이 이 공룡이 각도에 따라 색이 변하는 깃털을 가지고 있었음을 발견했다. 만약 이 공룡이 밤에만 활동했다면, 이는 말이 되지 않는다.[12]

미래의 과학자들은 깊은 시간에 따른 색의 변천 과정을 표로 만들 수 있을지도 모른다. 그러면서 색의 진화를 일으키는 원동력은 무엇인가와 같은 질문에 답을 내놓게 될지도 모르겠다. 그 원동력은 자신을 숨기는 것이 유리한 자연선택이었을까? 아니면 자신을 드러내는 것이 유리한 성선택이었을까? 한 예로 맥너마라의 딱정벌레는 오늘날의 일부 딱정벌레들처럼 짝짓기를 하려고 그들의 반짝이는 구조색을 과시했을 것이다. 아름다운 색깔의 수컷 딱정벌레는 자신이 알맞은 짝짓기 상대임을 나타내는 신호를 보내고 있는 것이다. 생존을 위한 기본적인 일을 하고 난 후에도, 에너지를 집약해야 하는 아름다운 구조를 만들 자원이 있다는 뜻이다.

"하지만 경쟁의 압력이 덜하고 성선택이 일어나지 않았던 때가 있기는 했을까요?" 맥너마라는 의문을 표한다. "만약 이런 요인들에 의해 조절되지 않았다면 색상과 무늬는 어떻게 보였을까요? 정말 이상한 무늬가 생겼을까요? 아니면 무늬가 전혀 없었을까요?" 지금 동물들의 행동 방식을 관찰하면서 실마리를 찾을 수도 있겠지만, 세상이 항상 오늘날 우리가 보는 것과 같았으리라고 가정할 수는 없다.

색깔은 동물이 살아가는 환경에 대해서도 알려줄 수 있다. 과학자들은 이런 단서를 모으기 위해서 근처에서 발견되는 다른 화석 동식물을 관찰하고 있다. 하지만 만약 그 동물의 사체가 강물에 운반되어 원래 살던 곳에서 멀리 떨어진 곳으로 이동했다면, 이런 방식은 무의미하다. 빈테르는 트리케라톱스의 친척인 프시타코사우루스*Psittacosaurus*라는 소형 초식공룡의 화석을 연구했고, 이 공룡의 몸이 등 쪽으로 갈수록 색이 짙고 배 쪽으로 갈수록 색이 옅다는 결론을 내렸다.[13] 방어피음counter-shading이라고 알려진 이런 색 배열은 고래에서부터 사슴에 이르기까지 오늘날의 동물들 사이에서 흔하게 나타나는데, 포식자와 피식자 모두 주위 환경과 잘 어우러지기 위해서 이런 색 배열을 이용한다(보통 그늘진 부분은 밝고, 하늘 아래 노출되는 부분은 어둡다). 밝고 어두운 부분의 양과 분포는 일반적으로 서식지의 빛의 질에 맞춰서 달라진다. 프시타코사우루스의 방어피음은 이 동물이 숲의 우듬지처럼 빛이 환히 비치는 곳에서 살았음을 암시한다.

먹히는 것을 피하기 위해서든 아니면 먹잇감에 가까이 가기 위해서든, 위장을 통한 적응은 "캄브리아기" 이래로 지속되고 있는 군비 경쟁의 일환이다. 위장은 그 동물의 환경뿐 아니라 같은 환경을 공유했던 다른 생명체에 대해서도 알려준다. "동물들이 서로를 공격하려면 적응을 해야 해요. 『거울 나라의 앨리스*Alice Through the Looking Glass*』에 나오는 붉은 여왕처럼, 같은 자리에 있기 위해서 계속 달려야 하는 거죠." 빈테르가 말했다. 코끼리나 코뿔소처럼 아주 거대한 오늘날의 초식동물을 생각해보자. 그런 대형 초식동물이 위장을 하지 않는 이유는 너무 커서 먹힐 위험이 없고 그들의 "먹이"인 풀과 나뭇잎은 도망을 갈 수 없기 때문이다. 그렇다면 이번에는 안킬로사우루스*Ankylosaurus*를 생각해보자. 온몸에 갑판을 두르고 있고 길이가 8미터, 무게가 8톤에 달했던 이 초식공룡은 현존하는 가장 큰 육상동물인 아프리카코끼리보다 조금 더 컸다. 오늘날이었다면 이들은 위장을 할 필요가 없을 것이다. 그런데 쥐라기에 이 동물에게는 방어피음이 있었다.

"이빨까지 갑옷으로 무장한 이 불쌍한 안킬로사우루스를 위장까지 하게 만든 무엇인가가 있었어요." 빈테르가 말했다. "그리고 이는 당시에 아주아주 무서운 포식자가 주위에 있었다는 것을 알려줘요. 쥐라기 공원은 진짜였어요."

빈테르는 프시타코사우루스 화석의 색을 연구할 당시 로버트 니컬스라는 고생물화가에게 도움을 요청했다. 니컬스는 고생물화를 직업으로 삼은 극소수의 인물 중 한 사람이다. 나는 브리스틀 교외에 있는 작은 연립주택의 꼭대기 층에 있는 그의 작업실을 찾아갔다. 작업실 벽은 그의 그림이 실린 「네이처」 표지 액자들로 장식되어 있었고, 조금은 생뚱맞지만 J. W. 워터하우스의 「레이디 샬롯」 복제화도 있었다. "아, 나는 이 그림을 정말 사랑해요." 니컬스가 말했다. "질감 표현이 정말 경제적이에요. 멀리서 보면 완전히 생생하지만, 가까이에서 보면 그냥 빠르게 휙휙 그렸다는 것을 알 수 있어요."

그가 컴퓨터로 티라노사우루스 렉스의 머리를 모델링 작업하는 동안 나는 그를 지켜보았다. 길 건너편에 있는 작은 공원에서 어린이들이 노는 소리가 들렸다. 아래층에서는 그의 아내와 어린 딸이 차를 마시고 있었다. 니컬스가 작업을 하는 내내 화면에서는 포효하는 공룡의 머리가 빙글빙글 돌아갔고, 공룡의 양쪽 뺨에는 전투 화장처럼 선명한 빨간색

사선들이 차례차례 그어졌다. 고생물화가들은 박물관, 과학자, 출판사의 의뢰를 받아서 오래 전에 죽은 선사시대 생명체의 그림과 모형을 만든다. 직업의식이 투철한 고생물화가는 그들의 작업을 단순한 그림이라고 여기지 않는다. "고생물화는 복원 과정이라고 정의할 수 있어요. 화석을 보고 그 동물을 내부에서부터 만들어가는 거예요." 니컬스가 설명한다. "모든 화가가 할 수 있는 일은 아니에요." 복원을 하려면 고생물학자와 같은 방식으로 생각해야 한다. 구할 수 있는 화석 증거를 기반으로 그 동물의 뼈에서 근육을 거쳐서 피부까지 어떻게 결합되어 있었는지를 추측해야 한다.

"우리 업계에는 수축 포장이라는 것이 있어요." 그가 내게 말했다. "자신들이 복원하는 공룡에 조직을 많이 넣지 않는 사람들을 가리키는 말이에요." 수축 포장된 티라노사우루스 렉스는 사실상 뼈대 위에 바로 피부를 감싼 모양이 될 것이다. 두개골의 형태, 툭 튀어나온 견갑골, 등에 있는 척추 뼈 하나하나까지 그대로 다 도드라져 보일 것이다. "그리고 당연히 실제 동물은 그렇지 않아요. 가령 티라노사우루스는 눈 앞쪽에 구멍이 하나 있는데, 종종 움푹 꺼진 모양으로 그려지잖아요. 하지만 그 구멍에는 연조직이 가득 차 있었을 거고, 그렇다면 오히려 불룩 튀어나와 있었을 거예요." 니컬스는 화면을 가리켰다. "완성되면, 이 티라노사우루스가 정말 실감나게 보였으면 좋겠어요." 만약 6,600만 년 전에 사진기가 있었다면, 그의 화풍은 "사진으로 찍어놓은 것 같은 극사실주의"라고 할 수 있을 것이다. "시간여행을 가서 공룡을 볼 수 있다면 정말로 좋겠어요." 그가 말했다. "죽어서 돌이 된 생물을 뭐든 볼 수 있었으면 좋겠는데, 그렇게 할 수 없으니 안타까워요. 그래서 그런 것들을 아주 그럴싸해 보이게 만드는 일은 내게 무척 짜릿한 일이에요."

대부분의 전문 고생물화가는 고생물학을 전공한 고생물학자이지만, 니컬스에게는 제대로 된 과학적 배경이 없다. 학창 시절 그는 난독증으로 고생했고, 과학에서 낙제점을 받았다. 그러나 가능한 한 정확한 복원도를 그리기 위해 최선을 다해서 고생물학 책을 읽고 오디오북을 듣고 학회에 참석했다. 그리고 오래 전에 죽은 생명체의 생물학적 특성에 대한 통찰을 얻고자 현생 동물 가운데 특히 조류의 생리학까지 공부하고 있다. 우리와 만나기 얼마 전에는 영국 왕립 수의대학의 타조 해부에 참관하기도 했다.

2014년에 빈테르가 프시타코사우루스의 모형에 대해 논의하기 위해서 니컬스에게 연락했을 때, 빈테르는 멜라닌소체의 증거를 포함해서 연조직이 많이 보존되어 있는 극히 희귀한 화석을 우연히 찾게 되었다고 설명했다. 그런 화석이라면 현재로서는 가장 정확한, 아니 엄밀히 말하자면 가장 신뢰할 수 있는 공룡 모형을 만들 수 있을 터였다. 니컬스에게 설득은 전혀 필요 없었다.

작업에는 거의 4개월이 소요되었다. 첫 단계는 프랑크푸르트의 젠켄베르크 박물관에서 며칠 동안 화석의 사진을 찍고 측정을 하는 일이었다. "몸통의 올바른 형태와 사지의 비율을 가늠하기 위해서 모든 뼈와 팔다리의 굽은 정도를 측정했어요." 니컬스가 말했다. 초기 단계에는 종이에 작업을 하면서 골격 위에 근육과 연조직을 그려넣었다. "어떤 선입견이 있었든지 머릿속에서 지워버리고 화석 증거만 따라가야 해요. 만약 그 그림이 당신을 놀라게 한다면, 제대로 하고 있는 거예요." 프시타코사우루스를 작업할 때에는 이 방법이 거의 즉각적으로 효과를 발휘했다.

니컬스가 어린 시절부터 봐온 프시타코사우루스의 복원도는 모두 사족보행을 하고 있었기 때문에, 그는 그런 형태의 모형이 만들어질 것으로 예상했다. 그러나 프시타코사우루스의 해부학적 특성을 재구성한 니컬스의 작업물은 네 다리의 비율과 뻣뻣한 등뼈로 보았을 때 그 동물이 이족보행을 했음을 보여주었다.

그다음 니컬스는 점토 모형을 제작했다. 이 점토 모형을 이용해서 액체 실리콘으로 틀을 만들고, 마지막으로 유리섬유 모형을 만들었다. 채색 작업은 보통 일주일 정도가 걸리지만, 이 경우에는 연조직에 대한 정보가 아주 많고 빈테르의 새로운 색 연구 결과도 있어 한 달 가까이가 소요되었다.

마지막으로 2개의 노란 유리 눈을 삽입하고 한 발 물러서자, 1억100만 년 동안 죽어 있었던 생명체가 그를 똑같이 응시하는 모습을 볼 수 있었다. 프시타코사우루스를 재현한 그림과 모형은 이전에도 있었지만, 이 정도의 정보를 참고하여 주의 깊게 만들어진 것은 이번이 처음이었다. 지금까지 니컬스가 작업한 프시타코사우루스 모형은 모두 2개이다. 포지라는 이름의 모형은 빈테르의 사무실에 있고, 스탠리라는 이름의 모형은 니컬스의 작업실 구석에 자리한 작업대 위에 앉아 있다. 크기가 래브라도 리트리버 정도 되는 스탠리에게는 앵무새의 부리처럼 생긴 독특한 부리가 있고, 넓적한 머리의 양 옆에는 영화 「스타워즈」 속 레아 공주의 머리 모양처럼 생긴 뿔 같은 구조가 달려 있다(니컬스는 “이 공룡 종에게는 넓적한 머리가 정말로 섹시한 특징이었던 것 같다”고 말한다). 짙은 갈색과 주황색으로 얼룩덜룩한 등은 아래로 내려갈수록 색이 점점 옅어지면서 크림색의 배로 이어진다. 노란 눈은 매력적이고, 심지어 상냥해 보이기까지

그림 12.1 프시타코사우르스 3D 모형 (©Robert Nicholls)

한다.

"모형을 만들고 있는데, 내 눈에는 이 공룡이 조금 귀여워 보였어요. 혹시 내가 바라는 모습대로 만들어진 건가? 좀더 못생기게 만들어야 하는 것 아닐까? 하고 고민했죠." 니컬스가 말했다. "그러다가 그렇게 만드는 건 많은 사람들의 기대에 영합하는 일일 뿐이라고 생각했어요. 사람들은 공룡을 영화 속 괴물로 생각하지만, 실제로는 그냥 동물일 뿐이에요. 오늘날 많은 동물들이 귀여워 보이는데, 공룡이라고 귀여워서는 안 될 게 뭐가 있겠어요?"

프시타코사우루스의 방어피음에 대한 빈테르의 논문은 이 모형을 만들면서 배운 것에서 직접적으로 기인했다. 니컬스는 논문 저자의 한 사람으로 이름을 올렸다.

❖ ❖ ❖

프시타코사우루스의 경우와 같은 프로젝트는 비교적 드물다. 시간을 들여 골격을 제대로 연구하여 모형과 그림을 제작하는 고생물화가에게 값을 지불할 여유가 없는 의뢰인도 종종 있다. “서점에 가서 아무 책이나 하나를 집어서 보면, 우리는 그 그림이 고생물화 전문가의 그림인지 일반 삽화가의 그림인지 바로 알아볼 수 있어요. 일반 삽화가는 거의 항상 다른 화가의 그림을 베낄 거예요. 왜냐하면 복원 과정이 어떻게 진행되는지 모르기 때문이죠.” 니컬스는 내게 이렇게 말했다.

소질이나 시간, 지식이 부족하거나 취향이 맞지 않는 화가들은 종종 이미 존재하는 이미지의 복제에 의존한다. “그렇기 때문에 고생물화에 정형화된 이미지나 밈이 그렇게 많은 거예요.” 니컬스가 말했다. 그가 두려워하는 것은 출판되는 그림의 약 90퍼센트가 “기존의 것을 되풀이하는 엉터리”라는 점이다. 그가 기억하는 어느 특별한 그림은 다른 이들의 그림을 너무 충실하게 베낀 탓에, 그림의 각 부분마다 화풍이 서로 달라서 독특한 콜라주 같은 효과를 자아내기도 했다.

니컬스는 방금 완성한 그림을 내게 보여주었다. 자연사 박물관의 책 『공룡 : 어떻게 살았고 진화했는가*Dinosaurs: How They Lived and Evolved*』의 신판을 위한 표지 그림이었다.[14] 초판의 표지는 니컬스가 “하드코어 고생물화 커뮤니티”라고 부르는 집단으로부터 호된 비판을 받았다. 포효하는 수각류를 보여주는 표지가 해부학적으로 부정확하고 너무 상투적이라는 이유에서였다. 새로운 표지를 의뢰받은 니컬스는 완전히 다른 무엇인가를 해보기로 결심했다.

그가 그린 수수께끼의 그림은 최근에 중국에서 발견된 공룡인 티안유롱*Tianyulong*을 그린 작품이다. 검은 배경에 그려진 이 공룡은 눈이 올빼미처럼 노랗고, 그 주위는 주름진 빨간 피부로 둘러싸여 있다. 머리와 몸을 듬성듬성 덮고 있는 적갈색 털은 정전기가 일어난 것처럼 바짝 서 있다. 큰 발톱은 녹색 잎사귀가 달린 나뭇가지를 움켜쥐고 부리처럼 생긴 입 쪽으로 잡아당기고 있다. 이 그림은 공룡의 동물성을 보여줌으로써 친숙함을 강조한다(공룡은 영화 속 괴물이 아니다). 그리고 동시에 우리의 게으른 기대에도 산뜻한 충격을 주어 공룡을 다시 보게 함으로써, 오래 전에 죽은 이 파충류를 처음 보았던 빅토리아 시대 사람들이 느꼈을 생경함과 경이로움의 감각을 되살려준다. 공룡에 대한 사람들의 생각을 재정립하려는 의도였으니, 출판사로서도 용감한 행보였다. 공룡은 「쥐라기 공원」의 무시무시한 야수가 아니라, 조금 이상하게 생겼지만 식물을 먹는 동물이었다. "판매에 부정적인 영향을 미치지 않았으면 좋겠어요. 그렇지 않으면 앞으로 10년 동안 포효하는 공룡 표지를 계속 그릴 수밖에 없을 거예요." 니컬스가 말했다.

그는 컴퓨터 화면에 다른 그림을 띄웠다. "이 그림은 강을 건너는 초식공룡 무리를 보여주는 사진 합성물이에요. 이걸 그리는 데 지금까지 약 100시간이 걸렸어요." 이런 그림을 만들기 위해서 그는 각 동물을 하나씩 모델링한 다음 배경에 붙여넣는다. 배경에는 그가 상상하는 트라이아스기 풍경을 창조하기 위해서 약 100장의 사진이 이용되었다. "더 젊은 시절의 내 그림은 전부 선혈이 낭자했죠. 그때는 이런 장면이 지루하고 끔찍했을 테지만, 지금은 정말로 재미있게 느껴져요. 강을 건너는 누 떼의 모습처럼 우리에게 친숙한 상황을, 친숙하지 않은 환경에서 친숙하지 않은 동물들이 겪게 만드는 것이 좋아요."

니컬스가 보기에 고생물화 업계는 전체적으로 성장하고 있으며, 초점이 바뀌고 있다. "우리 중 몇몇은 이런 변화를 진지하게 받아들이고, 우리는 더 다양하고 복합적이면서 자연스러운 유형으로 복원하려고 애쓰고 있어요." 미래에는 특히 색 복원 분야에서 첨단 과학 기술이 점점 더 중요한 역할을 하게 될 것이다. "색 복원 연구에서 내가 정말로 좋아하는 것은 한 동물의 색과 무늬가 어떻게 보일지를 처음으로 정하는 사람이 된다는 점이에요." 니컬스는 이렇게 말하면서 웃었다. "지금까지 아무도 본 적이 없는 무엇인가를 사람들에게 보여줄 수 있다는 것, 그 부분이 가장 마음에 들어요."

인간이 만든 경관

13

도시지질학

와인처럼 붉은 이탈리아산 체리와 대비되는 이끼색 코네마라 대리암. 희뿌연 짙은 녹색을 띠는 베르데알피 사문암. 벨기에의 검은 석회암, 옛날 장미 품종처럼 연한 분홍색의 넴브로 로사토 대리암. 금빛이 도는 시에나 브레키아 대리암 기둥, 비둘기 같은 회색의 레펜 졸라 석회암, 반투명하고 연한 주황빛이 도는 영국의 설화석고.[1]

어느 날 문득 사우스켄싱턴에 있는 브롱톤 성당이 너무 보고 싶어서 그곳에 간 적이 있다. 차곡차곡 쌓인 대리암과 설화석고들은 기둥이 되고, 벽이 되고, 제단이 되고, 성수반이 되고, 무덤이 되었다. 고요한 소용돌이, 가지처럼 갈라진 돌의 결, 삐죽삐죽한 줄무늬, 연기처럼 아른거리는 색깔들. 대리암은 물리학과 화학으로 만들어진 우연의 산물이다. 퇴적된 석회암에 엄청난 열과 압력이 가해지고, 광물이 풍부한 물이 유입된 결과이다. 프랑스의 철학자이자 암석 수집가인 로제 카유아의 주장에 따르면, 우리가 대리암을 아름답다고 생각하는 이유는 인류 문명보다 훨씬 더 오래된 대리암 자체가 우리에게 아름다움이 무엇인지를

가르쳐왔기 때문이다. 암석 자체가 인간의 미학을 형성하고 인도했다는 뜻이다.[2]

대리암 석판과 기둥을 통해서 우리는 수만 년의 시간여행을 할 수 있다. 밝은색의 광맥은 원래는 석회암이었던 암석의 틈새로 특이한 광물을 잔뜩 머금은 뜨거운 열수가 스며든 자리이다. 대리암의 기질 속에 들어 있는 각양각색의 결정들은 그 암석이 어두운 지하의 열과 압력 속에서 서서히 형성되고 변성되면서 수천 년을 보냈다는 증거이다. 암석에 새겨진 깊은 시간의 친필 서명인 셈이다.

이 책을 위해서 취재를 시작한 이래로, 나는 현대의 도시에 언뜻언뜻 드러나는 깊은 시간에 매료되어갔다. 나는 텅 빈 벽면의 돌을 빤히 쳐다본다. 거리의 포석, 상점의 진열창 사이의 마감재, 출입구의 문틀, 다리의 옆면을 자세히 살핀다. 깊은 시간을 찾다 보면, 도시의 구조는 예기치 못한 방식으로 생기를 띤다. 도로에 깔린 회색 사암 포석에 연속적으로 나타나는 미세한 곡선들은 약 3억 년 전에 오늘날 페나인 산맥이라고 불리는 지역을 따라 흘렀던 강의 물살이 남긴 화석이다. 옥스퍼드 광장에 자리한 탑샵 매장 입구의 외장재로 쓰인 은회색 화강암의 비늘 같은 운모 결정에 햇살이 비스듬히 닿으면, 건물의 전면이 마치 무너질 것처럼 일렁이며 반짝인다. 패딩턴 역의 중앙 홀에서는 무엇인가의 골격 같은, 마디가 있는 원뿔 모양의 형상을 찾을 수 있다. 그것은 석회암 바닥 타일 속에 박혀 있는 4억5,000만 년 전의 달팽이 껍데기 화석이다.

1970년대에 유니버시티 칼리지 런던의 에릭 로빈슨이라는 지질학자는 멀리 떨어진 곳까지 가야 하고 경비가 많이 드는 현장 답사뿐 아니라 도시의 건물과 거리에서도 지질학을 가르칠 수 있으리라고 생각하고 조사를 시작했다. 건축 재료을 다루는 진지한 연구에 역사적, 문화적 가치가 있다는 아이디어를 일찌감치 제안한 그는 오늘날 "도시지질학urban geology" 또는 "거리지질학street geology"이라고 알려진 연구 분야를 개척했다. 도시지질학자들에게 도시는 엄청나게 많은 표본들이 뒤죽박죽 섞여 있는 보관장이나 다름없다. 도시는 지질학적으로 경이로운 장소이다. 민주주의자이자 열정적인 교육자인 로빈슨은 학생과 대중이 런던 지역을 걸으면서 지질을 탐구할 수 있는 길잡이 시리즈를 출간했는데, 그중에는 오늘날에도 따라갈 수 있는 코스가 많다.

4월의 어느 날, 나는 루스 시들을 만나려고 워털루 역으로 갔다. 역시 유니버시티 칼리지를 나온 그녀는 옛 동료였던 로빈슨의 연구를 크게 확장시켰다. 도시 걷기를 이끌고 그에 대한 글을 쓸 뿐만 아니라, 런던의 건축물에 사용된 돌들을 정리한 런던 길바닥 지질학London Pavement Geology이라는 웹사이트를 열어서 대중이 도시 건축물의 돌들에 대한 데이터베이스를 열람하고 추가할 수 있게 한 것이다.

시들이 내게 해준 말에 따르면, 우리가 런던의 "상징"이라고 생각할 만한 유명 건축물의 다수는 약 1억4,500만 년 전 쥐라기 바다의 조건들 때문에 지어질 수 있었다. 오늘날의 도싯 동부 바다에서는 당시 우리가 포틀랜드석이라고 부르는 종류의 석회암이 만들어지고 있었다. 워털루 역의 벽 앞에서, 시들은 매끈해 보이는 암석 표면이 실제로는 조석 작용에 의해서 동그랗게 빚어진 수백만 개의 미세한 탄산칼슘 알갱이인 어란석과 조개껍데기가 부서져서 만들어진 모래로 이루어져 있으며, 지금도 우리가 그 속에 들어 있는 회색의 굴 껍데기 조각을 볼 수 있다고 알려주었다. 포틀랜드석이 바다를 통해서 처음 런던으로 운반된 것은 건축가인 이니고 존스가 제임스 1세를 위해서 화이트홀의 연회장을 짓고 있을 때였다. 그후 크리스토퍼 렌과 니컬러스 호크스무어도 교회 건축에 포틀랜드석을 광범위하게 활용했다. 유니버시티 칼리지 런던과 영국박물관도 포틀랜드석으로 지어졌다. 포틀랜드석은 구하기 쉽고, 공급량이 많으며, 궂은 날씨를 잘 견디고, 어느 방향으로나 자를 수 있는 돌로 알려지면서 인기를 끌었다.

나와 함께 템스 강을 향해 걸어가는 동안, 시들은 사진을 찍고 메모를 했다. 지질학자 협회와 그녀가 공동으로 작성 중인 런던 암석 목록을 위해서 자료를 수집하는 것이었다. 지질학자 협회는 런던 지질학회의 "전문가들"과는 다른, 아마추어 지질학자들의 요구에 부응하기 위해서 1858년에 창립된 단체이다.[3] 우리가 멈춰 서서 한 사무실 건물의 아래쪽에 자리한 화강암의 사진을 찍는 동안, 10대 청소년 둘이 호기심 가득한 눈으로 우리를 쳐다보았다. "이 일을 하려면 공공장소에서 완전히 이상한 사람처럼 보이는 것을 부끄러워하지 않아야 해요." 시들이 말했다.

역사의 많은 기간 동안 대부분의 장소에서, 사람들은 대체로 가장 가까이에서 구할 수 있는 암석으로 자신들의 마을과 도시를 건설했다. 그러나 미끄러운 점토와 무른 백악 위에 지어진 도시인 런던에서는 이런 일이 결코 가능하지 않았다. 런던 점토로 만든 조지 왕조 시대의 진한 노란색 벽돌 등 한때는 지역에서 나는 재료로 벽돌을 만들기도 했지만, 백악은 만족스러운 건축재가 되기에는 너무 물렀다. 시들은 런던의 암석 대신에 "전 세계에서 온 암석이 쓰였다"라고 말했다. 사우스 뱅크에 있는 로열 페스티벌홀 외부에서는 20억 년 된 매끄럽고 검은 반려암을 볼 수 있다. 남아프리카 공화국 프리토리아에서 온 이 반려암은 넬슨 만델라의 거대한 흉상의 좌대가 되었다. 방문객들이 이리저리 돌아다니고, 베네수엘라 국립 청소년합창단의 공연 광고판들이 늘어선 건물 내부에서, 우리는 더비셔 화석 석회암의 석판을 보았다. 자줏빛이 도는 이 놀라운 암석에는 우주의 은하처럼 소용돌이치는 더 옅은 색의 형상들이 가득했다. 어떤 것은 원반 모양이고, 어떤 것은 직사각형이고, 어떤 것은 소리굽쇠처럼 생겼고, 어떤 것은 번데기처럼 생겼다. 사실 그것들은 석탄기에 살았던 바다나리 무리가 화석화된 흔적이었다. "이건 내가 본 것들 중에서 가장 훌륭한 바다나리 석회암이에요." 시들이 말했다. (몇 주일 후 나는 시들이 대중을 위해서 기획한 걷기 답사에 참가해 피츠로비아의 샬럿 가에 있는 다른 석회암 판석을 보았다. 무슬림 세계연맹 건물에서 홍차 얼룩 같은 색의 그 석회암을 관찰하면서, 나는 옆에 서 있던 키 큰 남자를 돌아보면서 찾기 과제로 주어진 암모나이트가 보이는지 물었다. 우리는 한동안 눈을 가늘게 뜨고 그 암석을 살폈다. 그는 조금 서글픈 표정으로 자신은 고생물학자가 아니라 지구물리학자라고 말했다. 그러나 다시 밝은 표정으로, 자신은 이 석회암을 캐낸 곳인 코츠월드에서 왔다고 말했다. 포틀랜드 가에 있는 BBC 건물에 이르렀을 때, 우리는 함께 술을 마시러 가기로 했다. 2년 후 우리는 결혼했다.)

시들이 좋아하는 건축용 석재는 화강암이다. "화강암은 어딘가 아이스크림 같아요. 기본적인 조리법은 같지만, 종류가 무궁무진해요." 화성암인 화강암의 조리에 들어가는 기본 재료는 장석, 석영, 운모이다.

런던의 도로 연석緣石은 대부분 화강암으로 만들어진다. 그러나 장식용으로 쓰기 위해 광을 내면, 화강암은 갖가지 색을 띤다. 워털루 역 바닥의 콘월 화강암은 오트밀색이, 블랙프라이어스 다리 북단에 있는 빅토리아 여왕의 동상 좌대를 이루는 애버딘셔의 피터헤드 화강암은 1970년대 요리책에 실린 아스픽aspic(육류와 채소류를 젤리 형태로 굳힌 요리/옮긴이)처럼 짙은 빨간색과 연어색이 돈다. 시들과 나는 잠시 멈춰서 관광객을 태우고 템스 강을 따라 내려가는 유람선을 내려다보았다. 시들은 강물을 힐끗 쳐다보면서 말했다. "화강암의 다른 위대한 점이 뭔지 알아요? 마른 땅이 존재하는 이유도 화강암이라는 거예요." 약 40억 년 전 화강암은 부력에 의해서 선캄브리아기의 바다에서 떠올랐고, (해양 지각과는 다른) 대륙 지각을 형성했다. 그렇게 만들어진 육지에 우리가 살고 있다.

19세기 동안 생활 수준이 향상되고 철도가 발달하면서, 영국 전역에서 화강암을 비롯해 웨일스의 점판암, 페나인 산맥의 사암, 코츠월드의 석회암 같은 다른 재료들을 수도로 운반하는 일이 수월해졌다. 오늘날에는 건축용 석재들이 훨씬 더 먼 곳에서 오는 경향이 있다. 우리가 걸어가면서 본 암석에는 콘월, 도싯, 애버딘셔, 스코틀랜드의 하일랜드에서 온 암석뿐 아니라 이탈리아, 그리스, 노르웨이, 스웨덴, 중국, 남아프리카, 오스트레일리아에서 온 암석도 있었다. 로마 시대 이래로 특별한 돌들이 바다를 통해서 들어왔던 것은 사실이다. 로마인들은 이곳으로 대리암을 운반했다. 브롱톤 성당의 녹색, 자주색, 황토색 대리암과 블랙프라이어스 펍 내부의 아르누보 양식은 이런 전통의 좋은 예이다. 그러나 오늘날에는 아주 멀리서 온 화강암이 도로 연석처럼 일상적인 재료로 쓰인다.

지질학자이자 여행가인 테드 닐드는 자신의 책『땅 속 세계*Underlands*』에서, 저렴한 유가와 외국인 노동력(이는 착취와 열악한 노동 환경도 암시한다) 때문에 이제 영국 회사 입장에서는 애버딘셔보다 중국이나 인도에서 화강암을 공급받는 편이 훨씬 싸고, 회사는 이런 운송을 위해서 추가로 소비되는 화석 연료에 신경을 쓰지 않는다고 썼다.[4] 더 복잡한 문제는 영국의 많은 암석이 현재 국립 공원으로 지정된 지역 아래에 있어서 쉽게 캐낼 수 없다는 데에 있다. 이 상황은 역설로 바뀐다. 경관의 아름다움이라는 현재의 형태를 단기적으로 보존하기 위해서 미래의 경관을 훼손하는 것이다.

루스 시들과의 걷기 답사는 세인트폴 대성당의 계단에서 끝났다. 근처의 정원에는 수선화들이 화사하게 피어 있었고, 우리 위로는 포틀랜드석으로 지어진 유명한 하얀 파사드가 보였다. 대성당 입구의 커다란 계단참은 카라라 대리암으로 되어 있었고, 사이사이에 회색과 붉은색의 스웨덴 트래버틴 판들이 들어 있었다. 트래버틴을 자세히 들여다보면, 마디가 있는 원뿔 모양의 희미한 하얀 자국을 볼 수 있다. 이것은 오르도비스기에 살았던 오르토콘orthocone이라는 해양생물로, 오징어의 친척이다.

이 화석을 들여다보면서, 나는 이것이 얼마나 기이하고 있을 법하지 않은 일인지 생각했다. 4억4,000만 년 된 이 특별한 화석은 깊은 시간의 여정에서 살아남았을 뿐 아니라, 17세기 스웨덴의 누군가가 고른 몇 조각의 바위에 포함되어 런던으로 운반된 뒤 새로 짓는 대성당의 계단을 장식하게 되었다. 그 대성당에서는 훗날 1806년 넬슨 제독의 장례식과

1965년 처칠의 장례식이 치러졌고, 1981년에는 찰스와 다이애나의 결혼식이 열렸으며, 2012년에는 사회적, 경제적 불평등에 저항하는 점거 운동이 일어났다.

오후의 햇살 속에서 서성이던 관광객들이 그 계단에서 포즈를 취하고 사진을 찍었다. 나는 삼엽충 화석을 응시하던 토머스 하디의 소설 속 헨리 나이트를 새삼스레 떠올렸다. "시간은 그의 앞에 부채꼴을 이루며 다가왔다. 그는 자신이 세월의 한 극단에서, 그 시작과 그 사이의 모든 세기들을 동시에 마주하고 있음을 깨달았다."[5]

이탈리아에서는 도시지질학이 다른 양상을 띠었다. "눈을 가린 채 전혀 모르는 지역의 신생 시가지에 들어간 지질학자는 건물에 쓰인 재료(를 관찰하는 것)만으로 그 지역의 지질학적 특성에 대한 정보를 얻을 수 있을 것이다."[6] 『이탈리아 도시의 암석*Le pietre delle città d'Italia*』(1953)을 쓴 이탈리아의 광물학자 프란체스코 로돌리코는 이렇게 말했다. 나는 「가상 탐험가 저널*Journal of the Virtual Explorer*」에 실린 한 논문에서 이 글귀를 우연히 본 뒤 크게 놀랐다. 시가지는 그 지역의 재료로 건축된다는 로돌리코의 생각이 런던 같은 도시의 현실과는 대조적이었기 때문이다. 확실히 런던에도 전통적인 건축용 석재가 있기는 하지만, 사우스 뱅크에 던져진 지질학자가 로열 페스티벌홀을 보고 런던의 지질학적 특성을 설명하려면 애를 먹을 것이다. 그 논문의 저자 중 한 사람은 내게 캄피 플레그레이를 보여준 빈첸초 모라였다. 시들과 걷기 답사를 하고 얼마 후, 나는 다시 나폴리로 가서 모라와 함께 나폴리의 도시지질학에 대한 이야기를 나누었다.

나폴리의 역사적 중심부인 구시가지에는 높은 건물들 사이로 어둡고 좁은 길들이 어어져 있다. 창문에는 빨래가 널려 있고, 어디에나 스쿠터가 부릉거린다. 그러다가 갑자기 좁은 길들이 확 트이면서 먼지 자욱한 가운데 햇살이 내리쬐는 광장이 나타난다. 평범한 외관의 성당들은 부티 나는 대리암과 반짝이는 금과 은으로 장식된 내부를 드러낸다. 1224년에 설립된 나폴리 대학교는 토마스 아퀴나스 같은 졸업생들을 배출했으며, 이 도시의 역사적 중심부에 있는 여러 인상적인 건물을 줄줄이 차지했다. 아름다운 왕립 광물학 박물관(1801년 설립)도 있다. 이곳에는 앞면이 유리로 된 목재 보관장이 줄지어 늘어서 있었는데, 그 안에는 전세계에서 수집된 2만5,000점의 표본이 가득했다. 우리가 대화를 나누는 사이, 모라의 동료들이 그의 사무실로 들어와서 책 더미 사이에 박혀 있는 에스프레소 기계를 꺼냈다. 누군가 로돌리코의 그 말을 언급하자 모든 지질학자들이 색 이야기를 하기 시작했다. 그 지역의 재료로 건축된 도시에는 종종 특별한 색채 구성이 있을 것이다. 로마는 흰색과 붉은색인데, 흰색은 석회암의 일종인 트래버틴의 색이고, 붉은색은 벽돌의 색이다. 피렌체는 흰색(대리암), 회색(사암의 일종인 피에트라 세레나), 녹색(사문암)이다. 나폴리는 회색과 갈색이 도는 노란색이다. 회색은 베수비오의 용암에서 만들어진 피페르노라는 암석이고, 노란색은 나폴리의 노란 응회암이다. 모라는 울퉁불퉁한 회색 재떨이에 담배를 비벼 껐다. "에트나 산의 용암으로 만들어진 거예요." 그가 말했다.

포틀랜드석, 요크석 등 런던의 전통적인 건축 석재는 대체로 물속에서 형성되었고, 나폴리의 돌은 불에서 나왔다. 나폴리의 돌은 화산에서 기원한 화성암이다. 광물학 박물관의 창밖으로는 우뚝 솟은 베수비오 산의 파란 봉우리가 보인다. 이 화산이 마지막으로 분출한 해는 1944년이었다. 모라와 그의 동료인 알레시오 란젤라는 둘 다 나폴리의 서쪽, 캄피 플레그레이 근처에서 살고 있다. 란젤라의 집은 화산 활동이 일어나면 특히 위험한 지역인 적색지대에 위치해 있다. 알레시오와 모라는 이 사실을 특별히 재미있어하는 듯 보였다.

기원후 79년의 분출 당시, 베수비오 화산에서는 대단히 뜨겁고 끈적한 용암이 뿜어져 나왔고, 불타는 화산재가 구름처럼 피어올랐다. 폼페이 시가지가 6미터 두께로 쌓인 뜨거운 화산재에 파묻히면서 대부분의 주민들이 목숨을 잃었다. 나는 모라, 란젤라와 함께 나폴리 중심부를 따라 걸으면서, 이 모든 불과 유황이 그들의 삶 속에 얼마나 잘 스며들었는지를 계속 생각했다. 폼페이로 당일치기 여행을 가면 그 유명한 화산재에 파묻힌 사람들의 형상을 볼 수 있지만, 광물학 박물관에는 그 이후에 분출된 용암을 본떠서 만든 멋진 기념품 메달들이 줄지어 있고, 나폴리 거리에서는 사람들이 베수비오 산의 용암으로 만들어진 짙은 회색의 다공질 판석 위를 바삐 오가며 일상을 살아간다.

야자수 사이로 걸출한 남자들의 흉상이 놓여 있는 어느 조용한 안뜰에서, 우리는 풍화된 회색 돌기둥을 자세히 살펴보고자 걸음을 멈췄다. "이 피페르노는 지난 20만 년 동안 지중해에서 일어났던 가장 큰 분출로 만들어졌어요." 모라가 말했다. 캄피 플레그레이 칼데라를 만든 화산 분출 사건인 캄파니아절 응회암 대분출Campanian Ignimbrite super-eruption로 인해서, 세계 어디에서도 볼 수 없는 이 지역 고유의 암석 피페르노가 만들어졌다. 밝은 회색의 화산재가 압축되어 형성된 피페르노 속에는 스코리아scoria(화산에서 튀어나온 현무암질 용암) 또는 피아마이fiammae 라고 알려진 검고 납작한 조각들이 섞여 있다. 단단하고 무거운 피페르노는 가끔은 건물의 외장재로 쓰여서 나폴리의 제수누오보 성당의 으스스하고 요새 같은 분위기를 연출하기도 하지만, 대개는 웅장한 정문이나 장식용으로 이용된다. 이 돌은 때로 어떤 방향으로 잘랐는지에 따라서 작고 검은 불꽃들처럼 건물 표면에서 깜박이는 것처럼 보이기도 한다.

나폴리 대학교의 북쪽으로 향하는 거리를 지나는 동안, 우리는 분홍색 벽돌과 노란색 돌로 마름모꼴 무늬를 짜넣은 로마 시대의 성벽과 모래색 돌을 깎아 만든 그리스 시대의 석조물을 보았다. 수천 년 동안 사람들은 이곳에 건물을 지으면서 종종 나폴리의 노란색 응회암 같은 암석을 사용했다. 런던의 사우스 뱅크에 있는 20억 년 된 남아프리카의 반려암에 비하면, 이 응회암은 고작 1만5,000년 밖에 되지 않은 젊은 암석이다. 이 지역 특유의 암석이자 화산재가 압축되어 만들어졌다는 점은 피페르노와 같지만, 노란색 응회암은 그보다 더 나중에 일어난 더 작은 규모의 분출로 형성되었다. 또한 이 응회암은 더 무르고, 더 가볍고, 더 쉽게 잘린다. 풍화만 막을 수 있다면 좋은 건축용 석재이므로 대개 이 암석 자체의 색인 모래색과 비슷한 회반죽을 겉에 발라서 마무리를 한다. 회반죽이 떨어져 나간 곳에는 스펀지 같은 응회암이 드러나 있다. 응회암에는 공기방울 같은 미세한 구멍들이 가득하다. 산 조반니 마조레 광장 근처에서 드러나 있는 응회암 벽돌 하나를 내가 손가락으로 가볍게 문지르자 그 벽돌이 모래성처럼 바스라졌다. 웅장한 성당과 궁전들, 북적이는 광장들을 보는 동안, 부서진 석조물, 낙서가 가득한 벽,

불확실한 복원 계획 때문에 문을 닫은 작은 성당 부속 건물들도 볼 수 있었다. "나폴리의 보존을 위해서 가장 중요한 문제는 돈을 마련하는 거예요." 란젤라가 말했다.

노스 다운스에 있는 덴비스의 크리스 화이트와 같은 포도주 생산자들은 테루아에 대해 이야기한다. 테루아는 토질과 지형과 기후가 그 땅에서 자라는 포도의 품질에 어느 정도 영향을 준다는 개념이다. 시들은 돌에도 테루아가 있다고 믿는다고 내게 말했는데, 그녀의 생각은 나폴리의 건축과 잘 들어맞는 것 같다. 런던의 건축업자들은 멀리 있는 돌을 주문해야만 했다. 하지만 나폴리의 건축업자들은 그저 땅을 파고 그들의 도시 아래에 있는 응회암을 꺼내서, 집이나 상점이나 공공건물의 형태로 지면에 쌓아올리기만 하면 되었다. 나폴리인들은 약 2,000개의 동굴과 연결 통로들로 이루어진 거대한 지하 연결망을 남겼는데, 이는 응회암 속에 형성된 제2의 도시나 다름없다.

나는 모라의 안내로 그의 제자였던 잔루카 미닌을 만나러 갔다. 미닌은 갈레리아 보르보니카라고 불리는 반쯤 버려진 터널 복합체를 개발하고 있었다. 이곳은 르네상스 시대에는 물 저장고였고, 제2차 세계대전 후에는 쓰레기 하치장이었으며, 1970년대에는 경찰의 견인차 보관소였다. 미닌은 이곳을 환상 박물관, 미술관, 콘서트홀, 놀이동산과 같은 대중을 위한 공간으로 개방하고 있다. 터널을 따라 걷는 동안, 버려진 자동차들과 우그러진 스쿠터들이 어둠 속에 어렴풋이 보였다. 모두 먼지를 뒤집어쓰고 있었다. 근대성의 죽음을 시각화한 그 광경은 꼭 J. G. 밸러드의 소설에서 튀어나온 듯했다. "2005년에 정부로부터 이 동굴들을 조사하라는 요청을 받고, 나는 바로 사랑에 빠졌어요. 마치 여자랑 사랑에 빠진 것처럼요." 미닌은 제2차 세계대전 동안 나폴리 사람들이 연합군의 폭격을 피하던 공간을 가리키면서 말했다. "나는 역사를 보존하기 위해서 이곳을 전부 살리고 싶었어요."

「가상 탐험가 저널」에 게재한 논문에서 모라와 란젤라는 나폴리의 노란색 응회암과 같은 전통적인 지역 건축 재료의 사용이 줄어드는 점에 우려를 표했다.[7] 이는 친숙한 이야기이다. 나폴리의 주변 경관을 보존하기 위해서는 나폴리 부근에서 일어나는 채석을 중단해야 했을 것이다. 모라와 란젤라는 복원과 의미 있는 구조물 건축을 위한 재료를 공급하기 위해서 제한적으로나마 채석을 재개하는 편을 선호한다. 한편 런던에서 시들은 건축 재료가 애버딘 같은 곳이 아닌 중국에서 오는 점을 걱정했다. 루이지미랄리아 광장 근처에서 란젤라는 새것으로 보이는 회색 기둥을 가리켰다. "용암이지만, 이 지역 것은 아니에요." 그는 마뜩잖다는 듯이 말했다. "에트나 산에서 온 거예요."

나폴리를 떠나기 전에 나는 산 조반니 광장으로 다시 걸어갔다. 한 성당 옆을 지나는데, 작은 분홍색 꽃이 핀 식물이 종탑 근처의 담벼락 위로 높게 자라고 있었다. 광장에서는 무거운 장화를 신고 금속 피어싱을 한 대학생들이 포석 위에 앉아 담배를 피며 이야기를 나누었다. 용암으로 된 포석은 여러 세대에 걸쳐 행인의 발길에 닳고 닳아서 유리처럼 광이 났다. 얼마나 많은 세대가 이어졌을까? 얼마나 많은 해가 지났을까? 그리고 워털루 역의 바닥 타일이 된 석회암이 형성된 이래로, 아니면 넬슨 만델라 흉상의 좌대가 된 반려암이 형성된 이래로 얼마나 많은 세월이 흘렀을까?

광장 가장자리의 한 카페 앞에 앉은 나는 적어놓은 메모들을 훑어보았다. "지질학과 건축 석재 사이의 관계를 처음으로 이야기한 사람은 로돌리코였어요." 모라의 동료 한 사람은 이렇게 말했다. "이제 이곳 나폴리에서는 건물의 보존 문제, 노화 문제를 해결하기 위해서 건축가와 엔지니어들이 대단히 긴밀한 관계를 맺고 있어요."

서서히, 흰 멜빵바지를 입은 사람들이 삼삼오오 광장으로 들어왔다. 그들은 광장 중앙에 모여서 손으로 직접 쓴 팻말을 펼쳤다. 누군가가 비디오 카메라를 꺼냈다. 나는 그들 쪽으로 걸어가서 무슨 일인지 물었다. 한 여자가 내게 설명을 해주었다. 몇 해 전에 유럽 연합에서 나폴리의 역사적 중심지를 복원하기 위한 거액의 자금을 지급했다는 내용이었는데, 나중에 내가 알아보니 그 액수는 7,500만 유로였다.[8] 대부분 실직한 미술품 복원가와 건축물 복원가인 그들은 유럽 연합의 자금 지원에 큰 기대를 품으면서도 한편으로는 불안해했다. 미루기, 관료의 무능, 마피아 연계설, 배임에 대한 소문이 돌았다. 이제 그들은 이 프로젝트가 계속 진행되도록 하기 위해서 대중의 관심을 얻고자 했다.

"할 일이 너무 많아요." 그녀는 몸을 숙여서 팻말을 들어 올리더니 우리의 머리 위로 흔들었다.

14

인류세를 찾아서

도시는 여름이 한창이다. 뙤약볕이 내리쬐고, 건물과 건물 사이에는 숨이 막히는 뜨거운 열기가 늘어지고, 공기 중에는 먼지가 가득하다. 뉴스 사이트에는 그린 공원의 갈색 잔디 위에 누워 있는 직장인들의 사진이 올라왔다.

나는 지질학자들이 46억 년이라는 깊은 시간에 걸쳐서 뚜렷이 구분되는 지구 온난기가 여러 번 있었다는 증거를 찾아냈다는 글을 인터넷에서 읽은 적이 있다. 이를테면 5,500만 년 전에는 팔레오세-에오세 최대 온난기Palaeocene-Eocene Thermal Maximum, 줄여서 PETM이라고 알려진 기후 사건이 있었다. 암석을 연구하는 지질학자들은 엄청난 양의 탄소가 대기 중으로 유입되면서 지구 온도가 급격히 상승했다는 사실을 알아냈다. "PETM 사건으로 많은 포유류가 사라졌어요." 루스 시들이 내게 말했다. "포유류의 진화는 그 이후에 다시 시작되어야 했죠. 그래서 우리는 우리 포유류에게 뜨거운 기후가 좋지 않다는 사실을 알고 있어요." 10시 뉴스에는 팻말을 든 한 기후 변화 활동가가 나왔다. "대자연에는 당신이 필요해요." 나는 시들이 했던 다른 이야기를 떠올렸다. 우리에게는 지구가 필요할지 몰라도 지구에게는 호모 사피엔스가 필요 없음을 46억 년의 지구 역사가 보여준다는 이야기였다. 그는 말했다. "지구는 재조정되고 다른 무엇인가가 나타날 테지만, 그것이 우리는 아닐 거예요." 나는 한 지질학자가 1981년에 작가 존 맥피에게 했다는 말도 떠올렸다. 맥피는 지질학자에게 깊은 시간 속에 산다는 것이 그에게 어떤 영향을 주는지 물었다. "문명에 신경을 덜 쓰게 돼요." 지질학자는 말했다. "내 절반은 문명에 화가 나 있고, 나머지 절반은 아니에요. 나는 어깨를 으쓱하고 '그럼 바퀴벌레에게 지구를 넘겨주면 되겠네' 하고 생각하죠."[1]

최근까지는 현재의 간빙기가 약 5만 년 후에 끝날 예정이었다. 그러나 엄청난 양의 온실가스가 배출되면서 그 일정은 어그러진 것으로 보인다.[2] "내가 어렸을 때에는 다음 빙하기가 언제 올지가 이야깃거리였어요." 존 마셜이 내게 말했다. "70년대의 소설을 보면 뉴욕이 항상 꽁꽁 얼어붙었어요. 이제는 모두 물에 잠기죠."

지구 온도에 나타나는 이런 중대한 온난화의 증거를 내놓은 과학자들은 현재 우리가 메갈라야절에서 인류세라는 새로운 지질연대 단위로 들어서고 있다고 주장하면서, 인간이 지구 전체를 점점 더 빠르게 바꾸고 있다고 말한다. 이런 변화에는 장기적으로 일어나는 지질학적 과정도 포함된다. 인간이 이미 퇴적층과 얼음 속에 뚜렷한 층서학적 특징을 남길 정도로 지구의 체계를 충분히 바꿔놓았다는 것이다. 이 글을 쓰는 이 시점을 기준으로 ICS는 인류세를 공식적인 층서단위로 인정할지를 아직 결정하지 못했다. 그러나 영국 지질조사소의 과학자인 콜린 워터스는 이렇게 썼다. "이것은 발전된 인간 사회가 새로운 지질시대를 직접 목격한 최초의 사례일 뿐 아니라, 스스로 초래한 결과로서의 지질시대가 될 것이다."[3]

코펜하겐에서 예르겐 페데르 스테펜센에게 인류세에 대해 물었을 때, 그는 이렇게 말했다.

> 인류세 이전의 지질시대는 모두 과학적으로 추측이 가능하고, 그 순간까지 이어지는 연속적인 사건들의 결과로서 설명될 수 있어요. 그런데 인류세는 그렇게 할 수 없죠. 물론 적용되는 물리학은 같아요. 하지만 그 변화의 이면에 있는 메커니즘은 사실상 결정을 내리는 의식의 메커니즘이에요. 바로 여기에 차이점이 있어요. 편견에 치우치지 않는 과학적 인과관계만을 이용해서는 인류세에서 일어난 일들을 설명할 수 없어요. 인류세는 인간의 마음에 영향을 받는 유일한 시대예요.

지구 온난화를 비롯해서 전 지구적인 탄소와 질소 순환의 변화, 자연적인 수준보다 크게 빨라진 멸종 속도, 침식의 증가, 20세기 중반에 이루어진 핵무기 실험으로 인한 인공적인 방사성 핵종의 급격한 증가도 인간이 끼친 영향의 사례에 포함될 수 있을 것이다.[4] 인류세의 렌즈를 통해서 보면, 인간의 지질학적 힘은 캄파니아절 응회암 대분출과 같은 엄청난 화산 분출이나 빙하 주기를 일으키는 지구의 궤도 변화에 견줄 만하다.

그러나 지질학적 힘이 된다는 것이 무슨 의미일까? 그것은 깊은 시간의 광대함처럼, 머리로는 알 수 있지만 정서적으로나 신체적으로는 경험할 수 없는 어떤 것이다. 인류세에 대한 글을 쓰고 있는 시카고 대학교의 역사학자 디페시 차크라바르티는 내게 이렇게 말했다.

진화가 우리에게 남긴 문제 중 하나는 우리가 큰 뇌를 가지고 있다는 데에서 비롯돼요. 그러면 규모가 아주 크고 추상적인 사건을 이해하는 데에는 도움이 되지만, 현상학자들이 연구하는 인간 경험의 수준에서 시간에 대한 내적 의식, 우리 몸에 대한 내적 인식도 생겨요. 이는 우리가 누구인지에 대한 사회적 감각, 우리의 자아 감각을 형성하죠. 그것은 우리 삶에 의미를 부여하는 극히 중요한 것이며, 그 토대는 개개인의 유한한 수명과 피할 수 없는 죽음이에요. 우리 존재가 이렇게 짧은 시간 동안만 머무른다는 사실은 현상학적으로 볼 때 피할 수 없어요. 당신이 수백 세대에 걸쳐서 이어지는 대단히 엄청난 문제를 생각한다고 하더라도 말이에요. 그렇기 때문에 정책을 세우거나 정치적인 결정을 내릴 때 항상 단기적으로만 생각하는 거예요. 나와 내 아이들에게 어떤 의미가 있는지, 그것만 즉각적으로 판단하는 거죠.

만약 우리의 자아 감각이 확장될 수 있었다면, 다시 말해 본능적인 감각으로 사물을 깊은 시간의 범위에서 느낄 수 있었다면, 지금 우리가 가진 사고방식을 바꾸는 일이 이렇게까지 어렵지는 않았을 것이다. 우리는 항상 눈앞의 일만 생각한다. 이는 해서는 안 되는 행동임을 머리로는 알면서도 차를 몰고 쇼핑을 가거나 비행기를 타고 해외여행을 하는 사람이 많다는 뜻이다.

2015년 여름, 인류세에 대한 글을 쓰고 있던 나는 테이트모던 미술관에서 인류세 연구 집단Anthropocene Working Group, AWG의 회장인 층서학자 얀 잘라시에비치의 연설을 들었다. 그의 연설은 건축가, 역사학자, 철학자, 예술가들이 함께하는 인류세 프로젝트 학술회의의 일환이었다. 그는 연단에서 내려오자마자 인류세에 대해 이야기하고 싶어하는 예술가와 학예사들에게 둘러싸였다. 검은 테 안경을 쓴 남자들과 무심하게 앞머리를 내린 여자들은 지각 구조의 힘과 현대 도시의 기반시설에 나타나는 무의식을 두고 의견을 나누었다. 그중 내 옆에 있던 누군가가 자신은 자본세Capitalocene라는 용어를 선호한다고 말했다. 이산화탄소의 농도가 증가하는 원인을 제공한다는 측면에서 "선진국"과 "미개발국" 사이에 존재하는 엄청난 불평등을 드러낸다는 이유였다. 그들은 인류세라는 명칭은 인류 전체를 부당하게 엮어넣는다고 주장했다. 책임을 져야 할 쪽은 자본주의 체계나 세계 경제질서였다.

차크라바르티는 이 학술회의에서 "문화적으로 이 용어가 하는 일은 인간을 깊은 시간의 맥락에 두도록 권하는 것"이라고 발언했다. 인류세에서는 대체로 서로 분리되어 있던 역사들이 하나로 합쳐진다. 산업혁명 시기의 화석 연료 연소는 인류 역사의 일부인 동시에 지구의 역사이기도 하다. 우리는 인류 역사상 최초로 방대한 지질학적 규모에서 일어나는 기후 변화 같은 사건들을 일상에서 일어나는 화석 연료의 연소 등과 의식적으로 연결하고 있다. "우리는 인간 조건이라고 부르는 측면에서 엄청난 변화를 겪고 있어요." 차크라바르티가 말했다.

인간 조건의 변화란 우리 자신을 하나의 지질학적 힘으로서 새롭게 상상하려는 노력을 의미하는지도 모른다. 인간을 일반적인 빙하기의 주기를 바꾸거나 여섯 번째 대멸종을 일으킬 수 있는 무엇인가로 보는 것이다. 또는 일종의 새로운 신화적 공간으로 들어간다는 의미일 수도 있다. 그 신화적 공간에서는 세탁기를 돌리고, 슈퍼마켓으로 차를 몰고 가고, 플라스틱 용기를 버리는 우리의 집안일이 우주론적으로 중요한 의미를 지닌다. 단순히 일상을 살아가는 것만으로도 우리는 우리 주위에 새로운 지구를 만든다.

"콘크리트는 새로운 종류의 암석이에요. 45억 년 지구 역사에서 콘크리트와 비슷한 것은 없었어요. 지금까지 우리가 만든 콘크리트는 약 5,000억 톤이에요. 그 정도면 육지 바다 할 것 없이 지구 표면 1제곱미터당 1킬로그램은 족히 되는 양이에요."

잘라시에비치와 나는 레스터 대학교 교정 한가운데에 서서 인류세에 대해 곰곰이 생각해보았다. 그는 석탄기의 석탄이나 백악기의 백악처럼 콘크리트가 인류세와 뗄 수 없는 관계에 있는 특징적인 퇴적층일 수 있다고 설명했다. "파울 크뤼천과 윌 스테펜, 그리고 다른 이들은 인류세를 연대학이나 역사나 그들이 관찰할 수 있는 사건 따위의 측면에서 바라보지만, 우리는 지질학자로서 지층으로 남게 될 기록이라는 측면에서 인류세를 바라봐야 해요." 잘라시에비치가 말했다.

자신의 분야에 대한 잘라시에비치의 온화한 열정에는 전염성이 있다. 그가 쓴 글에 따르면, 미래에는 인류세의 윤리적 의미가 "전환적 사고를 자극하여 우리를 지구라는 체계에 더 잘 통합시킬 수 있을지도 모른다." 이 새로운 지질단위가 언젠가는 "절망보다는 희망을" 불러일으킬 수도 있을 것이다.[5] AWG의 회장인 그는 오르도비스기의 필석을 연구하고 있다. 여가 시간에는 제1차 세계대전 전장의 지질학에서부터 메리 애닝, 뷔퐁 백작에 이르는 다양한 주제로 대중과학서를 집필하여 호평을 얻고 있다. "나는 18세기와 19세기 자연학자들, 그리고 그들이 어떻게 새로운 모든 것에 덤벼들었는지를 생각해요. 우리는 이 모든 것을 끔찍한 교육을 통해서 꾸역꾸역 주입당하잖아요." 그가 말했다. 그에게 인류세는 우리 앞에 늘 있었던 것들을 새롭게 볼 기회이다. "건물을 예로 들면, 우리는 건물도 암석 순환의 일부라고 볼 수 있어요. 암석으로 만들어졌고, 암석으로 다시 돌아갈 거예요. 그리고 뚜렷한 기록을 남길 거예요."

이후 나는 킹스크로스 역에서 빅토리아선 열차를 기다리면서, 공장에서 만든 콘크리트 관으로 된 터널에 비치는 열차의 불빛을 내려다보았다. 인류세의 프리즘을 통해서 보면, 모든 것이 바뀐다. 우리의 세계이지만 완전히 그렇지만은 않다. 우리 세계에 속하지 않은 누군가의 눈을 통해서 바라보는 듯한 우리 세계이다. 콘크리트 지하철역은 새로운 암석이 되고, 지하철이 지나는 터널은 살아 있는 유기체에 의한 지층의 교란, 즉 생물 교란bioturbation의 일례가 된다. 먼 훗날에는 어쩌면 이 터널이 공룡 발자국처럼 암석 속에 남은 흔적 화석이 되어, 한때 우리가 그 길을 지났던 생명체임을 보여줄지도 모른다.

일반적인 상황에서 가장 깊이 굴을 파는 동물은 늑대와 여우로, 4미터 깊이까지 땅을 판다. 그러나 나일악어는 휴면 기간에 지하 12미터 깊이까지 숨어들어가서 사하라 이남의 열기를 피하기도 한다. 칼라하리 사막에 있는 식물의 뿌리에는 68미터 깊이까지 내려간 기록이 있다. 그러나 하나의 생물종이 5킬로미터가 넘는 깊이까지 대규모로 광범위하게 암석을 들쑤신 것은 46억 년 지구의 역사에서 유례를 찾아볼 수 없는 중대한 지질학적 혁신이다.[6] 햇빛이 비치는 지상의 시계 아래에는 더 어둡고 더 회색을 띠는 세계가 있다. 그 세계는 하수도, 전력과 가스시설, 지하철, 핵폐기물 저장소, 광산, 우물, 시추공으로 이루어져 있다. 지금까지 지구에서 자신의 영역을 크게 벗어나서 지구를 배회한 종은 우리가 유일하다. 우리는 터널을 뚫고 관로를 놓으면서, 아득히 깊은 시간 속으로 뻗어 있는 우리 행성의 이야기가 켜켜이 기록되어 있는 고대의 지층을 들쑤셔왔다.

그리고 이런 어스레한 제2의 세계는 우리가 대부분의 시간을 보내는 대명천지의 세계보다 아마 더 오래 지속될 것이다. 잘라시에비치와 동료들의 글에 따르면, 이런 지하 구조물들은 "즉각적인 침식의 영향을 받지 않아서 지면에 있는 인공 구조물보다 단기에서 중기적으로 오래 보존될 가능성이 더 높다." 만약 어떤 지하 구조물이 판구조 운동에 의해서 위로 올라온다면, 지표면을 뚫고 나와서 결국 침식될 것이다. 그러나 수 킬로미터 지하에 묻혀 있다면, 아마 수백만 년이나 수천만 년 동안은 이런 일이 벌어지지 않을 것이다. "안정적이거나 하강하는 지각은 당연히 지각 아래에 더 오랫동안, 어쩌면 영원히 보존될 수도 있다."[7]

인간에 의해 일어나는 생물 교란은 잘라시에비치와 그의 동료들이 "기술권technosphere"이라고 부르는 것의 일부분이라고 볼 수도 있다. 물리적 기술권은 "현대의 인간 산업에서 산출되는 물질의 총합"으로 정의된다.[8] 기술권을 구성하는 것들은 인공적 산물의 화석화된 흔적인 "기술 화석technofossil"이 될 가능성이 있다. 구석기 시대의 돌도끼 역시 지하철, 도로, 발전소, 볼펜, 칫솔과 마찬가지로 기술 화석이 될 수 있다.

잘라시에비치는 들떠 있었다. "우리가 탐구하고 싶은 것은 하나예요. 기술 화석의 진정한 다양성은 무엇인가 하는 점이죠. 얼마나 많은 종류의 칫솔이 만들어졌는지, 누가 그 수를 세어본 적이 있을까요?" 지금까지 그 질문의 답은 "없다"이다. 하지만 잘라시에비치가 구글에서 검색해서 계산한 결과에 따르면, 출판업이 시작된 이래로 기록에 남은 책만 해도 약 1억3,000만 종이고, "미국에서만 해마다 100만 종이 넘는 새로운 책이 출간되고 있다." 그에 따르면 "각각의 출판물은 생물학적으로 만들어진 존재와 마찬가지로 고유한 크기와 질감과 인쇄된 글의 독특한 패턴을 지닌 형태학적 존재로 간주될 수 있다."[9] 우리가 암모나이트를 동정同定할 때에도 이와 거의 비슷하게 껍데기의 크기와 모양을 이용한다. 하지만 생물학적 종에서는 많은 정보가 소실될 수밖에 없다. 잘라시에비치는 책이 살아남기를 기대한다. 적어도 "상대적인 크기와 표면 질감의 미묘한 차이로 구분 가능한 사각의 탄화된 덩어리들로 남고, 오늘날 일부 화석에 특별하게 보존된 세부적인 DNA 구조의 단편처럼, 인쇄된 정보의 조각들이 드물게라도 보존되기를" 바란다.

만약 지금이 인류세라면, 인류세는 언제 시작되었을까? AWG에 따르면 그 시기는 인간의 영향으로 물리적, 화학적, 생물학적 주요 과정들이 행성 규모에서 동시에 변화했다는 명확한 신호의 첫 등장을 보여주는 시점이 되어야 한다.

파울 크뤼천은 제임스 와트의 증기기관이 발명되고, 산업혁명과 관련하여 이산화탄소 배출량이 유의미하게 증가한 1784년을 그 시작이라고 주장했다.[10] 다른 이들은 농경과 목축의 확대와 연관된 시기, 또는 기원전 1400년 무렵 광물 채굴 증가와 일치하는 시기를 제안했다(이런 사건을 이용할 때의 어려운 점은 전 세계에서 지역마다 그 사건이 일어난 시기가 크게 다르다는 점이다). 마크 매슬린과 사이먼 루이스의 논문에서는 전 세계적으로 이산화탄소 수치가 현저하게 감소한 1610년을 시작 시기로 보았다.[11] 두 사람은 유럽인이 아메리카 대륙에 당도하면서 아메리카 원주민 약 5,000만 명의 죽음을 촉발한 일과 이 시기를 연결시켰다. 버려진 농경지가 숲으로 바뀌었고, 그로 인해 이산화탄소가 크게 감소했다는 것이다.

2019년 5월, AWG는 20세기 중반을 인류세의 시작 시기로 잡았다. 이 시기는 인구, 자원 소비, 세계 무역, 기술혁명에서 이른바 "엄청난 가속"이 일어난 시점과 일치한다. 만약 과학자가 호수 퇴적층 코어를 채취한다면, 이 시기 이후의 퇴적층은 메갈라야절과는 급격히 다른 결과를 보여주리라고 예상할 것이다. 이 새로운 결과에는 "플라스틱, 비산 재fly ash(석탄 연소의 부산물), 방사성 핵종, 금속, 살충제, 반응성 질소, 온실가스의 농도 증가가 결합된 초유의 조합"이 포함될지도 모른다.[12] 다른 곳에서는 화석 기록의 변화도 눈에 띌 것이다. 어떤 유기체는 자취를 감추고, 어떤 유기체는 (이를테면 인간에 의해서 옮겨져서) 지구 반대편에서 갑자기 나타날 것이다. AWG 회원들은 29 대 4의 투표 결과로 인류세를 20세기 중반에 시작된 하나의 층서단위로 공식 정의했다. 현재 그들은 이 20세기 중반의 시기를 나타내기에 적합한 GSSP, 즉 "황금 못"을 찾고 있다. 그들의 연구 결과는 제4기 층서 소위원회에 제출될 것이다. 만약 그로부터 승인을 받는다면, 그다음에는 ICS로 올라가 심사를 받을 것이다.

ICS에 올라갈 가능성에 대해 묻자, 잘라시에비치는 조심스레 반응했다. "매우 보수적인 조직이지만, 지금은 올바른 질문을 하고 있어요……. 내 개인적인 의견으로는, 우리가 인류세에 들어섰다는 데에는 의심의 여지가 없어요."

지질학계에 있는 사람들이 모두 그렇게 확신하는 것은 아니다. "인류세요? 내 생각에는 진정으로 관심을 둘 만큼 충분히 오래되지 않았어요." 영국 지질조사소의 퇴적학자인 로메인 그레이엄은 내게 이렇게 말했다. "그건 지리학이지 지질학이 아니에요."

"만약 우리가 환경에 아주 큰 영향을 끼치고 있음을 모두가 깨닫게 만들고, 그에 대해 무엇인가를 한다면, 전혀 나쁜 일이 아니에요." 앤드루 패런트가 말했다. "그러나 나는 그것이 언론이 어딘가 꼬투리를 잡아서 훨씬 큰일처럼 부풀리는 류의 일 중 하나라고 생각해요. 가령 누군가가 쥐라기의 토아르시움절과 다른 무슨 절 사이에 있는 새로운 절의 지층을 찾아냈다고 해도, 우리 말고는 누구도 주목하지 않을 거예요."

한편 ICS의 전 회장이자 인류세 개념을 지지하지 않는 스탠 피니는 인간보다 훨씬 장기적으로 지구에 큰 영향을 주었지만 공식적인 지질시대로 인정받지 못한 다른 유기체들도 있다고 주장한다. 데본기부터 페름기 초기에 걸쳐 여러 대륙으로 전파된, 관다발을 지닌 육상식물의 진화를 생각해보자. 피니는 AWG의 주장에 이의를 제기하면서, 관다발식물은 대기와 해양의 이산화탄소와 산소 농도를 "인간이 일으킬 것으로 추정되는 [수준보다] 훨씬 더" 극적으로 변화시켰다고 썼다.[13] "'인류세'라는 시대를 공식적으로 확립하려는 욕망은 인간 중심적인 것이 아닐까?"[14]

잘라시에비치는 필립 기버드보다 몇 년 뒤에 셰필드 대학교에 들어왔다. 그러나 당시에는 서로 알지 못하다가 나중에 만났고, 이스트앵그리아의 빙상을 연구하면서 친구가 되었다. 기버드는 제4기 층서 소위원회의 회장으로서 인류세 연구 집단을 꾸릴 것을 잘라시에비치에게 요청했지만, "인류세 문제"에 대해서는 여전히 우려를 표하고 있다. 기버드는 내게 이렇게 말했다. "나는 내가 브레이크를 밟는 사람 역할을 할 거라고는 한 번도 생각해본 적이 없었어요. 그런데 지금 우리는 '속도를 늦추자'라고 말해야 한다고 생각해요……. 인간이 엄청난 양의 변화를 일으키고 있다는 것은 확실해요. 우리가 이 행성의 골칫거리라는 환경단체들의 말에도 동의하는 편이에요. 하지만 그것으로 [ICS] 연대표를 바꾸는 것이 정당화될까요?" 기버드는 지질학자들이 서사에 휘둘리고, 복잡한 과학이 제대로 전달되지 못하고 있다는 데에 우려를 표한다. "여러 면에서 공룡 문제와 비슷한 일이 반복되는 것 같아요. 공룡 멸종에 대해서도 하늘에서 떨어진 돌덩이 기타 등등으로 모든 것이 엄청나게 단순화되었죠."

지질학자가 아닌 크뤼천은 인류세 개념을 기본적으로 학제 간 개념으로 보았다. AWG는 주로 지질학자들로 구성되어 있지만, 환경과학자, 고고학자, 철학자, 법률가, 역사학자도 있다. 이런 구성원의 면면도 기버드를 불안하게 만든다. "다른 사람들이 그들의 분야에서 '인류세'라는 용어를 사용하고 싶다면, 그건 괜찮아요. 만약 그 용어가 그들에게 어떤 기능을 한다면, 그것도 괜찮죠. 하지만 우리 지질학자들이 그 용어를 정의하고 연대표에 추가해야 하는지는 지질학의 유용성에 따라서 결정되는 거예요." 확실히 인류세 문제는 일반적인 층서학의 관행을 완전히 뒤엎는다. 전통적으로 지질학자는 암석을 관찰하여 지구 역사에서 일어난 사건들을 알아낸다. 반면 인류세는 인간의 관찰을 통해서 이미 알려져 있고 잘 기록된 사건이고, 지질학자에게 이제 암석에서 그 증거를 찾으라고 요구한다.

메갈라야절 논쟁에 관한 매슬린과 루이스의 주장처럼, 기버드는 "'인류세의' 특징은 이전의 간빙기와 구분되는 홀로세의 특징"이라고 썼다.[15] 그러나 그가 끌어낸 결론은 지리학자들과는 달랐다. "이제 나는 지질학자의 관점에서 같은 패를 두 번 낼 수는 없다고 말하고 싶어요. 홀로세에 무슨 일이 일어나고 있었는지를 확립하기 위해서 이용했던 호모 사피엔스의 존재와 활동을 인류세의 정의에 또 이용할 수는 없다는 뜻이에요."

이에 대해 잘라시에비치는 이런 등식은 홀로세의 공식적인 정의에 명시되어 있지 않다고 주장했다. 인간은 플라이스토세 후기, 즉 홀로세 이전에도 지구 체계의 일원이었고, 어쨌든 중요한 점은 "인간의 영향이 있다는 사실이 아니라, 지구 전체에 동시적으로 나타나는 각각의 층서학적 특징에 기록된 변화의 규모와 속도에서 홀로세와 인류세 사이에 존재하는 근본적인 차이이다."[16] 만약 그 변화의 동인이 인간이 아니라 고양이였다고 해도, 인류세는 여전히 지질학적으로 구별되었을 것이다.

케임브리지 대학교의 에릭 울프는 "확실히 우리가 인류세로 이행 중이라고 묘사할 수는 있겠지만, 그 시작이 정확히 언제인지를 정의하는 것은 더 멀리서 되돌아볼 수 있는 후대의 몫으로 남겨두는 편이 합리적"이라고 제안했다.[17] 기버드도 이에 동의한다. "여러 면에서 볼 때, 지질학적 관점에서 유용한 이야기를 하기에는 우리가 그 사건과 너무 가까이 있어요. 홀로세조차도 너무 짧아요. 1만1,700년 전에 시작되는데, 그건 아무것도 아니에요. 눈 깜박할 사이에 지나가는 아주 짧은 시간에 불과해요. 지질학적으로는 45년 전도 여전히 '지금'이에요."

크뤼천이 새롭고 뚜렷한 지구 역사의 단위로서 "인류세"를 처음 개념화한 2000년부터 2017년 말까지, "인류세"라는 용어는 1,300편 이상의 과학 논문에 쓰였고, 그 논문들은 모두 합쳐서 1만2,000회 이상 인용되었다.[18] 이를 주제로 한 저널이 지금까지 최소 4개가 창간되었고, 책 제목에 "인류세"가 들어간 사례는 100건이 넘는다. 내가 인류세에 관한 글을 처음 읽었던 2014년에는 내가 대화를 나눈 사람들 중에 이 용어를 이해하는 사람이 거의 없었다. 이제는 적어도 안다는 뜻으로 고개를 끄덕이는 사람이 많아졌다. 이 개념은 과학을 넘어서 인문학과 예술 분야로 빠르게 퍼져나갔고, 사진, 시, 핀터레스트의 패션 보드, 오페라, 데스메탈 밴드의 앨범, 닉 케이브가 부른 어느 노래의 주제가 되었다.

그렇다면 무엇이 인류세의 서사를 그렇게 설득력 있게 만들었을까? 확실히 인류세는 인간이 지구에 미치는 충격이라는 측면에서 매력적인 그림을 제시한다. 특히 요즘은 환경 문제가 그 어느 때보다도 명확해지고, 정치적 공감도 불러일으키고 있다. 게다가 행성의 재앙과 시시각각 다가오는 멸종 위험이라는 친숙한 서사를 긁어모아서 꼬리표를 붙이기도 편하다(이런 묘사는 인류세를 완전히 부정적으로 소개하는데, 이는 과학적 연구의 전제가 아니라는 점에 주목해야 한다). 하지만 우리가 인류세에 매력을 느끼는 데에 또다른 측면은 없을까?

성서를 글자 그대로 해석하면 창조의 중심에는 인간이 있다. 그러나 16세기에 코페르니쿠스는 태양이 지구 주위를 도는 것이 아니라 지구가 태양 주위를 돈다는 것을 밝힘으로써 우리를 우주의 중심에서 몰아냈다. 19세기에 찰스 다윈은 찰스 라이엘의 연구, 그중에서도 특히 지구의 나이에 대한 연구를 활용하여 우리가 창조의 나무에서 맨 꼭대기에 있는 것이 아니라 다른 가지들 옆으로 갈라져 나온 가지 하나에 불과함을 보여주었다. 이후 아서 홈스와 다른 이들은 연구를 통해서 깊은 시간의 광대함 속에서 호모 사피엔스가 얼마나 하찮은 비중을 차지하고 있는지를 또렷하게 드러냈다.

한편으로 생각하면, 인류세 개념은 인간을 다시 세상의 중심에 가져다놓는 것이다. 수백 년 동안 우리의 자리라고 믿어 의심치 않았던 바로 그 자리로 말이다. 그리고 그 대가가 비록 환경 재앙이라고 해도 우리는 어느 정도는 그런 생각에 끌릴 수밖에 없다.

15

"이곳은 영예로운 곳이 아니다"

이곳은 영예로운 곳이 아니다.

어떤 숭고한 행위도 여기서는 칭송받지 않는다.

여기에는 귀한 것이 전혀 없다.

여기에는 우리에게 위험하고 혐오스러운 것이 있다.

이 메시지는 위험에 대한 경고이다.

— 캐슬린 M. 트라우스, 스티븐 C. 호라, 로버트 V. 구조스키,
"폐기물 격리 시범 시설에 인간의 부주의한 침입을 방지하기 위한
표지판에 대한 전문가의 판단", 미국 샌디아 국립 연구소 보고서

1월 중순, 핀란드 서부 해안의 작은 마을 라우마. 아침 6시여서 밖은 아직 어두웠지만, 객실 창문에 얼굴을 바싹 붙이자 호텔 밖 광장에 눈이 쌓이는 모습을 볼 수 있었다. 전날 저녁 원자력회사 TVO의 홍보실장인 파시 투오히마는 내게 이곳저곳을 보여주었다. 이 마을에서 자란 투오히마는 헬싱키로 가서 기자와 텔레비전 진행자로 일했고, 이후 홍보 전

문가로 전업했다. 수입은 더 많아졌지만 주중에는 라우마에서 살아야 했고, 주말에만 가족이 있는 헬싱키로 돌아갈 수 있었다. 라우마에 친구가 별로 없어서인지 그는 외로워 보였다. 나와 함께 텅 빈 거리를 걷는 동안, 그는 자신이 예전에 다녔던 학교, 아이스하키를 하던 빙상장, 그의 밴드가 리허설을 하던 지하실이 어디인지 알려주었다. 내가 핀란드의 영화 감독인 아키 카우리스마키의 영화를 좋아한다고 말하자, 그는 이상한 표정을 지었다. 외국인 기자들은 모두 카우리스마키 감독에 대한 이야기를 하고 싶어했다. 카우리스마키는 핀란드를 대표하기에 좋은 인물은 아니었다.

인구가 약 3만4,000명인 라우마 지역의 명물은 레이스 산업과 알록달록한 목조주택이다. 이곳에서 6.5킬로미터 떨어진 올킬루오토 섬에는 핀란드의 원자력 발전소 5기 중 3기가 위치해 있고, 내가 이곳에 온 이유인 온칼로Onkalo도 있었다. 온칼로는 핀란드의 기반암 속으로 450미터를 뚫고 들어간 곳에 만들어진 지하 공간과 통로의 연결망이다.

내가 방문한 날 아침, 호텔의 조식 뷔페에는 올킬루오토 섬으로 가는 건설 노동자와 엔지니어들이 가득했다. 형광색 바지를 입은 남자들은 자신이 먹을 음식을 접시에 담고 있었다. 호텔 접수 직원에게 라우마가 온칼로와 가까워서 거슬리는지 묻자, 그녀는 어깨를 으쓱하더니 고개를 가로저으며 말했다. "그냥 보통이에요."

그러나 핀란드어로 "동공洞空" 또는 "동굴"을 뜻하는 온칼로는 예사로운 시설이 아니다. 이 시설은 인간이 아니라 깊은 시간을 위해서 설계되었다. 온칼로를 건설하는 사람들은 이 시설이 최소 10만 년은 갈 것이라고 장담한다. 지금까지 인간이 만든 구조물 중에서 그만큼의 시간을 견딘 것은 없다(가장 오래된 이집트 피라미드가 4,800년 정도 되었고, 스톤헨지는 4,500년일 것으로 추정된다). 깊은 시간에서 10만 년이면 세상이 완전히 바뀌기에 충분히 긴 시간이다. 10만 년 전 유럽은 빙하기를 겪고 있었다. 현생 인류는 아직 유럽에 당도하지 않았고, 매머드와 털북숭이 코뿔소가 경관을 돌아다니고 있었다. 그렇다면 10만 년 뒤에 우리는 과연 어디에 있을까?

온칼로는 고준위 핵폐기물을 위한 세계 최초의 지질학적 처리시설이다. 매우 위험한 물질인 고준위 핵폐기물은 시간이 흐르면서 감소하는 방사능 수치가 더 이상 위험하지 않다고 판단될 때까지 최소 10만 년은 격리되어야 한다(일부에서는 그 기간을 100만 년으로 잡기도 한다). 모든 것이 계획대로 진행된다면, 이 시설은 우리가 사라진 후에도 남는 것들 중 하나가 될 것이다. 아득히 먼 미래에도 지속될 인공물인 것이다. 온칼로는 확실히 우리의 유산이 될지도 모른다.

온칼로는 소나무가 뒤덮인 너른 평지에 건설되고 있으며, 3면이 발트해로 둘러싸여 있다. 나머지 한 면에는 이 섬을 본토와 분할하는 작은 해협이 있다. 택시를 타고 키 큰 소나무들 사이로 난 좁은 길을 따라가는데, 갑자기 탁 트인 곳이 나오더니 전면이 유리로 된 방문객 센터가 나타났다. 날은 아직 어두웠고, 조금 센 바람에 소나무의 가지와 지붕 위에 쌓인 눈이 흩날렸다. 해협의 검은 물 너머로 저 멀리, 원자력 발전소의 불빛이 깜박였다.

불을 환히 밝힌 방문객 센터는 문이 열려 있었지만, 사람은 없었다.

포시바의 개발 담당 부사장인 티나 얄로넨과의 인터뷰에 늦을까봐 걱정했는데, 너무 일찍 도착했다. 포시바는 TVO와 포르툼 열병합 발전회사가 그들의 방사성 폐기물을 처리하기 위해서 설립한 회사이다. 나는 시간을 보내려고 로비에 전시된 것들을 둘러보았다. 그곳에서는 아인슈타인을 닮은, 눈이 움푹 들어간 로봇이 핵에너지 사업을 쉽게 설명하기 위해서 노력하고 있었다.

우리는 매일 방사선에 노출된다. 영국 공중위생국의 추정에 따르면, 일반적으로 영국에서는 자연과 인공의 방사선원을 통해서 한 사람당 1년에 평균 2.7밀리시버트mSv의 방사선에 노출될 수 있다. 가령 대서양 횡단 비행에서는 0.08밀리시버트의 방사선에 노출되고, 치과 엑스레이 촬영에서는 0.005밀리시버트, 브라질너트 100그램을 먹으면 0.01밀리시버트에 노출된다.[1] 평균적으로 미국인이 영국인보다 더 많은 방사선에 노출되는데, 그 이유는 부분적으로 미국인들이 의료기기 촬영을 더 많이 하기 때문이다.

방사성 우라늄이나 플루토늄 원자의 핵을 쪼개는 과정인 핵분열은 원자력 발전소에서 물을 가열하는 데에 쓰인다. 그렇게 만들어진 수증기로 발전기의 터빈을 돌린다. 올킬루오토 발전소의 사용 후 연료는 짙은 갈색의 산화우라늄 세라믹 펠릿과 이 펠릿을 밀봉하는 지르코늄 합금관으로 구성되는데, 이를 연료봉이라고 한다. 하나의 우라늄 연료 펠릿은 작은 손톱만 한 크기이며, 이런 펠릿 4개의 에너지만으로도 전기난방을 하는 집에 사는 4인 가족이 1년 동안 사용하는 전기를 충분히 공급할 수 있다.

전시물에는 방사선의 위험에 대한 이야기가 별로 없었다. 핵 산업계도 자신들에게 이미지 문제가 있다는 사실을 알고 있다. 우리는 차폐되지 않은 방사선원 앞에 서 있어도 아무것도 보거나 느끼지 못할 테지만, 그 방사선 중 일부는 우리 몸속으로 들어올 것이다. 핵폐기물은 알파와 베타 입자, 감마선의 형태로 이온화된 방사선을 방출하기 때문에 위험하다. 알파 입자는 약해서 피부를 통과할 수 없지만, 베타 입자는 화상을 일으킬 수 있다. 만약 체내로 들어온다면 두 입자 모두 내부 조직과 장기에 손상을 일으킬 수 있다.

그러나 감마선은 투과 범위가 가장 넓은 만큼 세포의 DNA에 가장 광범위한 손상을 일으킬 가능성이 있다. 이런 손상은 나중에 암 발병 위험을 키울 수 있고, 방사선 노출 질환이라고 알려진 일련의 증상을 일으키기도 한다. 일부 전문가는 1시버트 이상이면 방사선 노출 질환을 일으키기에 충분하다고 추정했다. 방사선 노출 질환의 증상에는 메스꺼움, 구토, 물집, 궤양이 포함된다. 이런 증상은 노출 이후 몇 분 이내에 시작될 수도 있고, 며칠이 지나서 시작될 수도 있다. 회복은 가능하지만, 더 많은 양의 방사선을 쬐면 회복 가능성이 낮아진다. 일반적인 사인은 골수의 파괴로 인한 내출혈과 감염이다.[2]

연구자들은 사용 후 연료를 "핵에너지의 아킬레스건"이라고 묘사한다.[3] 사용 후 연료는 우리가 핵에 찬성하는지, 반대하는지, 무관심한지에 관계없이 우리 모두에게 문제이다. 세계의 모든 원자력 발전소가 내일 당장 가동을 중단한다고 해도 우리가 처리해야 하는 핵폐기물은 24만 톤이 넘기 때문이다. 이 수치는 당연히 증가할 것이다. 특히 영국의 힝클리 포인트 C발전소와 같은 새로운 발전소가 가동될 때, 원자력 발전이 탄소 배출을 줄이는 방법으로 여겨질 때 더욱 증가할 것이다. 영국의 탈원전 당국은 2125년이 되면 영국에서만 1,500세제곱미터의 사용 후 연료가 나올 것이라고 추정한다.

현재 모든 핵폐기물은 지상이나 지표면과 아주 가까운 곳에 있는 습식 또는 건식의 임시 저장소에 보관된다. 이 방법은 결코 용인 가능한 수준의 장기적인 해결책이 될 수 없다. 과거에는 핵폐기물을 우주로 쏘아 올리거나 심해의 퇴적층 속에 파묻자는 아이디어가 나오기도 했고, 놀랍게도 지각판 사이의 틈새에 떨어뜨리자는 발상이 제기되기도 했다. 심해의 시추공을 활용한다는 발상은 조금 흥미롭지만, 유럽 원자력 기구의 방사성 폐기물 관리 및 탈원전 담당자인 레베카 타데세에 따르면 "지질학적 처리가 과학적으로 최적의 접근법이라는 것이 국제적으로 인정되었다." 이 글을 쓰는 시점에, 스웨덴의 사용 후 핵연료 및 폐기물 관리회사인 SKB는 부지 허가 절차의 첫 단계를 마쳤고, 프랑스 국립 방사성 폐기물 관리국은 자체 저장소인 시제오Cigeo를 위한 기획신청서를 작성 중이다. 영국, 캐나다, 독일, 스위스, 일본은 모두 적당한 부지를 물색 중인 반면, 미국에서는 네바다 주 유카 산에 있는 잠재적인 시설을 둘러싸고 논쟁이 계속되고 있다.

방문객 센터에 나타난 티나 얄로넨은 눈이 쌓여 있는 날인데도 굽 높은 검은색 스틸레토힐을 신고 있었다. "나는 핵폐기물을 만든 세대가 그것을 처리해야 한다고 생각해요." 그녀는 자리에 앉으면서 내게 이렇게 말했다. "우리 아이들에게 그 일을 넘겨서는 안 돼요."

지상 저장소에 대해서는 수십만 년 동안 능동적 감시를 해야 할 것이다. 뿐만 아니라 지진, 화재, 홍수, 테러리스트나 적국의 의도적인 공격과 같은 것으로부터의 보호를 위해 정기적인 재정비도 해야 한다. 이는 더 이상 핵에너지를 사용하지 않을지도 모르는 후손들에게 재정적인 부담을 지울 뿐 아니라, 미래에도 그 폐기물을 감시할 지식과 의지가 있는 사람이 항상 있으리라고 가정하는 것이다. 10만 년이라는 시간 규모에서는 보장할 수 없는 일이다. "우리가 지상의 상황을 늘 통제할 수는 없어요." 그녀가 말했다.

모두가 이 의견에 동의하는 것은 아니다. 전에는 그린피스에서 핵 문제에 대한 일을 했고, 현재는 이곳의 지방 정부 조직인 "핵 없는 지방 당국"의 정책 자문을 맡고 있는 피터 로시는 내가 핀란드로 오기 전에 했던 전화 통화에서 일부 반핵 운동가들의 우려를 언급했다. "우리가 걱정하는 것은 불확실성이에요." 어떤 물질이 어떤 위치에서 10만 년이라는 시간 동안 어떻게 될지 정말 알 수 있을까? "만약 우리가 그것을 깊은 구멍 속에 넣었는데 그것이 누출되기 시작하면, 우리는 후손들에게 그들이 어찌할 수 없는 무엇인가를 남겨주게 되는 거예요."

임피리얼 칼리지 런던의 분자병리학실 실장인 제리 토머스 같은 이들이 지질학적 처리시설을 마뜩잖아하는 이유는 그런 시설이 안전하지 않다고 생각하기 때문이 아니라, 미래에는 그 폐기물이 다른 용도로 이용될지도 모른다고 믿기 때문이다. "탄소가 아닌 잠재적 연료를 파묻는 것이 정말 좋은 생각일까요? 만약 그냥 구멍 속에 넣고 외면하고 싶다면 저장소는 이해가 돼요. 그러면 당연히 기분도 좋겠죠. 하지만 과학적으로는 미래의 에너지를 실제로 오용하는 것이 아닌지 커다란 의문이 있어요."

토머스의 말을 듣고, 나는 눈에 띄지 않게 땅속 깊숙이 파묻음으로써 우리의 폐기물을 감추려는 이런 욕망이 다소 프로이트적이지는 않은지

의문이 들었다. 토머스는 오랫동안 기자들에게 방사능은 무서운 것이 아니라는 이야기를 해온 여성이다. 그것의 목적은 홍보이기도 했다. "나는 그들이 그러려는 이유를 알 것 같아요. 모두가 방사능을 무서워하기 때문이죠. 하지만 사실은 그들이 그 두려움을 존속시키는 것을 돕고 있어요." 핵 산업계는 그것이 군에서 비밀스럽고 음침하게 시작되었다는 오점을 지우기 위해서 항상 애써왔다. 우리 중 많은 사람들에게 핵은 아직도 히로시마, 나가사키, 체르노빌이다. 핵은 고질라이고, 녹색 빛을 내는 헐크이다. 토머스는 1960년대에 성장하면서 원자폭탄에 대한 공포가 생겼다고 말했다. 그것은 보이지도 않고 만질 수도 없지만 우리를 죽일 수 있는 무시무시한 물질이었다. "우리는 방사선에 대해 이런 끔찍한 죽음의 공포를 차츰 쌓아갔지만, 방사선은 그렇지 않아요. 그리고 하나의 사회로서 우리는 그 문제를 감정적으로 다루지 말아야 해요."

소나무 숲을 지나고 옹기종기 모여 있는 노란색, 회색, 파란색 오두막집들을 지나면 섬의 한가운데에 닿는다. 그곳에서 높고 울퉁불퉁한 회색 암석 벽 사이로 폭발물로 뚫어놓은 경사로를 따라 내려가면 암석에 설치된 금속제 문과 마주친다. 이 문이 온칼로의 입구이다.

외부인이 이곳을 들어갈 수 있는 유일한 방법은 언론 행사와 같은 공식 관람의 일원이 되는 것이다. 우리는 모두 5명이었는데, 글 쓰는 사람이 셋이고 사진 찍는 사람이 둘이었다. 투오히마는 손전등과 산소탱크를 나눠주면서, 입구 사진을 촬영해서는 안 된다는 명령을 전달했다. 보안 때문이었다. 역시 보안상의 이유로, 말이 없고 무표정하며 턱수염을 기른 경비원과 항상 함께 다녀야 했다.

미니버스를 타고 긴 진입 터널을 따라서 20분을 내려갔다. 간간이 희미한 전등 불빛이 지나갔다. 천장을 따라서는 케이블과 관들이 뱀처럼 구불구불 기어갔다. 내가 온라인으로 공부하면서 세웠던 계획을 기억해 내려고 노력하는 동안, 진입 터널은 나선형 미끄럼틀처럼 천천히 빙글빙글 돌아 내려갔다. 평일이었지만 터널을 내려가는 내내 인적은 거의 없었다. 딱 한 번, 터널이 갈라지는 곳의 어둠 속에 서 있던 형광 작업복을 입은 남자 둘이 지나가는 우리 차의 불빛을 올려다볼 뿐이었다.

마침내 우리가 미니버스에서 내렸을 때에는 모든 것이 너무 조용했다. 조명이나 환기 장치에서 나는 것 같은 윙윙거리는 소음 말고는 아무 소리도 들리지 않았다. 우리는 이제 폐기 장소로 계획된 지하 420미터 지점에 있었다. 그곳의 암석은 치밀하고 물을 투과시키지 않는, 가장 안정적이고 가장 균열이 없는 암석이었다. 나는 터널의 벽 쪽으로 걸어갔다. 엄청나게, 불가능할 정도로 오래된 그 변성암은 혼성암질 편마암의 한 종류로, 약 19억 년 전에, 그보다 더 오래된 퇴적암과 화산암이 극도로 높은 온도와 압력을 받아서 만들어진 암석이었다. 흰색 줄무늬가 가득한 회색 암석인데, 가까이에서 보면 각도에 따라 반짝거렸다.

나머지 사람들이 시험용으로 뚫은 구멍을 조사하기 위해서 조금 떨어진 곳으로 걸어가는 동안, 나는 그곳에 서 있었다. 주위에는 아무도 없었고, 거대한 무인 굴착기만이 심연의 괴물처럼 어둠 속에서 희미하게 보였다. 불현듯 나는 섬뜩함을 느꼈다. 시간을 알 수 없는 지하의 어둠 속에서 수십만 년 후의 미래로 빠져든 것 같았다. 내가 보고 있는 것들이 온칼로의 건설 현장이 아니라 그 잔해처럼 느껴졌다.

나는 이곳에서 일하는 모든 사람들을 생각했다. 엔지니어, 건설 노동자, 과학자, 홍보 담당자, 관리자, 급여 담당자. 인류세 문제는 우리 자신은 물론이고, 우리의 자녀나 심지어 손자들도 살아서 보지 못할 무엇인가에 사람들을 관여시키려는 문제라고 표현할 수 있다. 온칼로에서 일하는 사람들은 그들이 죽고 난 후에도 계속 이어질 프로젝트에 참여하고 있다. 마치 생전에 결코 완성을 볼 수 없음을 알면서도 몇 세대에 걸쳐서 웅장한 대성당을 짓던 중세 유럽의 건축가들의 세속적 형태 같다.

만약 모든 일이 순조롭게 진행된다면, 최종 폐기를 위한 과정은 다음과 같을 것이다. 사용 후 연료봉을 원자로에서 가져와서 임시 저장소의 수조에서 수십 년 동안 냉각시킨다. 이 기간 동안 온도와 방사능 수치가 둘 다 감소한다. 그런 다음 연료봉 다발을 1미터 너비의 원통형 주철 용기 속에 넣는다. 용기의 재료로 주철이 선택된 이유는 강도와 기계적 응력에 대한 저항력 때문이다.[4] 일단 폐기물이 지하로 들어가면, 공중보건에 가장 큰 위협이 되는 것은 수질 오염이다. 만약 폐기물에서 나온 방사성 물질이 흐르는 물과 섞인다면, 비교적 빠르게 움직여서 기반암을 통해 토양으로 스며들거나 강과 호수 같은 큰 수역으로 흘러들 수 있다. 그러면 결국 방사성 물질은 식물이나 어류나 다른 동물을 통해서 먹이 사슬로 들어갈 것이다.[5] 이를 방지하기 위해서, 주철 용기를 다시 5센티미터 두께의 구리 용기 속에 넣어서 지하수로 인한 부식 효과로부터 보호한다(천연 구리의 매장량을 볼 때, 구리는 수십만 년 동안 부식되지 않고 기반암 속에 지속될 수 있음을 알 수 있다). 이 구리 용기를 벤토나이트bentonite를 채운 원통형 구멍 속에 넣는다. 벤토나이트는 물이 있으면 팽

창하고 단단하게 굳어서 암석의 운동으로부터 용기를 보호할 것이다. 벤토나이트는 일반적으로 고양이 화장실용 모래로 쓰이기 때문에, 이렇게 "굳는" 효과를 직접 눈으로 확인할 수도 있다. 또한 벤토나이트는 액체가 용기에 닿는 것을 막고, 혹시라도 용기가 누출되었을 때 방사성 물질이 암석에 닿는 것도 막을 것이다. 암석 자체도 치밀하고 투과성이 없기 때문에, 추가적인 방벽으로 작용할 것이다.

안내도를 보면 완성된 폐기물 처리 터널의 전체적인 모습은 고기 굽는 석쇠와 비슷하게 생겼는데, 각각의 터널이 석쇠의 살 하나이다. 사용 후 연료의 폐기는 2020년대에 시작되어 약 100년 동안 계속된다. 2120년대에 마지막 폐기가 끝나면, 60–70킬로미터 길이의 터널 속에는 약 2,800개의 용기가 쌓일 것이다. 그 안에는 약 9,000톤의 사용 후 연료가 들어가는데, 이는 대략 올림픽 규격 수영장 2개를 채울 양이다. 오늘 이 프로젝트에 참여한 사람 중 누구도 그때까지 살지는 못할 것이다.

온칼로를 방문한 다음 날, 나는 핀란드의 방사선 및 원자력 안전 당국인 STUK에서 핵폐기물과 핵물질 규제 분과를 책임지고 있는 유시 헤이노넨을 찾아갔다. 우리의 기술 지식의 한계에 대한 로시의 우려를 언급하자, 헤이노넨은 고개를 끄덕이며 한숨을 쉬었다. "사용 후 연료가 매우 긴 시간 동안 유해하다는 것은 사실이에요. 하지만 그 유해함은 변해요. 우리는 그 점을 잘 설명하지 못했어요." 방사능 수준은 지수함수적으로 감소하며, 처음 1,000년이 가장 위험한 기간이다. "우리는 수만 년, 아니 그보다 더 오랫동안 그 물질이 어떻게 작용할지를 어떻게 아느냐는 질문을 받아요. 그러면 당연히 우리는 겸손하게 처신해야 해요. 모든 것을 다 안다고 말할 수는 없잖아요. 하지만 처음 1,000년이 가장 중요해요. 그리고 우리는 비교적 짧은 그 기간에 무슨 일이 일어날지에 대해서는 훨씬 더 확신할 수 있어요."

그는 얄로넨과 마찬가지로 임시 저장소를 버릴 때가 왔다고 생각한다. "임시 저장을 한다는 것은 수백 년이 흐른 뒤에도 어떤 형태의 핀란드 사회가 그 폐기물을 관리할 것이라는 전제에 의존해요. 그것이야말로 우리가 확신할 수 없고요."

온칼로를 방문하고 얼마 후, 나는 유럽 원자력 기구와 안드라Andra, 즉 프랑스 원자력 기구의 본부를 방문하기 위해서 파리로 향했다. 그다음에는 프랑스의 폐기물 저장소 부지로 제안된 프랑스 북동부의 시골 지역인 뫼즈/오트마른 지역을 찾아갔다.

폐기물의 안전성은 인간과 다른 동물로부터의 격리에 달려 있다. 지하 깊은 곳에 있는 지질학적 저장소의 강점은 수동적 체계로 설계되었다는 점이다. 즉, 온칼로나 시제오는 일단 봉인되면 추가적인 유지 보수나 감시가 필요하지 않다는 뜻이다. 훨씬 더 계획하기 어려운 지점은 우연이든 의도적이든 인간의 침입 위험에 있다. 그 저장소에 대한 모든 지식이 사라진 수십만 년 후의 미래를 상상해보자. 방사능에 대한 과학이 사회에서 모두 잊힌 먼 훗날의 어느 날, 누군가가 숲 바닥에 묻혀 있는 이상한 콘크리트 판을 발견한다고 해보자……. 미래의 사람들이 그것을 파내고 공상과학 영화처럼 끔찍한 죽음을 당하지 않게 하려면 어떻게 해야 할까?

"아니면 누군가 저장소 근처에서 그냥 땅을 판다면 어떻게 될까요?"

안드라의 장-노엘 뒤몽이 물었다. 그런 구멍으로 물이 흘러들어 폐기물과 접촉하게 될 수도 있다. 뒤몽에 따르면, 안드라의 안전성 연구는 이런 시나리오를 염두에 두고 있고 어떤 환경적 영향도 "수용 가능"은 하지만, "영향이 없다면 더 좋을 것"이다.

그렇다면 1만 년, 10만 년 후의 미래에도 여전히 사람들이 산다고 가정할 때, 우리의 후손들은 온칼로와 시제오와 그 밖에 현재 계획 중인 저장소에 묻혀 있는 물질의 위험을 어떻게 알 수 있을까?

"저장소에 대한 정보를 어떤 방식으로 유지하는 것이 미래 세대를 위해서 가장 좋은 방법일지를 모든 나라에서 고민하고 있어요." 타데세가 말했다. 그러나 프랑스의 기억 프로그램은 가장 눈에 잘 띄고 가장 발전되어 있다. 뒤몽은 이 일을 담당하는 부서의 책임자로서, 저장소에 대한 정보가 최소 100만 년은 유지되어야 한다는 전제하에 일을 하고 있다. "내가 알기로는 우리와 비슷한 저장소를 계획 중인 곳들 중 어느 곳도 기억의 문제에 대한 프로그램에는 특별히 크게 신경을 쓰지 않고 있어요." 그가 말했다. 뒤몽이 보기에 그런 프로그램은 세 가지 이유에서 필요하다. 첫 번째 이유는 시제오의 존재와 내용물에 대해서 후대에 알림으로써 인간의 침입 위험을 피하기 위해서이다. 두 번째 이유는 후대에 가능한 한 많은 정보를 제공함으로써 핵폐기물에 대해서 그들 스스로 결정을 내릴 수 있게 하려는 것이다(어쩌면 토머스의 생각처럼 저장소에 봉인될 폐기물이 언젠가는 중요한 연료원이 될 날이 올지도 모르기 때문이다). 마지막으로 세 번째 이유는 제대로 기록된 지질학적 저장소라는 문화유산이 미래의 고고학자에게 정보의 보고가 되어줄 수도 있기 때문이다. "과거의 물건과 그 물건이 어떻게 만들어졌고, 어디에서 왔고, 이에 대해서 어떻게 생각해야 할지 따위에 대해 매우 방대하고 구체적인 설명이 동시에 있는 곳은, 내가 알기로는 다른 어느 장소나 체계에도 없습니다."

기억 프로그램의 역사, 다시 말해서 기억 프로그램의 기억의 시작은 1980년대 미국으로 거슬러 올라간다. 당시 미국 에너지부에서는 방사성 폐기물 저장소와 인간 침입 문제를 조사하기 위한 인간 개입 태스크포스Human Interference Task Force, HITF를 창설했다.[6] 사람들이 저장소에 들어와서 폐기물과 직접 접촉하거나 저장소를 훼손하여 환경에 방사능 오염을 일으키는 것을 방지하는 최고의 방법은 무엇일까? 이후 15년간 재료과학자, 인류학자, 건축가, 고고학자, 철학자, 기호학자를 비롯한 다양한 분야의 전문가들이 이 문제를 연구했다.

HITF를 통해서 나온 제안들은 때로는 과학이라기보다는 공상과학에 더 가깝게 들렸다. 스타니스와프 렘(실제로 공상과학 소설가)은 저장소에 대한 경고 메시지가 DNA에 부호화된 식물을 기르자고 제안했다. 생물학자인 프랑수아즈 바스티드와 기호학자인 파올로 파브리는 고양이를 유전적으로 변형시켜서 방사선에 노출되면 빛이 나게 하는 "광선 고양이 해결책ray cat solution"이라는 방법을 제안했다.[7]

이런 해결책에 존재하는 기술적 어려움과 윤리적 문제는 차치하고, 두 제안 모두 중대한 결점이 있다. 그 성공이 통제 불가능한 추가적인 외부 요인에 의존하고 있다는 점이다. DNA에 경고 메시지를 부호화하는 식물의 경우, DNA 부호를 읽을 수 있는 기술을 갖춘 우리의 후손이 성가심을 무릅쓰고 매우 특별한 한 지역에 있는 매우 특별한 식물의 DNA 표본을 채취하려고 애쓸 것이라고 전제해야 한다. 광선 고양이의 경우, 빛을 내는 고양이가 무엇을 의미하는지에 대한 지식도 역사적 기록이나 신화나 전설의 형태로 보존될 것이라는 가정이 필요하다. 이것을 어떻게 보장할 수 있을까?

한편, 기호학자 토머스 세벅은 이른바 "원자 사제단Atomic Priesthood"을 창설할 것을 추천했다. 이 사제단의 구성원들이 폐기물 저장소에 대한 정보를 보존하고 신입 회원들에게 전달한다면 대대손손 그 지식이 이어질 수 있다는 것이다. 어떻게 생각하면 이는 선배 과학자가 박사 후보자에게 자신의 지식을 전수하는 현재의 원자과학 체계와 크게 다르지 않다. 그러나 그런 지식을 소수의 엘리트 집단에 넘겨준다는 것은 그들의 손에 권력을 쥐어주는 것이므로, 쉽게 오용될 수 있는 매우 위험한 전략이다. 어느 시점이 되면 사람들을 보호하는 것이 목적이었던 그 지식은 결국 그와 정반대로 이용되는 사태를 피하기 어려울 것이다.

어쩌면 원자 사제단을 통하는 것보다 어떤 메시지의 형태로 직접 이야기를 하는 편이 우리 후손들에게 방사성 폐기물에 대해 경고하는 더 좋은 방법일지도 모른다. 파리 외곽에 위치한 안드라 본부에서, 뒤몽은 내게 상자 하나를 보여주었다. 상자 안에는 플라스틱 케이스에 고정된 디스크 2장이 들어 있는데, 각각의 디스크는 지름이 20센티미터 정도였다. 뒤몽의 전임자인 파트리크 샤르통의 발상으로, 투명한 공업용 사파이어로 만들어진 이 디스크들 위에는 백금을 이용하여 정보가 새겨져 있다.

디스크 1장에는 일반적인 크기의 글과 현미경적 크기의 글을 혼합하여 보관함 600개 분량 또는 A4 용지 40만 장 분량에 해당하는 정보를 새길 수 있었다. 이 디스크에는 저장소와 폐기물에 대해 미래 세대에 전하는 약 40쪽 분량의 정보가 보관되어 있는데, 뒤몽은 이 정보를 주요 정보 파일Key Information File, 줄여서 KIF라고 불렀다. "그리고 마지막 부분은 세계 전역에 있는 저장소에 대한 정보를 제공하는 장이므로, 하나의 국제적인 연결망을 형성합니다." 뒤몽이 말했다. 우연히 시제오를 발견한 사람은 온칼로와 아직 지어지지 않은 다른 저장소에 대해서도 알게 되는 것이다. 디스크 1장당 약 2만5,000유로의 제작비용이 드는 이 사파이어 디스크(풍화와 긁힘에 대한 저항성과 내구성 때문에 선택되었다)는 거의 200만 년을 견딜 수 있을 것이다. 디스크 1장은 안드라의 개방일에 방문한 어느 덤벙대는 손님 때문에 이미 금이 갔지만 말이다.

그러나 대단히 장기간에 걸친 이런 계획들에는 중대한 단점이 있다. 100만 년 후의 미래에 사는 사람이 오늘날 쓰이는 언어 중 하나라도 이해할 수 있을지 우리가 어떻게 알 수 있을까?

현대 영어와 고대 영어의 차이를 생각해보자. 전문적인 교육을 받지 않은 사람이 "Đunor cymð of hætan & of wætan"이라는 문장을 이해할 수 있을까? "Thunder comes from heat and from moisture", 즉 "천둥은 열과 습기에서 비롯된다"는 뜻인 이 문장은 고작 1,000년 전의 영어임에도 오늘날 영국에 사는 보통 사람들에게는 이미 이해할 수 없는 문장이 되었다.[8]

언어에는 사라지는 습성도 있다. 이를테면, 약 4,000년 전에 오늘날 파키스탄과 인도 북서부에 해당하는 인더스 강 유역에 살았던 사람들이 쓴 글을 현대의 연구자들은 해독하지 못하고 있다.[9] 오늘날 쓰이는 어떤 언어도 100만 년 동안 남아 있을 것 같지는 않다.

1990년대 초 미국 정부의 또다른 독창적인 시도에 대한 응답으로, 건축 이론가인 마이클 브릴은 언어 문제를 부분적으로 회피하기 위해서 "자연적이지 않고 혐오스럽고 불길한 느낌의" 다가가고 싶지 않는 경관을 상상했다. 그가 상상한 경관은 삐죽삐죽한 번개 모양이나 다른 형태로 "신체에 위험함을 암시하거나……가시나 못처럼 상처를 입히는 형태"의 거대하고 위협적인 조형물을 넓은 지역에 건설하는 일종의 대지예술earthwork이었다. 이곳에서 건물 단지 내부를 배회하는 사람은 줄줄이 세워진 비석을 발견하게 될 것이다. 그 비석에는 다양한 언어와 기본적인 그림문자pictograph(단어나 구를 그림으로 나타낸 기호)로 방사성 폐기물에 대한 경고가 새겨져 있지만, 그 정보를 읽지 못하더라도 경관 자체가 경고로 작용해야 한다. 위험하다는 느낌을 전달하기 위해서 공포에 질린 인간의 얼굴이 조각될 것이다. 에드바르 뭉크의「절규」를 기반으로 하자는 아이디어도 제기되었다.[10]

안드라에 고용된 기호학자 플로리앙 블랑케르는 자신의 박사 논문에서 방사성 폐기물과 기억 문제를 다루면서 이 프로젝트를 수행하고 있다. 공포를 이용한다는 브릴의 발상은 매우 그럴싸하다. "감정은 보편적이니까요." 블랑케르는 이렇게 말했다. "조금 병리학적 문제가 있는 사람들을 제외하면, 지구에 사는 모든 사람들은 공포, 역겨움 같은 감정을 느껴요." 문제는 낯설고 불안한 궁금증을 일으키는 그런 경관이 방문객을 쫓아내기보다는 오히려 끌어들일 수도 있다는 점이다. "우리는 모험가들이에요. 우리는 허락되지 않은 환경을 정복하는 일에 매력을 느끼죠. 남극이나 에베레스트 산을 생각해보세요." 또는 20세기 유럽 고고학자들을 떠올려보자. 이집트 왕들의 무덤을 열 때 그들은 무덤 벽에 새겨져 있던 수많은 경고와 저주의 말들에도 불구하고 조금도 주저하지 않았다.

브릴의 발상과 같은 설계와 더불어, 방사능에 대한 우리의 문화적 공포도 종종 저장소를 보호하기 위한 전략의 일부였다. "20세기 말의 방식은 사람들에게 공포를 심어주거나 그런 장소에 대한 접근을 차단하는 것이었어요." 뒤몽이 말했다. "이제 우리는 정보와 지식을 전달하기 위한 묘책에 더 관심을 두고 있어요."

기억을 전달하는 한 가지 방법은 구전을 통해서 대대로 전달하는 것이다. 이를 연구하기 위해서 뒤몽은 역사적인 구전의 사례들을 검토해 봐달라고 연구자들에게 요청했고, 17세기 이래로 지중해와 대서양 사이에 위치해 있는 미디 운하의 건설과 유지가 사례 연구에 활용되었다. 미디 운하의 경우 실질적인 지식과 경험이 아버지로부터 아들로 전달되면서 300년 넘게 한 가문에서 대대로 이 일이 계속되어왔다. 뒤몽은 가능한 한 많은 사람들이 시제오를 알게 할 필요성도 이야기한다(통계적으로, 저장소에 대해 아는 사람이 많을수록 그 기억이 보존될 확률도 더 높아진다). 방문 센터를 운영하거나 언론사 인터뷰를 하는 것도 이런 전략의 일환이다. 뿐만 아니라 지난 3년 동안 안드라는 이곳의 흔적을 남길 방법에 대한 공모전을 개최해왔다. 이런 설계 중 일부는 방문 센터에서도 볼 수 있다. "예술가들은 새로운 생각과 통찰을 제공합니다. 우리의 마음을 열어주죠." 뒤몽이 말했다. 2016년 수상자인 레누보부에장Les Nouveaux Voisins(새로운 이웃)은 30미터 높이의 콘크리트 기둥 80개를 세우는 것을 상상했다. 각각의 기둥 꼭대기에는 참나무가 심어져 있는데, 세월이 흘러 기둥이 서서히 내려앉으면 참나무가 그 자리를 대신하면서 지면의 위와 아래에 뚜렷한 흔적이 남는다.

이 모든 것은 미래와 소통할 방법을 찾기가 어려움을 말해준다. 한때 어린이를 위한 과학 교실을 운영했던 내 친구는 어린이들에게 이따금 핵폐기물 저장소를 위한 표지판을 생각해보게 했다. “아이들은 싫어했다.” 그녀는 그 경험에 대해 이렇게 썼다. “우리는 빨간색 크레용으로 ‘꺼져Fuck Off’라는 글씨를 빼곡하게 휘갈겨쓴 종이를 받고 그 수업을 중단해야 했다. 열 살이라면 주말이 되기까지, 아니 학교 수업이 끝날 때까지 억겁의 시간이 걸리는 것 같을 텐데, 수천 년이 무슨 의미가 있을까? 기호학자, 언어학자, 고고학자, 재료과학자들은 1983년에 이 연구를 시작했고, 연구는 여전히 진행 중이다. ‘꺼져’는 유효한 반응이다.”

나는 프랑스 북동부의 뷰흐라는 마을을 향해 차를 몰았다. 적갈색 숲에서 눈부신 연녹색 밀밭까지 다양한 색조의 초록이 조각보처럼 이어졌다. 석회암 건물들이 마을회관 주위를 둥글게 감싸고 있는 작은 마을인 뷰흐는 시제오와 가장 가까운 지역 사회로, 주로 노인인 약 90명의 주민들이 산다. “공부를 하거나 일자리를 찾고 싶은 젊은이는 여기 머물 수 없어요.” 브누아 자케는 내게 이렇게 말했다. 한때 10여 가구의 농가가 있던 마을에는 이제 두세 가구만이 농가로 남아 있다. 자케는 지역 정보 감시 위원회Comité Local d'Information et de Suivi, CLIS의 간사이다. 마을 한가운데에 위치한 옛 공중세탁소에 본부를 둔 CLIS는 지역에서 선출된 공무원, 노동조합과 전문가 집단의 대표, 환경연합으로 구성된 조직으로, 시제오에 대한 정보를 지역 사회에 제공하고, 공청회를 주최하고, 독립적인 전문가들에게 안드라의 업무에 대한 검토를 의뢰하는 방식으로 안드라가 하는 일을 감시하는 것을 목적으로 하고 있다.

프랑스 법률에 따르면 CLIS는 저장소가 건설되면 그곳의 수명이 다 할 때까지 지속되는 지역 위원회로 전환되어야 한다. 현재의 회원들이 은퇴하거나 공직을 떠나면 새로운 회원들이 그 자리를 대신할 것이다. "그래서 바통을 넘기는 방법이기도 해요." 자케가 말했다. "만약 지역 위원회가 있다면 기억이 남을 거예요. [그 기억은] 안드라의 기억이 아니라 외부의 기억인 거죠."

이와 동시에 안드라에서도 세 부문으로 나뉘는 "기억" 집단을 만들었다. 각각의 집단은 관심 있는 지역 주민 20여 명으로 구성되는데, 그들은 6개월에 한 번씩 만나서 저장소에 대한 기억을 보존하고 전달하기 위한 제안을 내놓는다. 지금까지 나온 아이디어로는 증언의 채록과 보존, 그 장소와 연관된 주제와 주요 단어가 들어간 기념비 설치, 지역 주민들이 직접 조직하고 즐기는 연례 기념행사의 개발이 있다. 말하자면 방사능 오월제나 핵 "경계선 확인하기beating the bounds(지도가 드물던 시절에 교구의 경계를 확인하기 위해서 사람들이 돌아다니면서 중요한 표지물을 두드리는 풍습/옮긴이)" 같은 것을 열자는 것이다.

마지막 아이디어는 유럽 원자력 기구의 전 연구원인 클라우디오 페스카토레와 클레어 메이스의 연구를 떠오르게 한다. 그들은 다음과 같이 썼다. "이들 시설을 숨기지 말라. 공동체로부터 분리하지 말고, 공동체의 일부로 만들라.……지역의, 사회의 구조에 속한 것이 되게 하라." 계속해서 그들은 저장소를 기억하기 위한 기념비를 만들어야 한다고 제안한다. 만약 그 기념비가 "독특하고 미학적으로 가치가 있다면 지역 사회가 그 자리를 자랑스럽게 품어서 유지하는 이유의 하나가 될 수 있지 않을까?"[11]

기억 집단의 일부 회원은 이 아이디어를 좋아했지만, 자케는 내가 이 이야기를 했을 때 조금 회의적으로 보였다. 나는 언젠가 이 저장소가 관광지가 될 수 있을지 궁금했다. 저장소가 이 지역으로 관광객을 끌어들이는 무엇인가가 될 수 있을까?

자케는 정반대의 이야기를 했다. 일부 CLIS 회원은 "이곳에 사는 사람들은 모두 위험 때문에, 그리고 쓰레기통 같은 저장소의 이미지 때문에 이 지역을 떠날 것이라고 말해요. 물론 저장소가 고용을 창출하고 이곳이 새로운 실리콘밸리가 될 거라고 생각하는 사람도 있어요. 현실은 그 둘 사이의 어딘가에 있겠죠. 하지만 관광객을 끌어들인다? 그건 잘 모르겠어요."

CLIS 본부의 밖에 서서, 나는 레게머리를 한 젊은 여자가 마을회관 앞에 있는 작은 광장을 가로질러서 금방이라도 무너질 듯한 큰 돌집으로 들어가는 것을 지켜보았다. 집 밖에는 낡은 이동식 주택 몇 채와 핵폐기물 용기와 비슷하게 생긴 기름통 2개가 있었다. 시제오 방향을 가리키는 손으로 만든 이정표에는 "시제오"라는 단어가 격렬하게 지워진 채였다. 현관에 걸린 팻말에는 이런 글이 쓰여 있었다. "Bure Zone Libre : La maison de résistance à la poubelle nucléaire(뷰흐의 자유 구역 : 핵폐기물에 저항하는 집)."

2004년 이래로 이곳은 국제 반핵 및 반저장소 활동가들이 드나드는 본거지가 되었다. 나는 블랑케르의 말을 떠올렸다. 그의 의견으로는 가장 효과적인 형태의 전달 가운데 하나는 안드라와 전혀 관계가 없다. 그것이 바로 "핵폐기물에 저항하는 집" 같은 저장소 반대 집단의 존재였기 때문이다.

시제오에 대한 반대 활동을 지속함으로써, 그리고 아마도 그들의 신념을 그들의 아이들에게도 전달함으로써, 반핵 운동가들은 저장소의 기억을 살아 있게 할 것이다. 게다가 경찰을 향한 그들의 저항과 충돌이 뉴스에 보도되면, 금방이라도 무너질 듯한 그 돌집은 시제오에 대한 일종의 기념물로 대중에게 각인될 것이다. "그래서 저장소에 찬성하는 입장에서 말하자면, 사실 저장소를 잘 기억되게 하기 위해서는 저장소 반대파가 계속 존속될 필요가 있어요." 블랑케르가 말했다. "다행스럽게도 우리는 프랑스에 있어요. 프랑스에는 언제나 무엇인가에 반대하는 사람들이 있죠!"

그러나 인간의 침입 위험과 기억 보존을 어떻게 다룰지에 대한 급진적인 제안은 하나 더 있다. 그냥 내버려두는 것이다. 우리 종의 무한한 호기심과 폭력 성향과 괜히 끼어들어서 일을 그르치는 무능의 역사를 감안할 때, 저장소와 관련해서 가장 안전한 방법은 우리 후손들에게 그것을 비밀에 부치는 것이 아닐까? 자케에 따르면, "어떤 사람은 여기에 어떤 표시도 하지 않기를 바라요. 어떤 사람은 잊히는 편이 더 좋다고 생각하고요……. 그러는 편이 테러 행위와 같은 것으로부터 시설을 보호하기에 좋을 테니까요."

핀란드에서는 저장소가 수동적 체계로 운영되기 때문에, 그리고 아마도 천연자원이 없는 지역의 깊은 땅속에 묻힐 것이기 때문에, 기억 보존의 문제는 논할 가치가 없다고 말하는 사람들도 있다. "지상에서 보면 이곳은 다른 숲이나 자연과 조금도 다르지 않을 거예요." 얄로넨이 말했다. 저장소를 확인할 만한 것도 없을 것이고, 누군가 그곳을 파낼 이

유도 없을 것이다. 시야에서 멀어지면 마음에서도 멀어진다는 발상인 것 같다. 게다가 10만 년쯤 지나면 지상의 모든 흔적과 복잡한 표지들은 사라지고 없을 것이다.[12] 우묵하게 조금 들어간 자국, 어쩌면 살짝 불룩한 부분이 한두 군데 남을지도 모른다. 전문 교육을 받지 않은 사람들이 보기에 그런 것들은 땅의 "자연스러운" 형태로 보일 것이다. 그리하여 결국에는 아무도 간 적 없는 곳처럼, 누구도 기억할 것 없는 곳이 될 것이다.

그러나 블랑케르는 망각이 그렇게 쉽지만은 않다고 경고한다. "망각은 수동적인 행동이에요. 우리는 자기 자신에게 '그 일을 잊을 것이다'라고 말할 수 없어요. 마치 분홍색 코끼리를 생각하지 않으려는 것과 비슷해요. 만약 [시제오를] 잊고 싶다면, 먼저 그것에 관한 정보를 지워야 해요. 그러려면 인터넷을 차단하고, 수많은 컴퓨터를 부수고, 수많은 신문과 책을 없애야 해요." 덴마크의 영화 감독인 미카엘 마센은 온칼로를 두고 반드시 잊어야 한다는 것을 잊어서는 안 되는 장소라고 말했다.[13] 하지만 블랑케르의 견해로는 시제오가 마센의 말처럼 되기는 이제 불가능하다.

저장소의 기억을 보존하기를 원하는 사람은 결국 다양한 전략을 활용할 것이다. 대대로 이어지는 지식의 전달에만 의존하면 끊이지 않는 계승을 결코 보장할 수 없다. 반면 직접적인 소통에 의존하면 우리가 남긴 메시지가 물리적으로 남더라도 아무도 이해하지 못할 위험이 있다.

이 문제를 궁리하기 위해 안드라는 블랑케르에게 연구를 의뢰했다.

그리고 블랑케르는 만약 언어를 빼고 메시지를 전달해야 한다면 그림을 이용할 수도 있다고 결론지었다.

그러나 여러 시각적 신호도 언어처럼 문화적 특이성을 지닌다. 도로 표지판이나 생물 재해 표지나 방사능 표지를 생각해보자. 우리는 그 이전의 문화적 지식이 있어야만 이런 표시를 이해할 수 있다. 게다가 표시의 의미가 시간이 흘러도 항상 그대로는 아님을 알고 있다. 가령 두개골과 교차된 뼈의 그림은 보통 해적이나 치명적인 독극물과 연관이 있다. 그러나 블랑케르는 "중세의 연금술사에게 그 두개골은 아담의 두개골을 의미하고, 교차된 뼈는 부활을 약속하는 십자가를 의미했다"고 말한다. 불과 600여 년 사이에 생명을 의미하는 표시에서 죽음을 의미하는 표시로 완전히 바뀐 것이다.

그럼에도 블랑케르는 보편적인 표시가 하나는 있다고 생각했다. 바로 인간의 형상이다. "미국을 가든지, 영국을 가든지, 아프리카를 가든지, 유럽을 가든지, 오스트레일리아를 가든지, 이런 표시를 보면 남자나 여자의 그림이라는 사실을 알 수 있을 것이다."[14] 더 나아가, "모든 인간은……공간 속에서 그들의 몸을 같은 방식으로 파악하기도 한다. 위아래가 있고, 좌우가 있고, 앞뒤가 있다." 그의 결론에 따르면, 움직이는 인간의 형상을 기반으로 하는 그림문자는 보편적으로 인식될 가능성이 있다.

이렇듯 하나의 생각이 첫걸음을 뗐지만, 그것만으로 충분하지는 않았다. 방사성 폐기물 조각에 다가가서 그것을 만지고 쓰러지는 사람을 만화로 그릴 수는 있을 것이다. 하지만 그 만화가 그려진 판을 올바른 순서로 볼 것이라고 어떻게 보장할 수 있을까? 또는 폐기물을 만지는 일이 부정적 행동으로 해석되리라고 장담할 수 있을까? 순서를 거꾸로 보면 방사성 폐기물이 죽은 사람을 되살린 것처럼 보일 수도 있다. 마지막으로, 볼 수도 없고 만질 수도 없는 방사능에 대한 메시지를 (신체와 같은) 유형의 물체에 대한 시각적 표현에 의존하는 그림문자로 어떻게 전달할 수 있을까?

이 문제에 대응하기 위해, 블랑케르는 "인간행동학적 시설praxeological device"이라는 것을 설계했다. 그의 말에 따르면, 이 시설은 "모든 시대의 모든 사람에게 복잡하고 추상적인 개념을 전달할 수 있는 통합 체계"이다.[15] 알려진 어떤 언어와도 완전히 독립되어 있는 이 시설은 그것과 우연히 마주친 사람에게 이런 목적을 위해서 특별히 만들어진 전혀 새로운 언어를 가르친다.

블랑케르는 이 시설을 지하에 건설된 일련의 통로 형태로 상상한다. 아마 그 통로는 저장소로 접근하는 터널일 것이다(시설을 지하에 두면 풍화와 침식으로부터 보호할 수 있다). 첫 번째 통로의 벽에는 그 통로를 따라 걸어가는 사람을 보여주는 직사각형의 그림문자가 있고, 이동 방향을 나타내는 발자국이 일렬로 이어진다(이는 인간의 몸이 보편적 표시라는 블랑케르의 주장과 연관이 있다). 통로의 끝에는 구멍 하나와 사다리 하나, 그리고 2개의 그림문자가 있다. 원형의 그림문자는 사다리를 잡고 있는 사람을 보여준다. 삼각형의 그림문자는 사다리를 잡지 않아서 떨어지는 사람을 보여준다. 사다리 아래 바닥에는 두 번째 통로가 있다. 사다리를 따라 내려가는 도중에 천장의 높이가 갑자기 낮아진다. 원형 그림문자는 몸을 숙여서 안전한 사람을 보여준다. 삼각형 그림문자는 몸을 숙이지 않아서 머리를 부딪힌 사람을 보여준다.

이런 방식으로 어떤 규칙이 확립되기 시작한다. 첫째, 벽에 그려진 그림은 그 시설 안에 있는 사람의 행동과 연관이 있음을 알 수 있다. 둘째, 원형 그림 속의 행동을 따라해야 하고 삼각형 그림 속의 행동은 피해야 함을 이해할 수 있다. 그리고 이런 규칙이 일단 자리를 잡으면 방사성 폐기물에 대한 더 복잡한 경고를 전달하는 방법을 고안하는 일도 가능할 것이다. 이 설계의 마지막 단계는 아직 개발 중이지만, 한 가지 안으로는 화상과 같은 유형의 경험을 방사능에 대한 비유로 변환하여 활용하는 것이 있다.

"이 발상의 진짜 흥미로운 점은 사람들이 스스로 배운다는 거예요." 뒤몽이 말했다. "세대에서 세대로 전달되는 것에 의존할 수 없는 장기적인 상황에서는 학습이 중요해요."

지난여름, 나는 몇몇 친구들과 함께 리지웨이의 일부를 걷는 여행을 떠났다. 리지웨이는 칠턴힐스와 노스웨섹스다운스를 지나는 고대의 장거리 여행길이다. 칠턴힐스에 있는 화이트리프 언덕 위에서, 백악질의 하얀 길은 약 5,000년 전의 신석기 시대 무덤 유적 근처를 지난다.[16] 언덕 비탈에 흙이 쌓인 방식이 자연적이지 않다는 것은 곧바로 알아챌 수 있지만, 오늘날 그곳에는 풀로 덮인 야트막한 둔덕만 보일 뿐이다. 그리고 그 너머로는 멀리 버킹엄셔의 숲과 들판, 프린스 리스버러의 작은 마을들이 보인다. 그 무덤을 누가 만들었는지, 그 무덤에 묻힌 사람의 이름이 무엇인지, 그들이 어떤 언어를 썼는지, 그들이 5,000년 후의 세상이 어떻게 되리라고 상상했는지는 아무도 모른다. 그 무덤을 바라보면서 나는 과거와의 연속성이 아닌 차이와 간극을 느꼈다.

화이트리프 언덕 위의 무덤과 같은 곳들은 안드라의 2018년 표시물 공모전 수상자인 로라 보비에게 영감을 주었다. 그녀는 그 지역의 지질학적 재료(석회암, 점토)와 인공적인 재료(콘크리트, 플라스틱 등)를 섞어서 만든 5-10미터 높이의 세 언덕을 상상했다. 우리가 화이트리프의 땅에서 자연적이지 않은 형태를 알아봤듯이, 시제오 위의 땅을 파내려갈 미래의 고고학자는 이곳이 인간이 만든 장소임을 곧바로 알아차리고 조심스럽게 발굴을 진행할 것이다. 보비는 이렇게 말했다. "기억은 잊힌다고 해도, 그 자리의 흔적은 끈질기게 남아 있을 거예요. 우리가 걸어가면서, 혹은 구글 어스를 통해서 고대 문명의 무덤 흔적을 계속 관찰하듯이 말이에요."[17]

1930년대에 린지 스콧이라는 고고학자는 화이트리프 언덕의 무덤에서 한 사람의 유골과 60여 개의 도기 조각, 부싯돌 파편과 동물 뼈를 발굴했다.[18] 우리 인간종이 충분히 오래 지속된다고 가정하면, 언젠가는 우리의 문명도 신석기 시대의 문명처럼 희미하고 신비로우며 알 수 없는 무엇인가가 될 것이다. 그리고 우리가 과거에 대한 답을 찾기 위해서 무덤 속으로 들어가듯이, 미래의 고고학자들은 시제오와 온칼로의 콘크리트 통로와 터널을 뚫고 들어갈지도 모른다. 그들은 그 어둠 속을 응시하면서 자문할 것이다. "누가, 무슨 목적으로 이곳을 지었을까? 이곳은 무덤일까? 군사시설일까? 혹은 사라진 어떤 종교 의식을 치르던 장소일까? 오래 전에 죽은 사람들은 왜 이곳에 와서 이렇게 깊은 곳까지 땅을 팠을까? 그들은 무엇을 하고 있었을까? 무엇을 숨기려고 했을까?"

❖ ❖ ❖

4시가 되자 올킬루오토 섬에 어둠이 내렸다. 나는 TVO의 방문객 센터에서 수문학자水文學者인 안네 콘툴라와 함께 커피를 마셨다. 핀란드 기상 연구소와 공동 연구를 진행 중인 콘툴라는 올킬루오토 섬의 미래 기후를 확증하기 위해서 노력하고 있다. 5,000년을 훌쩍 지나서 5만–20만 년 후의 어느 시점이 되면 지구는 아마도 새로운 빙하기에 들어설 것이다.[19] 과학자들은 4킬로미터 두께의 얼음이 기반암에 압력을 가하면 핵폐기물 보관 용기에 무슨 일이 벌어질지를 연구 중이다. 그리고 기반암의 온도가 영하로 떨어질 때 보관 용기가 어떻게 반응할지, 특히 벤토나이트가 뚜렷한 특징을 유지할지에 대해서도 연구를 하고 있다. "우리가 저장소에서 420미터 깊이까지 내려간 이유 중 하나는 우리가 있는 곳이 지난 빙하기 때 영구동토층보다 더 아래에 있었기 때문이에요." 콘툴라가 말했다.

온칼로의 터널 속에 서 있는 일은 인간종에 대한 거대한 기념물 속으로 발을 들여놓는 것과 같았다. 그러면서 한편으로는 아득한 미래에도 이 세상이 존재할 것이고, 지구라는 행성에 여전히 생명이 존재하리라는 믿음의 표현이기도 했다. "이 일에서 내가 좋아하는 점 중 하나는 이게 더 큰 의미를 가지고 있다는 거예요." 콘툴라가 말했다. "바로 우리가 없어도 그곳에 있을 위험한 폐기물을 관리하는 일이죠."

나는 커피를 홀짝이면서 멀리 물 건너편에서 반짝이는 발전소의 불빛을 바라보았다. 그리고 마침내 빙하기가 찾아왔을 때의 올킬루오토 섬의 모습을 상상해보았다. 지표면에서는 모든 것이 사라질 것이다. 건물도, 나무도, 풀도, 바위도 모두 점점 더 전진하는 빙하 아래로 사라질 것이다.

이에 대해 내가 콘툴라에게 묻자, 그녀는 이렇게 대답했다. "구름 위를 날면서 아래를 내려다보면 온통 구름만 보이는 것과 같아요. 모든 것이 하얗게 보일 거예요. 그냥 하얗게."

16

바닷가에서

마지막에는 처음으로 되돌아가고 싶었다. 영국에서 그 처음은 스코틀랜드 북서쪽 끝이었다. 만약 영국을 남동에서 북서로 잇는, 즉 이스트앵글리아에서 하일랜드 서부로 이어지는 대각선을 따라서 이동한다고 해보자. 그러면 쌓인 지 얼마 되지 않은 이스트앵글리아의 제4기 퇴적층에서부터 시간을 거슬러 올라가기 시작해서, 런던 분지의 고제3기 점토, 노스다운스의 백악기 상부 백악, 코츠월드의 쥐라기 어란석, 페나인 산맥을 둘러싸고 있는 트라이아스기의 사암, 멘딥스의 석탄기 석회암, 브레컨비컨스의 데본기 구적색 사암, 레이크 지방의 오르도비스기와 실루리아기 암석들, 그램피언스 산맥의 캄브리아기 노두를 거쳐서 하일랜드 북서부와 헤브리디스 제도에 있는 가장 오래된 암석들에 이른다.

나는 가장 오래된 암석을 찾기 위해서 비 오는 6월의 어느 날 인버네스에서 북쪽으로 차를 몰았다. 그때 나는 임신 3개월 차였고, 술이라고는 한 잔도 마실 수 없었음에도 종일 숙취에 시달리는 기분이었다. 입덧을 억누르기 위해서 비스킷을 먹고 있었는데, 울라풀을 지나자 풍경 속에 낮고 평평하게 자리 잡은 널찍한 도로가 한산해지기 시작했다. 도로 양쪽에는 고사리와 헤더 사이로 잿빛 바위들이 불쑥불쑥 튀어나왔고, 왼쪽으로는 기다란 갈색 호수가 시야에 나타났다가 사라졌다. 집들은 거의 보이지 않았다. 저 멀리 아이들의 그림 속 언덕 같은 둥근 봉우리 몇 개가 보였다. 정상부가 뭉툭해진 원뿔형 화산들이었다.

내가 운전하고 있던 전원지대는 지질학적으로 빼어난 장소를 보호하고 알리기 위해서 유네스코 세계 자연유산으로 등재된 하일랜드 북서부 지질 공원에 속하는 곳이었다. 차창 밖으로 깊은 시간 속에서 뚜렷하게 구별되는 3개의 순간이 보였다. 캄브리아기, 원생누대, 시생누대라는 3개의 이전 세계가 남긴 3개의 경관이었다.[1]

언덕 꼭대기에 언뜻언뜻 하얀 것이 보였다. 눈처럼 보이지만 사실은 캄브리아기가 남긴 약 5억 년 된 규암이었다. 현생누대("생명이 보이는 시기")의 첫 번째 기인 캄브리아기는 대단히 많은 복잡한 생명체가 화석 기록에 처음 나타난 시기이다. 언덕 자체를 이루는 토리돈 사암은 약 10억 년 전에 흘렀던 어느 강의 퇴적물로 만들어졌다. 그 퇴적물은 고생대("보다 이른 생명의 시기")에 그 강 동쪽에 있던 더 거대한 산맥이 침식되면서 형성되었다. 케임브리지 히스 로드 공사장에 있던 플라이스토세의 모래와 자갈이 인간의 시간에서 깊은 시간으로 옮겨간 흔적이라면, 이곳의 사암은 현생누대(5억4,200만 년 전부터 현재까지를 모두 아우르는 누대)에서 원생누대(깊은 시간에서 가장 오래되고 가장 길며 가장 신비로운 시기인 선캄브리아 시대의 일부)로 뛰어넘은 흔적이다.

선캄브리아 시대는 ICS 국제 층서표의 맨 아래에 있으며, 붉은 보라색과 진한 꽃분홍색 계열로 나타내는 3개의 누대로 나뉜다. 이 세 누대는 각각 원생누대(보다 이른 생명의 시기), 시생누대(시작 또는 기원이 되는 시기), 가장 오래된 시기인 명왕누대(지하 세계의 신인 하데스[명왕]에서 딴 이름이며, 당시 지구가 지옥 같은 상태였으리라는 추정을 반영한다)라고 불린다. 이 세 누대를 합치면 깊은 시간 전체의 8분의 7을 차지하지만, 우리는 이 시기에 대해서 상대적으로 잘 알지 못한다. 그나마 우리가 아는 것들도 대부분 20세기 말과 21세기 초가 되어서야 조금씩 드러나기 시작한 것들이다. 끊임없이 몰아치는 지질학적 과정으로 인해서 초기 지구의 상태를 그대로 간직한 물질은 거의 남아 있지 않다. 토리돈 사암이 특별한 이유는 그 정도 연대의 퇴적암이 온전하게 남아 있는 경우가 거의 없기 때문이다. 최초의 공룡이 발견되고 100년도 더 지난 1960년대가 되어서야 진정한 선캄브리아 시대 고생물학 연구가 시작되었다.[2] 그전까지는 많은 이들이 선캄브리아 시대에는 화석이 전혀 없다고 생각했다. 게다가 지질학자들이 그린란드 서부, 캐나다 북서부, 오스트레일리아 서부에 조금씩 남아 있는 명왕누대의 암석을 확인한 것도 20세기 말의 일이었다. 내가 크리스티 경매에서 본 40억 년 된 아카스타 편마암도 그런 암석들 중 하나였다.

세 번째로 보이는 이전 세계는 사암 언덕이 자리하고 있는 "언덕과 호수Cnoc and Lochan" 경관이었다. 게일어에서 cnoc은 작은 바위 언덕을 뜻하고, lochan은 침식되어 우묵하게 파인 곳에서 종종 발견되는 작은 호수를 뜻한다. "언덕과 호수" 경관이라는 명칭으로 묘사되는 불규칙하고 언덕이 많은 지형은 유럽 서부에서 가장 오래된 암석들 중 하나인 루이스 편마암에 의해서 만들어졌다. 이 변성암은 무려 30억 년 전인 시생누대에 만들어졌을 것으로 추정되는데, 이는 영국에서 가장 오래된 암석이다. 이 암석은 이 책에 등장하는 거의 모든 이야기가 일어난 세계들이 지나가는 동안 존속되어왔다.

그다음 날은 따뜻하고 건조했다. 나는 갓길에 차를 세우고 도로에서 조금 떨어진 작은 개울을 따라서 언덕을 올라갔다. 발아래에는 불그죽죽한 짙은 갈색의 물이 흥건했다. 루이스 편마암 바윗돌 사이로 좁은 길이 이어져 있었다. 풀과 고사리가 우거진 풀밭 위로 솟아 있는 바윗돌들은 초록 바다에 떠 있는 회색의 고래 등처럼 보였다. 길을 따라 걸으면서 나는 그 바위들의 이름을 하나하나 불러보았다. 루이스 편마암, 토리돈 사암, 캄브리아기 기부의 규암. 사물의 이름을 안다는 것은 즐거운 일이다. 세상을 작은 구획으로 나누어 구분하기 위해서가 아니다. 경관을 즐기기 위해서 바위의 이름을 알아야 할 필요는 없다. 나무나 풀이나 새의 이름도 마찬가지이다. 그러나 이런 정보를 알게 되면, 그 공간 속에서 우리가 존재하는 방식에 어떤 변화가 생긴다. 이름이 붙은 경관은 더 선명해진다. 역사나 맥락과 관련된 것뿐 아니라, 관심의 질도 달라지는 것 같다. 무엇인가에 이름을 붙여주려면, 시간을 들여서 그것을 구별할 특징을 골라야 한다. 더 오래 보아야 한다. 그리고 더 많이 알수록, 배경 속에서 흐릿하고 엇비슷하게 보이던 많은 것들이 더 선명하게 존재를 드러낸다. 마치 수많은 인파 속에 있어도 친숙한 얼굴은 곧바로 눈에 들어오는 것과 같다.

나는 시냇가에 있는 따뜻한 바위에 앉아서 치즈 샌드위치를 먹었다. 맥주 같은 색을 띠는 차가운 냇물이 빠르게 흘렀다. 언덕 아래쪽에 냇가 주위에 옹기종기 모여 있는 은색 자작나무들 사이 어딘가에서 뻐꾸기 울음소리가 들렸다. 자세히 들여다보니 내가 앉은 회색 편마암 위에 흰색과 연한 형광 노란색의 지의류가 껍질처럼 덕지덕지 붙어 있었다. 조금 더 시간을 들여서 관찰하면 회색 바위에서도 다른 색을 볼 수 있다. 물결 모양의 검은 선, 주황빛이 도는 분홍색 선이 보인다. 지질학자인 피터 토그힐은 『영국의 지질학*The Geology of Britain*』에서 이곳을 "무덤에서 파낸 선캄브리아 시대의 경관"이라고 묘사했다.[3] 수백만 년 동안 이 경관은 토리돈 사암이라는 드넓은 담요로 덮여 있었기 때문에 비바람을 피할 수 있었다. 그러나 시간이 흐르는 동안 이 사암이 닳아 없어지면서 이상한 형태의 언덕들만 남았고, 그 아래에 보존되어 있던 편마암도 드러났다. 영국 지질조사소의 한 가이드는 이 지역에 대해 "만약 10억 년 전에 이곳에 있었다면, 루이스 편마암이 이루는 지형의 윤곽이 오늘날의 윤곽과 놀라울 정도로 비슷했을 것"이라고 설명한다.[4]

놀라울 정도로 비슷하지만 다른 점도 있다. 먼저 풀부터 없애야 한다. 고사리와 헤더도 없애고 자작나무와 뻐꾸기도 없애야 한다. 비옥한 토탄질의 흙도 없애고 바위투성이의 황량한 경관만 남겨야 한다. 그럼 풀 한 포기 없는 비탈에는 자갈이 부채꼴로 쌓여 있고, 움직이는 것이라고는 강물과 시냇물뿐이었을 것이다. 어쩌면 바람에 먼지 구름이 날리거나, 비에 흠뻑 젖은 바위의 색이 더 짙어지기도 했을 것이다.

셋째 날에는 차 한 대가 겨우 지나가는 좁은 도로를 따라서 아크멜비치 해변 쪽으로 차를 몰았다. 물빛은 카리브 해 휴가 광고에 나오는 바닷

물처럼 파랬다. 부서진 조개껍데기로 만들어진 모래는 흰색이었다. 낮게 떠 있는 늦은 오후의 태양 속에서, 연한 산호색이 도는 회색의 은은한 빛을 내는 편마암은 염주비둘기의 가슴과 비슷했다.

이 풍경은 캐나다, 스웨덴, 뉴욕 센트럴 파크에서 볼 수 있는 빙하의 영향을 받은 순상지의 경관과 비교되어왔다. 나는 잉마르 베리만 감독의 흑백 영화에 등장하는 섬과 해안선을 떠올렸다. 에든버러와 스코틀랜드의 롤런드에서 지내다 보면 스코틀랜드 북서부는 다른 땅처럼 느껴진다. 그도 그럴 것이, 어느 정도는 맞는 이야기이기 때문이다.

약 6억 년 전인 선캄브리아 시대에는 남극 일대에 자리했던 고대의 초대륙이 분리되기 시작했다.[5] 스코틀랜드 북서부는 북아메리카, 캐나다, 그린란드와 같은 방향으로 이동했고, 잉글랜드와 웨일스와 스코틀랜드의 다른 부분은 다른 방향으로 이동했다. 이 상태는 약 4억2,000만 년 전까지 지속되었다. 그로부터 약 400만 년이 지나서 데본기가 도래할 무렵이 되자, 흩어졌던 대륙이 다시 합쳐져서 새로운 초대륙인 판게아가 형성되기 시작했다.

이후 수백만 년에 걸쳐서 스코틀랜드, 잉글랜드, 웨일스는 새로운 대륙의 가장자리에서 중심부로 서서히 이동했고, 따뜻한 습지에서 마른 땅으로 바뀌다가 마침내 건조하고 매우 뜨거운 곳이 되었다. 백악의 시대였던 약 8,000만 년 전에 판게아가 갈라지기 시작하면서, 오늘날 우리가 아는 대륙의 형태와 대서양이 생기기 시작했다. 공룡을 모조리 사라지게 했을지도 모르는 거대한 소행성이 칙술루브를 강타한 직후인 약 6,500만 년 전, 영국은 대략 현재의 위치에 이르렀다.[6]

과학자들은 2억–2억5,000만 년 동안 대륙판들이 계속 이동하여 아득한 미래에는 지구에 새로운 초대륙이 형성될 것이라고 추측한다.[7] 이 초대륙이 어떤 모양일지에 관해서는 여러 학설이 분분하지만, 노보판게아 Novopangaea라는 한 초대륙 가설에서는 대서양은 계속 넓어지고 태평양은 점점 좁아져서 결국 지구의 모든 대륙괴가 다시 하나로 합쳐진다고 본다. 유라시아는 서쪽으로는 아프리카, 동쪽으로는 북아메리카의 사이에 샌드위치처럼 끼이게 되고, 남쪽에서는 인도와 중국과 오스트레일리아가 유라시아를 짓누르며 올라온다.

나는 아크멜비치에 있는 곶을 돌아 두 번째 만이 있는 쪽으로 걸어가서, 또다른 호젓한 백사장이 있는 바다로 내려갔다. 그곳에는 내 키보다 큰 편마암이 낮은 절벽을 형성하고 있었다. 바람과 파도에 반질반질하게 닳은 바위에는 검은색과 짙은 주황색(철이 풍부한 광물로 인해서 생긴다) 띠가 크게 나타나 있었다. 금이 간 조각들로 뒤죽박죽인 절벽 면에서는 수없이 많은 선과 모서리가 보였다. 한 걸음 뒤로 물러서니 절벽면이 조르주 브라크 같은 입체파 화가의 그림처럼 보이기 시작했다. 만을 벗어나자, 살짝 은색으로 바뀌는 중인 바다에서 마름모꼴 빛 조각들이 반짝였다. 나는 따뜻한 편마암에 등을 기대고 앉았다. 우리는 7주째에 하는 초기 초음파 검사에서 아기를 보았다. 작은 강낭콩 모양의 얼룩에 하얀 심장이 깜박이고 있었다. 12주째에는 심장 소리를 들었다. 급하게 빨리 뛰는 소리가 생쥐나 밭쥐나 땃쥐 같은 소형 동물의 심장 소리 같았다. 몸에서 가장 먼저 만들어지는 기관이 심장이라는 글을 읽은 적이 있다. 가장 오래된 것으로 알려진 심장은 5억2,000만 년 전 캄브리아기에 살았던 절지동물의 심장이며, 그 무렵 이 언덕 꼭대기에는 하얀 규암이 놓여 있었다.[8]

해변에 앉아 있다 보면 바다가 규칙적으로 토해내는 파도 소리를 들을 수 있다. 바위와 물, 이 두 물질은 지구상에서 예나 지금이나 형태가 비슷했다. 만약 내가 식물이나 곤두박질치는 갈매기가 보이지 않는 쪽으로 고개를 돌린다면, 바위가 바다와 만나는 이곳의 모습은 우리 지구 위의 모든 것이 기원을 맞던 선캄브리아 시대의 모습과 조금 비슷할 것 같았다. 꾸밈없고 소박하며, 대부분 갈색과 회색을 띠는 혹독하고 단순한 경관. 드넓은 범람원 위에서 여러 갈래로 뒤얽혀 흐르는 얕은 강줄기들. 뜨겁게 달궈진 암석에서 나는 광물 냄새. 초기의 바다로 끊임없이 쏟아져 들어가는 유리처럼 맑은 급류.

시생대의 초기, 루이스 편마암이 되기 전, 그 암석들은 대부분 관입된 화성암이었다. 회색이나 분홍색을 띠는 화강암이나 염기가 풍부하고 짙은 회색을 띠는 반려암에 고대의 퇴적층과 용암층이 합쳐진 것이었다. 이후 지각 깊은 곳의 어둠 속에 파묻힌 그 암석들은 엄청난 열과 압력을 받으면서 서서히 변형되었다. 습곡과 단층을 자세히 살펴보면, 그 암석들이 약 11억 년 전에 마침내 지표면을 뚫고 올라오기까지의 파란만장한 여정의 기록을 읽을 수 있다.

일단 지표면으로 올라오자, 그 암석은 크고 작은 침식을 받으면서 어떤 형태를 이루었다. 세상은 그 사이로 미끄러져 지나갔다. 얼음으로 뒤덮인 경관이 되고, 뜨거운 바람이 휘몰아치는 사막이 되고, 조용하고 김이 피어오르는 습지가 되었다. 동물들은 암석의 표면을 가로질러 돌아다녔다. 엉금엉금 기어다녔고, 종종거리며 돌아다녔고, 깡충깡충 뛰어다녔고, 타박타박 걸어다녔다. 10억 년도 넘는 그 모든 시간 내내, 암석은 거의 변함없이 그 자리를 지켰다.

감사의 말

이 책을 쓰기 위한 조사를 하는 내내 대단히 박식하고 너그러운 수많은 사람들이 그들의 귀한 시간을 내어주었다.

런던 지질학회를 둘러볼 수 있게 해주고, 시에 대해 이야기를 해준 마이클 맥킴에게 고마움을 전한다. 또한 시와 지질학 기념행사와 관련해서 도움을 준 마이클과 브라이언 러벌에게도 고마움을 전한다.

예르겐 페데르 스테펜센은 코펜하겐 대학교의 얼음코어 보관소를 친절하게 보여주었고, 빙하학에 대해 설명해주었다.

앨런 매커디와 마틴 러드윅은 이 책에서 제임스 허턴과 깊은 시간의 역사에 관련된 부분을 읽고 의견을 보태주었다.

경매장의 세계를 들여다볼 수 있게 해준 제임스 히슬롭에게도 감사를 전한다.

필립 기버드, 존 마셜, 얀 잘라시에비치는 층서학이라는 분야에 대해 인내심을 가지고 유익한 안내를 해주었다. 필은 친절하게도 조반니 아르두이노에 대한 그의 미발표 연구를 보여주었다. 얀은 레스터셔에 있는 중생대 암석을 보여주기 위해서 일부러 시간을 내어주었고, 수많은 이메일 질문 공세에 답을 해주었으며, 메리 애닝과 뷔퐁 백작에 관한 그의 글을 공유해주었다.

내가 판구조론을 이해할 수 있도록 도와준 필립 헤론과 캐롤라이나 리스고-베르텔로니, 지도를 선물해주고 샌앤드레이어스 단층에 대해 설명해준 조앤 프릭셀에게도 감사를 전한다. 수전 허프는 친절하게도 직접 차를 몰고 내게 할리우드의 단층을 보여주었다. 미국 지질조사소의 케이트 쉐러와 스탠 슈워츠에게도 고맙다는 인사를 전한다.

칠턴힐스 야외 조사에 내 동행을 허락해준 영국 지질조사소의 앤드루 패런트와 로메인 그레이엄에게도 큰 감사의 뜻을 전한다. 포도 농장을 둘러보게 해준 덴비스의 경영자 크리스토퍼 화이트에게도 감사 인사를 하고 싶다.

빈첸초 모라는 캄피 플레그레이와 나폴리의 도시지질학에 대한 글에 매우 큰 도움을 주었다. 나폴리 시내를 걸어 다니거나 배를 타고 만을 둘러보기 위해서 귀한 시간을 내어주었고, 멋진 식당들도 소개해주었다. 이탈리아에서 만난 모든 과학자들과 공무원들, 특히 카르미네 미노폴리, 프란체스카 비앙코, 알레시오 란젤라, 잔루카 미닌, 로마의 시민보호부 직원들에게 감사 인사를 전한다. 사진을 찍고 통역을 해준 엔리코 사케티에게도 고마움을 전한다. 런던에서는 크리스토퍼 킬번이 그의 화산 연구에 관련된 여러 질문에 친절하게 답해주었다.

메리 애닝에 대해 설명해준 내털리 매니폴드, 화석 보존 처리에 대해 소개해준 댄 브라운리에게도 감사를 전한다. 그의 유튜브 채널인 화석 아카데미에 가면 더 많은 보존 처리 영상을 볼 수 있다.

카디프 국립 박물관을 안내해준 크리스 베리에게 큰 감사를 전한다. 그는 데본기 나무에 대한 내 질문(그리고 수없이 많은 추가 질문)에 끈기 있게 대답해주었고, 책과 논문을 아낌없이 보여주고 빌려주었다. 또한 자신의 연구에 대해 이야기해주고, 데본기의 네발동물인 보리스를 소개해준 제니퍼 클랙에게도 감사를 전한다.

미국 토지관리국의 마이클 레신과 유타 주립 대학교 동부 선사시대 박물관의 케네스 카펜터를 만나지 못했다면 공룡에 대한 글을 쓰는 일은 훨씬 힘들었을 것이다. 아이들이 왜 공룡을 사랑하는지에 대한 탐구를 도와준 러번 앤트로버스에게도 감사를 전한다.

고생물 색에 대한 그들의 연구를 설명해준 야코프 빈테르, 요한 린드그렌, 마리아 맥너마라에게도 감사를 전한다. 고생물화에 대해서 소개해준 로버트 니컬스에게도 감사의 마음을 전한다. 그의 작품은 http://paleocreations.com에서 감상하고 구입할 수 있다.

루스 시들은 깊은 시간과 지질학이라는 이상한 세계를 내게 처음으로 소개해준 사람이다. 정말 즐거웠던 도시지질학 걷기 답사에 대해, 내 첫 도시지질학 기사를 읽고 논평을 해준 일에 대해, 그리고 무엇보다도 내가 남편과 만난 곳의 걷기 답사를 마련해준 데에 고마움을 전하고 싶다. 루스가 운영을 돕고 있는 http://londonpavementgeology.co.uk라는 사이트에서 런던의 도시지질학에 대해 더 많은 정보를 얻을 수 있다(주의사항 : 이제는 런던만 다루는 사이트가 아니다).

인류세에 대한 고찰에서는 코드워 에슌과 오톨리스 그룹The Otolith Group에 감사한다.

핀란드와 프랑스의 핵폐기물에 대한 조사에서는 플로리앙 블랑케르,

장-노엘 뒤몽, 유시 헤이노넨, 티나 얄로넨, 브누아 자케, 안네 콘툴라, 피터 로시, 레베카 타데세, 제리 토머스와의 대화와 인터뷰가 큰 도움이 되었다. 시제오를 견학시켜준 마티외 생-루이, 온칼로와 눈 쌓인 라우마를 둘러보게 해준 파시 투오히마에게도 감사를 전한다.

스코틀랜드의 고대 암석에 대한 이해와 답사 위치 선정에 도움을 준 노스웨스트하일랜드 지질 공원의 피트 해리슨에게도 큰 감사를 전한다. 이 지질 공원에 대해서는 https://www.nwhgeopark.com에서 더 많은 정보를 얻을 수 있다.

깊은 시간에 대한 글을 의뢰해준 잡지 편집자들, 조너선 베크만, 에마 덩컨, 크리시 자일스, 주앙 메데이로스, 그레그 윌리엄스, 사이먼 윌리스에게도 감사를 전한다. 그들의 응원과 편집에 대한 조언은 귀중한 도움이 되었다. 특히 팀 드릴은 내가 도시지질학과 인류세에 대한 기사를 쓸 수 있도록 용기를 북돋아주었고, 그것이 깊은 시간에 대한 내 첫 번째 글이 되었다.

운 좋게도, 나는 내가 창조적 글쓰기를 가르치고 있는 하트퍼드셔 대학교로부터 출장 경비를 받을 수 있었다. 비용 신청을 도와준 롤런드 휴스에게 특별히 감사 인사를 전한다.

내 에이전트인 리사 베이커는 이 생각을 책으로 만들어볼 것을 처음으로 권했다. 글을 쓰고 출판이 진행되는 동안 그녀의 도움과 응원과 열정은 그 무엇보다도 고마운 힘이 되었다.

이 책을 위해서 애써준 편집자 에드 레이크에게도 고마움을 전한다. 그가 세심하게 읽고 바로잡아준 덕분에 내 원고는 처음보다 헤아릴 수 없을 정도로 좋아졌다. 프로파일북스의 모든 직원들, 특히 페니 대니얼 편집장, 꼼꼼하게 교정, 교열을 해준 매슈 테일러, 아름다운 표지를 만들어준 피터 다이어, 발렌티나 잔카, 빌 존콕스에게도 감사의 마음을 전한다.

지난 몇 년 동안 내 바위 이야기를 들어준 가족과 친구들에게도 고맙다는 인사를 하고 싶다. 특히 에밀리 빅은 핵폐기물과 깊은 시간과 음악에 대한 생각을 함께 나눠주었고, 앰버 다월은 웨일스와 레이크 지방과 그밖의 아름다운 장소에서 여러 번 멋진 토론을 해주었고, 트래비스 엘버러는 글쓰기와 출판에 대한 조언을 해주었다. 나를 자연사 박물관에 데려가준 더글러스, 내털리, 헨리, 로리 고든 가족, 지질학과 공학과 관련해서 유용한 기사들을 보내준 리처드 폴, 공룡 파티와 대멸종 파티의 마이크 스미스, 리지웨이와 다른 곳으로 함께 여행을 가준 워킹 그룹, 모두 고맙다.

그저 존재 자체로 고마운 그레타 고든. 작은 심장 박동으로 이 책에 등장하는 그레타는 사려 깊게도 예정일이 지나도록 기다렸다가, 최종 편집이 끝나고 여섯 시간 후에야 비로소 내게 찾아왔다.

마지막으로, 내 남편 조너선 폴에게도 고마움을 전하고 싶다. 그의 전문성과 응원이 없었다면 나는 이 책을 결코 쓰지 못했을 것이다. 그는 과학적 문제에 대한 강단 있는 조언자이며, 눈 밝은 독자이며, 가없이 멋진 여행의 동반자이다.

주

제1장 케임브리지 히스 로드 위의 깊은 시간

1. R. Feuda et al., 'Improved Modeling of Compositional Heterogeneity Supports Sponges as Sister to All Other Animals', *Current Biology* 27 (2017), p. 3864.
2. M. Bjornerud, 'Geology is Like Augmented Reality for the Planet', *Wired* (September 2018): https://www.wired.com/story/geology-is-like-augmented-reality-for-the-planet/
3. J. Morrison, 'The Blasphemous Geologist Who Rocked Our Understanding of Earth's Age', Smithsonian.com (August 2016): https://www.smithsonianmag.com/history/father-modern-geology-youve-never-heard-180960203/
4. S. Cotner, D. Brooks and R. Moore, 'Is the Age of the Earth One of Our "Sorriest Troubles?" Students' Perceptions about Deep Time Affect Their Acceptance of Evolutionary Theory', *Evolution* 64(3) (2010).
5. https://data.worldbank.org/indicator/SP.DYN.LE00.IN?locations=GB.
6. J. Playfair, *The Works of John Playfair, Esq.* (Edinburgh:Archibald Constable & Co., 1822), p. 81.
7. https://www.geolsoc.org.uk/history
8. C. Lyell, *Principles of Geology*, 7th edn. (London: John Murray, 1847), p. 190.
9. J. McPhee, *Annals of the Former World* (New York: Farrar, Straus and Giroux, 2000), p. 31.
10. N. Woodcock and R. Strachan (eds), *Geological History of Britain and Ireland* (Oxford: Blackwell Science Ltd, 2002), p. 4.
11. N. Woodcock and R. Strachan (eds), *Geological History of Britain and Ireland*, p. 4.

12. A. Tennyson, 'In Memoriam A. H. H.', in *Alfred Lord Tennyson: Selected Poems*, ed. C. Ricks (London: Penguin Classics 2007), p. 189.

제2장 48903C16 상자

1. https://unfccc.int/process-and-meetings/the-paris-agreement/the-paris-agreement
2. D. Carrington, 'Avoid Gulf Stream Disruption at All Costs, Scientists Warn', *The Guardian* (13 April 2018); D. J. R. Thornalley et al., 'Anomalously Weak Labrador Sea Convection and Atlantic Overturning during the Past 150 Years', *Nature* 556 (2018), pp. 227–30.
3. M. Walker et al., 'Formal Definition and Dating of the GSSP (Global Stratotype Section and Point) for the Base of the Holocene using the Greenland NGRIP Ice Core, and Selected Auxiliary Records', *Journal of Quaternary Science* 24 (2009), p. 3.
4. L. C. Sime et al., 'Impact of Abrupt Sea Ice Loss on Greenland Water Isotopes During the Last Glacial Period', *Proceedings of the National Academy of Sciences* (PNAS) 116 (2019), p. 4099.
5. X . Zhang et al., 'Abrupt North Atlantic Circulation Changes in Response to Gradual CO2 Forcing in a Glacial Climate State', *Nature Geoscience* 10 (2017), p. 518.
6. E. Kintisch, 'The Great Greenland Meltdown', science.com (2017): https://www.sciencemag.org/news/2017/02/great-greenland-meltdown
7. L. D. Trusel et al., 'Nonlinear Rise in Greenland; and Runoff in Response to Post-Industrial Arctic Warming', *Nature* 564 (2018), p. 104.
8. A. Aschwanden 'The Worst is Yet to Come for the Greenland Ice Sheet', *Nature* 586 (2020), pp. 29–30.

제3장 얕은 시간

1. Quoted in D. B. McIntyre and A. McKirdy, *James Hutton: The Founder of Modern Geology* (Edinburgh: National Museums Scotland, 2012), p. 2.
2. McIntyre and McKirdy, *James Hutton*, p. 4.
3. M. J. S. Rudwick, *Earth's Deep History: How It Was Discovered and Why It Matters* (Chicago, IL: University of Chicago Press, 2014), p. 11.
4. S. Baxter, *Revolutions of the Earth: James Hutton and the True Age of the World* (London: Phoenix, 2004), p. 23.
5. J. Zalasiewicz, 'Encore des Buffonades, Mon Cher Count?', *The Paleontology Newsletter* 79 (2012), p. 4.
6. Zalasiewicz, 'Encore des Buffonades, Mon Cher Count?', p. 3.

7. Baxter, *Revolutions of the Earth*, p. 185.
8. Colin Campbell quoted by D. Cox, 'The Cliff That Changed Our Understanding of Time', bbc.com (2018): http://www.bbc.com/travel/story/20180312-how-siccar-point-changed-ourunderstanding-of-earth-history
9. Quoted in McIntyre and McKirdy, *James Hutton: The Founder of Modern Geology*, pp. 13–15.
10. Baxter, *Revolutions of the Earth*, p. 30.
11. McIntyre and McKirdy, *James Hutton: The Founder of Modern Geology*, p. 13.
12. Baxter, *Revolutions of the Earth*, pp. 96–7.
13. Baxter, *Revolutions of the Earth*, p. 93.
14. Quoted in McIntyre and McKirdy, *James Hutton: The Founder of Modern Geology*, p. 16.
15. *Deep Time*, episode 1 (Bbc Two, 2010): https://www.bbc.co.uk/programmes/b00wkc23
16. Quoted in P. Lyle, *The Abyss of Time: A Study in Geological Time and Earth's History* (Edinburgh: Dunedin Academic Press, 2016), p. 25.
17. McIntyre and McKirdy, *James Hutton: The Founder of Modern Geology*, p. 34.
18. McIntyre and McKirdy, *James Hutton: The Founder of Modern Geology*, p. 19.
19. Quoted in Lyle, *The Abyss of Time*, p. 50.
20. Baxter, *Revolutions of the Earth*, p. 185.
21. McIntyre and McKirdy, *James Hutton: The Founder of Modern Geology*, p. 16.
22. E. Kolbert, *The Sixth Extinction: An Unnatural History* (London: Bloomsbury, 2014), p. 50.
23. C. Darwin, *The Works of Charles Darwin*, vol. 15, *On the Origin of Species* (New York: New York University Press, 1988), p. 202.
24. R. Fortey, 'Charles Lyell and Deep Time', *Geoscientist* 21(9) (2011): https://www.geolsoc.org.uk/Geoscientist/Archive/October-2011/Charles-Lyell-and-deep-time
25. Lyell, *Principles of Geology*, p. 166.

제4장 경매사

1. V. F. Buchwald, *Handbook of Iron Meteorites* (Berkeley, CA:University of California Press, 1977), p. 1123.
2. http://meteorites.wustl.edu/rlk.htm
3. http://adsabs.harvard.edu/full/1998ncdb.conf…33S
4. https://atlas.fallingstar.com/home.php
5. http://curious.astro.cornell.edu/about-us/75-our-solar-system/comets-meteors-and-

asteroids/meteorites/313-how-manymeteorites-hit-earth-each-year-intermediate
6. https://www.nasa.gov/mission_pages/asteroids/overview/fastfacts.html
7. https://www.livescience.com/36981-ancient-egyptian-jewelrymade-from-meteorite.html
8. https://www.livescience.com/36981-ancient-egyptian-jewelrymade-from-meteorite.html
9. J. Nobel, 'The True Story of History's Only Known Meteorite Victim', *National Geographic News* (2013): https://www.nationalgeographic.com/news/2013/2/130220-russia-meteorite-ann-hodges-sciencespace-hit/
10. Nobel, 'The True Story of History's Only Known MeteoriteVictim'.

제5장 시간을 지배하는 자들

1. M. Walker et al., 'Formal Ratification of the Subdivision of the Holocene Series/Epoch (Quaternary System/Period): Two New Global Boundary Stratotype Sections and Points (GSSPs) and Three New Stages/Subseries', *Episodes* 41(4) (2018), p. 213.
2. R. Meyer 'Geology's Timekeeper's Are Feuding', *The Atlantic* (2018): https://www.theatlantic.com/science/archive/2018/07/anthropocene-holocene-geology-drama/565628/
3. S. Lewis and M. Maslin, 'Anthropocene vs. Meghalayan: Why Geologists Are Fighting over Whether Humans Are a Force of Nature', *The Conversation* (2018): https://theconversation.com/anthropocene-vs-meghalayan-why-geologists-are-fighting-overwhether-humans-are-a-force-of-nature-101057
4. S. P. Hesselbo et al., 'Massive Dissociation of Gas Hydrate during a Jurassic Oceanic Anoxic Event', *Nature* 406 (2000), pp. 392–5.
5. G. Dera and Y. Donnadieu, 'Modeling Evidences for Global Warming, Arctic Seawater Freshening, and Sluggish Oceanic Circulation during the Early Toarcian Anoxic Event', *Paleoceanography and Paleoclimatology* 27(2) (2012).
6. http://www.stratigraphy.org/index.php/ics-chart−timescale7. M. O. Clarkson et al., 'Ocean Acidification and the Permo-Triassic Mass Extinction', *Science* 348 (2016).
8. E. Vaccari, 'The "Classification" of Mountains in Eighteenth Century Italy and the Lithostratigraphic Theory of Giovanni Arduino (1714–1795)', *Geology Society of America*, special paper 411 (2006), p. 157.
9. http://palaeo.gly.bris.ac.uk/Russia/Russia-Murchison.html
10. F. M. Gradstein et al., 'Chronostratigraphy: Linking Time and Rock', in F. M. Gradstein, J. G. Ogg and A. G. Smith (eds), *A Geologic Time Scale 2004* (Cambridge: Cambridge University Press, 2004), p. 21.
11. Gradstein et al., 'Chronostratigraphy: Linking Time and Rock', p. 21.
12. M. J. Head and P. L. Gibbard, 'Formal Subdivision of the Quaternary System/Period:

Past, Present, and Future', *Quaternary International* (2015), p. 1040.
13. J. Rong, 'Report of the Restudy of the Defined Global Stratotype of the Base of the Silurian System', *Episodes* 31(3) (2008), pp. 315–18.
14. Walker et al., 'Formal Ratification of the Subdivision of the Holocene Series/Epoch (Quaternary System/Period)', p. 213.
15. P. J. Crutzen and E. F. Stoermer, 'The "Anthropocene"', *Global Change Newsletter* 41 (2000), p. 17.
16. Lewis and Maslin, 'Anthropocene vs Meghalayan'.
17. Ibid.
18. P. Voosen, 'Massive Drought or Myth? Scientists Spar over an Ancient Climate Event behind Our New Geological Age', sciencemag.org (2018): https://www.sciencemag.org/news/2018/08/massive-drought-or-myth-scientists-spar-overancient-climate-event-behind-our-new
19. Ibid.

제6장 언덕 속의 악마

1. https://www.geolsoc.org.uk/Plate-Tectonics/Chap2-What-is-a-Plate
2. J. McPhee, *Annals of the Former World* (New York: Farrar, Straus and Giroux, 2000), p. 148.
3. F. J. Vine and D. H. Matthews, 'Magnetic Anomalies over Oceanic Ridges', *Nature*, 199 (1963), pp. 947–9.
4. W. C. Pitman III and J. R. Heirtzler, 'Magnetic Anomalies over the Pacific–Antarctic Ridge', *Science* 154 (1966), pp. 1164–71.
5. 'The North Pacific: An Example of Tectonics on a Sphere', *Nature* 216 (1967), pp. 1276–80.
6. X . Le Pichon, 'Sea-Floor Spreading and Continental Drift', *Journal of Geophysical Research* 73(12) (1968), pp. 3661–97.
7. A. Wegener, *The Origin of Continents and Oceans*, trans. J. Biram (Mineola, NY: Dover Publications, 2003).
8. Quoted in R. Conniff, smithsonianmag.com (2012): https://www.smithsonianmag.com/science-nature/when-continentaldrift-was-considered-pseudoscience-90353214/
9. T. Atwater, 'When the Plate Tectonics Revolution Met Western North America', in N. Oreskes (ed.), *Plate Tectonics, An Insider's History of the Modern Theory of the Earth*, ed. (Boulder, CO: Westview Press, 2001), pp. 243–63.
10. W. J. Morgan, 'Rises, Trenches, Great Faults, and Crustal Blocks', *Journal of*

Geophysical Research 73(6) (1968), pp. 1959–82.

11. https://pubs.usgs.gov/gip/earthq3/safaultgip.html
12. https://pubs.usgs.gov/fs/2015/3009/pdf/fs2015-3009.pdf
13. https://pubs.usgs.gov/fs/2015/3009/pdf/fs2015-3009.pdf
14. Quoted in H. E. Le Grand, 'Plate Tectonics, Terranes and Continental Geology', in D. R. Oldroyd (ed.), *The Earth Inside and Out*, Geological Society Special Publication 192 (Bath: Geological Society, 2002), p. 202.
15. T. Atwater, 'Implications of Plate Tectonics for the Cenozoic Tectonic Evolution of Western North America', *GSA Bulletin* 81(12) (1970), pp. 3513–36.
16. https://www.usgs.gov/faqs/will-california-eventually-fallocean?qt-news_science_products=0#qt–news_science_products
17. Oreskes (ed.), *Plate Tectonics*.
18. Quoted in Natalie Angier 'Plate Tectonics May Be Responsible for Evolution of Life on Earth, Say Scientists', *The Independent* (2019): https://www.independent.co.uk/environment/earth-shell-cracked-global-warming-tectonic-plates-mantlegeology-science-a8690606.html
19. https://www.usgs.gov/faqs/can-you-predict-earthquakes?qtnews_science_products=0#qt-news_science_products
20. https://leginfo.legislature.ca.gov/faces/codes_displayText.xhtml?division=2.&chapter=7.5.&lawCode=PRC
21. L. M. Jones et al., *The ShakeOut Scenario*, US Department of Interior/US Geological Survey (2008).
22. Jones et al., *The ShakeOut Scenario*, pp. 9, 6, 10.
23. S. E. Hough, *Finding Fault in California: An Earthquake Tourist's Guide* (Missoula, MO: Mountain Press, 2004), p. 35.
24. D. L. Ulin, *The Myth of Solid Ground* (New York: Penguin Books, 2005), p. 8.
25. Hough, *Finding Fault in California*, p. 42.
26. Hough, *Finding Fault in California*, p. 44.
27. Hough, *Finding Fault in California*, p. 201.
28. https://www.usgs.gov/faqs/can-you-predict-earthquakes?qtnews_science_products=0#qt–news_science_products
29. S. E. Hough, *Predicting the Unpredictable: The Tumultuous Science of Earthquake Prediction* (Princeton, NJ: Princeton University Press, 2010), p. 96.
30. Hough, *Predicting the Unpredictable*, p. 84.
31. C. King, https://thecharlottekingeffect.com/page/3/

32. C. King, https://thecharlottekingeffect.com/about/
33. C. King, https://thecharlottekingeffect.com/page/3/
34. Quoted in Ulin, *The Myth of Solid Ground*, p. 36.
35. Quoted in Hough, *Predicting the Unpredictable*, p. 166.
36. Ulin, *The Myth of Solid Ground*, pp. 34–73.
37. S. J. Gould , 'The Rule of Five', *The Flamingo's Smile* (New York: W. W. Norton, 1985), p. 199.
38. Hough, *Predicting the Unpredictable*, p. 222.

제7장 사라진 대양

1. F. Pryor, *The Making of the British Landscape* (London: Allen Lane, 2010), p. 138.
2. https://www.bgs.ac.uk/about/ourPast.html
3. Office for National Statistics, 1911 Census General Report with Appendices; Office for National Statistics (1917), 2011 UK Census aggregate data, UK Data Service (2016).
4. G. Gohau, rev. and trans. A.V. Carozzi and M. Carozzi, 'The Use of Fossils', in *A History of Geology* (New Brunswick, NJ: Rutgers University Press, 1990), pp. 136–7.
5. Gohau, 'The Use of Fossils', pp. 136–7.
6. https://www.geolsoc.org.uk/Library-and-Information-Services/Exhibitions/William-Strata-Smith/Stratigraphical-theories
7. *Proceedings of the Geological Society* 1 (1831), p. 271.
8. http://www.strata-smith.com/?page_id=279
9. G. White, *The Natural History of Selborne* (London: Penguin Classics, 1977), p. 145.
10. R. Kipling, 'Sussex', *The Cambridge Edition of the Poems of Rudyard Kipling*, ed. T. Pinney (Cambridge: Cambridge University Press, 2013).
11. R. C. Selley, *The Winelands of Britain: Past, Present and Prospective* (Dorking: Petravin Press, 2008).
12. D. T. Aldiss et al., 'Geological Mapping of the Late Cretaceous Chalk Group of Southern England: A Specialised Application of Landform Interpretation', *Proceedings of the Geologists' Association* 123(5) (2015), pp. 728–41.
13. Quoted in K. Smale, 'Bricks Sent Flying During Crossrail Tunnelling', *New Civil Engineer* (2018): https://www.newcivilengineer.com/latest/revealed-bricks-sent-flying-duringcrossrail-tunnelling-08-10-2018
14. https://www.geolsoc.org.uk/GeositesChannelTunnel
15. M. A. Woods, 'Applied Palaeontology in the Chalk Group: Quality Control for Geological Mapping and Modelling and Revealing New Understanding', *Proceedings of*

the Geologists' Association 126 (2015), pp. 777–87.
16. Quoted in P. Laity, 'Eric Ravilious: Ups and Downs', *The Guardian* (30 April 2011).
17. C. D. Clark et al., 'Pattern and Timing of Retreat of the Last British-Irish Ice Sheet', *Quaternary Science Reviews* 44 (2012), p. 112.

제8장 불타는 들판

1. W. Hamilton, *Observations on Mount Vesuvius, Mount Etna, and Other Volcanoes* (London: T. Cadell, 1774), pp. 128–32.
2. T. Ricci et al., 'Volcanic Risk Perception in the Campi Flegrei Area', *Journal of Volcanology and Geothermal Research* (2013), p. 124.
3. http://volcanology.geol.ucsb.edu/pliny.htm
4. http://www.ov.ingv.it/ov/en.html
5. D. Hunter, 'The Cataclysm: "Vancouver! Vancouver! This Is It!"' (2012): https://blogs.scientificamerican.com/rosetta-stones/the-cataclysm-vancouver-vancouver-this-is-it/
6. G. Chiodini et al., 'Magma near the Critical Degassing Pressure Drive Volcanic Unrest towards a Critical State', *Nature Communications* 7 (2016), p. 13712.
7. C. R. J. Kilburn et al., 'Progressive Approach to Eruption at Campi Flegrei Caldera in Southern Italy', *Nature Communications* 8 (2017), p. 15312.
8. S. de Vita et al., 'The Agnano-Spina Eruption (4100 years BP) in the Restless Campi Flegrei Caldera (Italy)', *Journal of Volcanology and Geothermal Research* 91 (1999), p. 269.
9. http://www.pacificdisaster.net/pdnadmin/data/original/JB_DM311_PNG_1994_disaster_management.pdf

제9장 암모나이트

1. https://www.nhm.ac.uk/discover/mary-anning-unsung-hero.html;
2. H. Torrens, 'Mary Anning (1799–1847) of Lyme; "the greatest fossilist the world ever knew"', *British Journal for the History of Science* (BJHS) 28 (1995), p. 258.
3. A. Singh, 'Film-Makers Create Fictional Same-Sex Romance To Spice Up Story of "unsung hero of fossil world"', *The Telegraph* (11 March 2019).
4. M. Doody, *Jane Austen's Names* (Chicago, IL: University of Chicago Press, 2015), pp. 367–8.
5. https://www.nhm.ac.uk/discover/mary-anning-unsung-hero.html
6. Torrens, 'Mary Anning (1799–1847) of Lyme', p. 260.
7. https://www.dorsetecho.co.uk/news/9628097.1yme-regisresidents-delighted-by-195m-project-to-save-homes/

8. Torrens, 'Mary Anning (1799–1847) of Lyme', p. 269.
9. Torrens, 'Mary Anning (1799–1847) of Lyme', p. 257.
10. J. Zalasiewicz, 'The Very Dickens of a Palaeontologist', *The Paleontology Newsletter* 80 (2012), p. 4.
11. Torrens, 'Mary Anning (1799–1847) of Lyme', p. 265.
12. Zalasiewicz, 'The Very Dickens of a Palaeontologist', p. 3.
13. Zalasiewicz, 'The Very Dickens of a Palaeontologist', p. 7.
14. Quoted in B. Chambers, 'Mary Anning: Fossil Hunter', in S.Charman−Anderson (ed.), *More Passion for Science: Journeys into the Unknown* (London: Finding Ada, 2015).
15. https://www.theuniguide.co.uk/subjects/geology/
https://eos.org/agu-news/working-toward-gender-parity-in-thegeosciences
16. HESA
17. https://www.americangeosciences.org/geoscience-currents/female-geoscience-faculty-representation-grew-steadilybetween-2006-2016/
18. https://www.wisecampaign.org.uk/statistics/annual-core-stem-stats-round-up-2019-20/
19. https://www.aauw.org/resources/research/the-stem-gap/
20. J. Zalasiewicz et al., 'Scale and Diversity of the Physical Technosphere: A Geological Perspective', *The Anthropocene Review* 4(1) (2017), p. 10.
21. T. Hardy, *A Pair of Blue Eyes* (Ware: Wordsworth Classics, 1995), p. 172.
22. *The Quarterly Journal of the Geological Society of London* 4 (1848), p. 24.
23. Torrens, 'Mary Anning (1799–1847) of Lyme', p. 257.
24. https://trowelblazers.com/
25. Torrens, 'Mary Anning (1799–1847) of Lyme', p. 269.

제10장 최초의 숲

1. W. E. Stein et al., 'Surprisingly Complex Community Discovered in the Mid-Devonian Fossil Forest at Gilboa', *Nature* 483 (2012), p. 78.
2. L. VanAller Hernick, *The Gilboa Fossils* (New York: New York State Museum, 2003), p. 1.
3. VanAller Hernick, *The Gilboa Fossils*, p. 3.
4. VanAller Hernick, *The Gilboa Fossils*, p. 4.
5. C. M. Berry, The Rise of Earth's Early Forests, *Cell Biology* 29(16) (2019), pp. 792–794.
6. P. Giesen and C. M. Berry 'Reconstruction and Growth of the Early Tree Calamophyton (Pseudosporochnales, Cladoxylopsida) Based on Exceptionally Complete Specimens from Lindlar, Germany (Mid−Devonian)', *International Journal of Plant Science* 174(4) (2013), pp. 665–86.

7. C. M. Berry et al., 'Unique Growth Strategy in the Earth's First Trees Revealed in Silicified Fossil Trunks from China', *PNAS* 114(45) (2017), p. 12009.
8. Berry et al., 'Unique Growth Strategy', p. 12009.
9. C. M. Berry, 'How the First Trees Grew So Tall with Hollow Cores - New Research', *The Conversation* (23 October 2017)
10. VanAller Hernick, *The Gilboa Fossils*, p. 23.
11. VanAller Hernick, *The Gilboa Fossils*, p. 37.
12. C. M. Berry, The Rise of Earth's Early Forests, *Cell Biology* 29(16) (2019), pp. 792–794.
13. C. M. Berry and J. E. Marshall, 'Lycopsid Forests in the Early Late Devonian Paleoequatorial Zone of Svalbard', *Geology*, 43(12) (2015), pp. 1043–6.
14. Stein et al., 'Surprisingly Complex Community Discovered', p.79.
15. https://www.sciencedirect.com/science/article/abs/pii/S0960982219315696
16. https://www.cell.com/current−biology/fulltext/S0960-9822(19)30861-9?_returnURL=https%3A%2F%2Flinkinghub.elsevier.com%2Fretrieve%2Fpii%2FS0960982219308619%3Fshowall%3Dtrue.
17. T. Algeo and S. E. Scheckler, 'Terrestrial−Marine Teleconnections in the Devonian: Links between the Evolution of Land Plants, Weathering Processes, and Marine Anoxic Events', *Philosophical Transactions of the Royal Society, London B* 353 (1998), pp. 113–30.

제11장 공룡을 이야기할 때 우리가 말하는 것

1. https://www.npr.org/2018/07/10/627782777/manypaleontologists-today-are-part-of-the-jurassic-park-generation
2. D. Naish and P. M. Barrett, *Dinosaurs: How They Lived and Evolved* (London: Natural History Museum, 2018), p. 4.
3. G. Mantell, 'Notice on the Iguanodon, a Newly Discovered Fossil Reptile, from the Sandstone of Tilgate, in Sussex', *Philosophical Transactions of the Royal Society* 115 (1825), pp. 179–86.
4. G. Mantell, *The Geology of the South East of England* (London: Longman, 1833), p. 318.
5. W. Buckland, 'Notice on the Megalosaurus or Great Fossil Lizard of Stonesfield', *Transactions of the Geological Society of London* (2)1 (1824), pp. 390–96.
6. Naish and Barrett, *Dinosaurs*, p. 14.
7. Naish and Barrett, *Dinosaurs*, p. 17.
8. Naish and Barrett, *Dinosaurs*, pp. 18–20.
9. Quoted in R. Black, smithsonian.com (16 November 2009): https://www.smithsonianmag.

com/science-nature/jingo-the-dinosaur-a-world-war-i-mascot-57348765/
10. W. L. Stokes, *The Cleveland-Lloyd Dinosaur Quarry: Window to the Past* (Washington DC: US Department of the Interior, Bureau of Land Management, 1985).
11. Naish and Barrett, *Dinosaurs*, pp. 20–22.
12. https://www.nhm.ac.uk/discover/dino−directory/allosaurus.html
13. Quoted in R. Black, smithsonianmag.com (10 July 2015): https://www.smithsonianmag.com/science-nature/what-killeddinosaurs-utahs-giant-jurassic-death-pit-180955878/
14. Ibid.
15. K. Carpenter, 'Evidence for Predator-Prey Relationships', in K. Carpenter (ed.), *The Carnivorous Dinosaurs* (Bloomington, IN: Indiana University Press, 2005), p. 332.
16. M. Reynolds, 'The Dinosaur Trade', wired.co.uk (21 June 2018): https://www.wired.co.uk/article/dinosaur-t-rex-auction-sale-private-fossil-trade
17. Ibid.
18. http://vertpaleo.org/GlobalPDFS/SVP-to-Aguttes-about-Theropod,-2018-english.aspx
19. J. Pickrell, 'Carnivorous-Fossil Auction Reflects Rise in Private Fossil Sales', nature.com (1 June 2018): https://www.nature.com/articles/d41586-018-05299-3
20. Naish and Barrett, *Dinosaurs*, p. 204.
21. R. J. Whittle et al., 'Nature and Timing of Biotic Recovery in Antarctic Benthic Marine Ecosystems Following the Cretaceous-Palaeogene Mass Extinction', *Palaeontology* 62(6) (2019), p. 919.
22. J. Zalasiewicz *The Earth after Us: What Legacy Will Humans Leave in the Rocks?* (Oxford: Oxford University Press, 2008), pp. 191–2.
23. Naish and Barrett, *Dinosaurs*, pp. 5–6.

제12장 깊은 시간에 색을 입히며

1. J. Vinther, 'The True Colours of Dinosaurs', *Scientific American* 16(3) (2017), p. 52.
2. J. Vinther, 'A Guide to the Field of Palaeo Colour', *Bioessays* 37 (2015), pp. 643–56.
3. J. Vinther, 'Fossil Melanosomes or Bacteria? A Wealth of Findings Favours Melanosomes', *Bioessays* 38 (2015), p. 220.
4. J. Vinther et al., 'The Colour of Fossil Feathers', *Biology Letters* (2008) vol. 4, pp. 522–5.
5. Q. Li et al., 'Plumage Colour Patterns of an Extinct Dinosaur', *Science* 327(5971) (2010), pp. 1369–72; F. Zhang et al., 'The Colour of Cretaceous Dinosaurs and Birds', *Nature* 463 (7282) (2010), pp. 1075–8.
6. J. Lindgren et al., 'Interpreting Melanin-Based Coloration through Deep Time: A Critical

Review', *Proceedings of the Royal Society* (2015).
7. J. Hawkes, *A Land* (Boston, MA: Beacon Press, 1991), p. 77.
8. M. E. McNamara et al., 'The Fossil Record of Insect Colour Illuminated by Maturation Experiments', *Geology* 41(4) (2013), pp. 487–90.
9. M. E. McNamara et al., 'Reconstructing Carotenoid–Based and Structural Coloration in Fossil Skin', *Current Biology* 26 (2016), pp. 1–8.
10. M. E. McNamara, 'The Taphonomy of Colour in Fossil Insects and Feathers', *Palaeontology* 56(3) (2013), pp. 557–75.
11. A. Dance, 'Prehistoric Animals in Living Colour', *PNAS* 113(31) (2016), pp. 8552–6.
12. Q. Li et al., 'Reconstruction of Microraptor and the Evolution of Iridescent Plumage', *Science* 335 (2012), pp. 1215–19.
13. J. Vinther et al., '3D Camouflage in an Ornithischian Dinosaur', *Current Biology* 26(18) (2016), pp. 2456–62.
14. Naish and Barrett, *Dinosaurs*.

제13장 도시지질학

1. R. Siddall, 'Rome in London: The Marbles of the Brompton Oratory', *Urban Geology in London* 28 (2015), http://www.ucl.ac.uk/~ucfbrxs/Homepage/walks/Brompton.pdf
2. R. Caillois, trans. B. Bray, *The Writing of Stones* (Charlottesville, VA: University of Virginia Press, 1988).
3. https://geologistsassociation.org.uk/about/
4. T. Nield, *Underlands: A Journey through Britain's Lost Landscape* (London: Granta, 2014), p. 145.
5. T. Hardy, *A Pair of Blue Eyes* (Ware: Wordsworth Classics, 1995), p. 172.
6. V. Morra et al., 'Urban Geology: Relationships between Geological Setting and Architectural Heritage of the Neapolitan Area', *Journal of the Virtual Explorer* 36 (2010).
7. Ibid.
8. https://ec.europa.eu/regional_policy/en/projects/major/italy/major-redevelopment-of-naples-historic-centre

제14장 인류세를 찾아서

1. J. McPhee, 'Basin and Range', *Annals of the Former World* (New York: Farrar, Straus and Giroux, 2000), p. 90.
2. A. Ganopolski et al., 'Critical Isolation - CO2 Relation for Diagnosing Past and Future Glacial Inception', *Nature* 529 (2016), pp. 200–03.

3. C. Waters et al., 'The Anthropocene is Functionally and Stratigraphically Distinct from the Holocene', *Science* 351 (2016), p. 8.
4. Waters et al., 'The Anthropocene', p. 8.
5. J. Zalasiewicz et al., 'Petrifying Earth Process', *Theory, Culture and Society* 34 (2017), pp. 83–104.
6. J. Zalasiewicz et al., 'Human Bioturbation, and the Subterranean Landscape of the Anthropocene', *Anthropocene* 6 (2014), pp. 3–9.
7. Zalasiewicz et al., 'Human Bioturbation', p. 3.
8. J. Zalasiewicz et al., 'Scale and Diversity of the Physical Technosphere: A Geological Perspective', *The Anthropocene Review* (2016), pp. 1–14.
9. Zalasiewicz et al., 'Scale and Diversity', p. 11.
10. J. Zalasiewicz et al., 'The Working Group on the Anthropocene: Summary of Evidence and Interim Recommendations', *Anthropocene* 19 (2017), pp. 55–60.
11. M. Maslin and S. Lewis, 'Defining the Anthropocene', *Nature* 519(7542) (2015), p. 171.
12. Waters et al., 'The Anthropocene', p. 8.
13. S. C. Finney and L. E. Edwards, 'The "Anthropocene" Epoch: Scientific Decision or Political Statement?', *GSA Today* 26(3) (2016), p. 9.
14. S. C. Finney, 'The 'Anthropocene' as Ratified Unit in the ICS International Chronostratigraphic Chart: Fundamental Issues That Must Be Addressed by the Task Group', in C. N. Waters et al. (eds), *A Stratigraphical Basis for the Anthropocene*, Geological Society special publication 395 (London: Geological Society, 2014), p. 27.
15. P. L. Gibbard and M. J. C. Walker, 'The Term "Anthropocene" in the Context of Formal Geological Classification', in Waters et al. (eds), *A Stratigraphical Basis for the Anthropocene*, pp. 29–37.
16. J. Zalasiewicz et al., 'Making the Case for a Formal Anthropocene Epoch: An Analysis of Ongoing Critiques', *Newsletter on Stratigraphy* 50(2) (2017), p. 207.
17. E. W. Wolff, 'Ice Sheets and the Anthropocene', Geological Society special publications 395 (2013), pp. 255–63.
18. Zalasiewicz et al., 'Making the Case for a Formal Anthropocene Epoch', pp. 208–9.

제15장 "이곳은 영예로운 곳이 아니다"

1. https://www.gov.uk/government/publications/Notesionising-radiation-dose-comparisons/ionising-radiation-dose-comparisons
2. https://www.arpansa.gov.au/understanding-radiation/what-isradiation/ionising-radiation/beta-particles; https://www.gov.uk/government/publications/ionising-radiation-dose-

comparisons/ionising-radiation-dose-comparisons

3. R. C. Ewing et al., 'Geological Disposal of Nuclear Waste: A Primer', *Elements* 12(4) (2016), pp. 233–7.
4. http://www.posiva.fi/en/final_disposal/basics_of_the_final_disposal#.XfiuS5P7TOQ
5. https://www.world-nuclear.org/information-library/safety-andsecurity/safety-of-plants/chernobyl-accident.aspx
6. Human Interference Task Force, 'Reducing the Likelihood of Future Human Activities That Could Affect Geologic High–Level Waste Repositories' (Columbus, OH: Office of Nuclear Waste Isolation, 1984).
7. F. Blanquer, 'Building Sustainable and Efficient Markers to Bridge Ten Millennia', *44th Annual Waste Management Conference (WM2018)* (Tempe, AZ: Waste Management Symposia, Inc., 2018), p. 5701.
8. https://public.oed.com/blog/old-english-an-overview/
9. A. Robinson, 'Ancient Civilization: Cracking the Indus Script', *Nature* 526 (2015), pp. 499–501.
10. K. M. Trauth et al., *Expert Judgement on Markers to Deter Inadvertant Human Intrusion into the Waste Isolation Pilot Plant* (Albuquerque, NM: Sandia National Laboratories, 1993).
11. C. Pescatore and C. Mays, *Records, Marks and People: For the Safe Disposal of Radioactive Waste* (Stockholm: Swedish Nuclear Power Inspectorate, 2009): https://www.osti.gov/etdeweb/biblio/971770
12. D. Harmand and J. Brulhet, 'Could the Landscape Preserve Traces of a Deep Underground Nuclear Waste Repository over the Very Long Term? What We Can Learn from the Archaeology of Ancient Mines', *Radioactive Waste Management and Constructing Memory for Future Generations. Proceedings of the International Conference and Debate, 15–17 September 2014, Verdun, France* (2015).
13. M. Madsen (dir.), *Into Eternity*, prod. Lise Lense-Møller (2010).
14. Blanquer, 'Building Sustainable and Efficient Markers', p. 5701.
15. Ibid.
16. https://historicengland.org.uk/listing/the-list/list-entry/1009532
17. L. Boby, https://www.andra.fr/sites/default/files/2019-03/ArtEtMemoire2019-Termen%204.pdf
18. https://historicengland.org.uk/listing/the-list/list-entry/1009532
19. Ganopolski et al., 'Critical Isolation', pp. 200–03.

제16장 바닷가에서

1. J. Mendum, J. Merritt and A. McKirdy, *Northwest Highlands: A Landscape Fashioned by Geology* (Perth: Scottish Natural Heritage, 2001).
2. J. William Schopf, 'Solution to Darwin's Dilemma: Discovery of the Missing Precambrian Record of Life', *PNAS* 97(13) (2000), p. 6947.
3. P. Toghill, 'Britain during the Precambrian', *The Geology of Britain* (Ramsbury: Crowood Press, 2002), p. 23.
4. Mendum, Merritt and McKirdy, *Northwest Highlands*, p. 13.
5. Mendum, Merritt and McKirdy, *Northwest Highlands*, p. 6.
6. Mendum, Merritt and McKirdy, *Northwest Highlands*, p. 7.
7. M. Green et al., 'What Planet Earth Might Look Like When the Next Supercontinent Forms - Four Scenarios', *The Conversation* (November 2018): https://theconversation.com/what-planet-earth-might-look-like-when-the-nextsupercontinent-forms-four-scenarios-107454
8. X . Ma et al., 'An Exceptionally Preserved Arthropod Cardiovascular System from the Early Cambrian', *Nature Communications* 5 (2014); H. Dunning, 'Earliest Heart and Blood Discovered' (2014): https://www.nhm.ac.uk/discover/news/2014/april/earliest-heart-blood-discovered.html

더 읽을 거리

Stephen Baxter, *Revolutions of the Earth: James Hutton and the True Age of the World* (London: Phoenix, 2004).

Marcia Bjornerud, *Timefulness: How Thinking Like a Geologist Can Help Save the World* (Princeton, NJ: Princeton University Press, 2018).

Richard Fortey, *The Hidden Landscape: A Journey into the Geological Past* (London: The Bodley Head, 2010).

Gabriel Gohau, rev. and trans. Albert V. Carozzi and Marguerite Carozzi, *A History of Geology* (New Brunswick, NJ: Rutgers University Press, 1990).

Stephen Jay Gould, *Times Arrow, Times Circle: Myth and Metaphor in the Discovery of Geological Time* (Cambridge, MA: Harvard University Press, 1987).

Jacquetta Hawkes, *A Land* (Boston, MA: Beacon Press, 1991).

Linda VanAller Hernick, *The Gilboa Fossils* (New York: New York State Museum, 2003).

Susan Elizabeth Hough, *Finding Fault in California: An Earthquake Tourist's Guide* (Missoula, MO: Mountain Press, 2004).

Susan Elizabeth Hough, *Predicting the Unpredictable: The Tumultuous Science of Earthquake Prediction* (Princeton, NJ: Princeton University Press, 2010).

Elizabeth Kolbert, *The Sixth Extinction: An Unnatural History* (London: Bloomsbury, 2014).

Paul Lyell, *The Abyss of Time: A Study in Geological Time and Earth's History* (Edinburgh: Dunedin Academic Press, 2016).

Charles Lyle, *Principles of Geology*, abridged edn (London: Penguin Classics, 2005).

Donald B. McIntyre and Alan McKirdy, *James Hutton: The Founder of Modern Geology*

(Edinburgh: National Museums Scotland, 2012).
Michael McKimm, *Fossil Sunshine* (Tonbridge: Worple Press, 2013).
John McPhee, *Annals of the Former World* (New York: Farrar,Straus and Giroux, 2000).
John Mendum, Jon Merritt and Alan McKirdy, *Northwest Highlands: A Landscape Fashioned by Geology* (Perth: Scottish Natural Heritage, 2001).
Darren Naish and Paul M. Barrett, *Dinosaurs: How They Lived and Evolved* (London: Natural History Museum, 2018).
Ted Nield, *Underlands: A Journey Through Britain's Lost Landscape* (London: Granta, 2014).
Naomi Oreskes (ed.), *Plate Tectonics: An Insiders History of the Modern Theory of the Earth* (Boulder, CO: Westview Press, 2001).
www.nwhgeopark.com
Graham Park, *Introducing Geology: A Guide to the World of Rocks* (Edinburgh: Dunedin Academic Press, 2010).
Martin J. Rudwick, *Earth's Deep History: How It Was Discovered and Why It Matters* (Chicago, IL: University of Chicago Press, 2014).
Richard C. Selley, *The Winelands of Britain: Past, Present & Prospective* (Dorking: Petravin Press, 2008).
Peter Toghill, *The Geology of Britain* (Ramsbury: The Crowood Press, 2002).
David L. Ulin, *The Myth of Solid Ground* (London: Penguin Books, 2005).
Gilbert White, *The Natural History of Selborne* (London: Penguin Classics, 1977).
Simon Winchester, *The Map that Changed the World* (London: Penguin Books, 2002).
Jan Zalasiewicz, *The Earth After Us: What Legacy Will Humans Leave in the Rocks?*, (Oxford: Oxford University Press, 2008).
Jan Zalasiewicz, *The Planet in a Pebble* (Oxford: Oxford University Press, 2012).

옮긴이의 말

“1만 년은 아무것도 아니다. 1만 년은 기본적으로 현재나 다름없다.” 이 책은 지질학의 시간 개념을 단적으로 표현하는 어느 지질학자의 말과 함께 시작된다. 흔히 하는 비유로, 지구 역사 46억 년을 1년이라고 할 때, 인류의 모든 문명은 12월 31일 밤 11시 58분부터 마지막 2분 동안 일어난 일이라고 이야기한다. 46억 년이라는 “깊은 시간”에서 인간의 시간은 짧디짧다. 기껏해야 100년을 살아가도록 맞춰진 우리의 감각으로는 46억 년도, 1만 년도 상상이 잘 되지 않는 긴 시간이다. 이 책은 그런 깊은 시간의 풍경을 다양한 측면에서 감상할 수 있게 해준다. 그러면서 암석 사진을 찍을 때 비교를 위해서 암석 망치나 동전을 함께 찍듯이, 그 옆에 항상 인간을 둔다. 인간의 시간과 깊은 시간이 만나는 여러 지점들은 익숙하면서도 생경하다. 우리가 잘 아는 지질학과 고생물학의 창시자들뿐 아니라, 화석과 암석 경매사, 고생물 복원화가, 공룡 박사 아이들, 지질학적 자연 재해를 대비해야 하는 과학자와 공무원들, 여러 여성 과학자들의 이야기들은 지질시대와 우리가 살아가는 시대를 다양한 시각에서 나란히 놓고 생각해볼 수 있게 해준다. 도도한 지질학적 시간의 흐름도 경이롭지만, 소소하고 시시콜콜한 우리의 이야기도 흥미롭다.

이 책은 영국과 세계 곳곳에 남아 있는 깊은 시간의 흔적을 따라가는 여행기라고도 할 수 있다. 그 여정은 가장 젊은 지층인 케임브리지 히스 로드에 파인 구덩이 속 매립지에서 시작해서, 가장 오래된 선캄브리아 시대의 암석으로 이루어진 스코틀랜드 북서 해안의 경관으로 끝을 맺는다. 번역을 하는 내내 구글 지도의 거리뷰를 통해서 저자의 여정을 따라다녔다. 다리품을 팔지 않고도 그 풍경들을 감상하는 재미는 꽤 쏠쏠했다.

유구한 세월을 지나온 지질학적 풍경에 비해서, 그것을 바라보는 우리 인간의 눈은 근시안적이다. 그로 인해 생기는 문제점은 가슴 아프고, 죄책감을 불러일으킨다. 그중 가장 착잡했던 것은 핵폐기물 저장소에 관한 이야기였다. 핀란드에서는 450미터 지하에 있는 기반암에 구멍을 뚫고, 원자력 발전소에서 쓰고 남은 핵연료봉을 보관하기 위한 시설을 건설 중이다. 그들은 이 시설이 최소 10만 년은 갈 것이라고 장담하지만, 인간이 만든 구조물 중에서 가장 오래된 것이 4,800년밖에 되지 않은 피라미드라는 점을 생각하면 그 장담은 조금 불안하다. 핀란드 외에도 프랑스, 미국 등에서도 핵폐기물 보관시설을 만들고 그곳을 후대에 알릴(또는 알리지 않을) 방법을 궁리 중이다. 1만 년, 아니 몇 천 년만 지나도 우리가 남긴 문자를 해독할 수 없게 될지도 모른다는 것, 우리 인류가 모두 사라질 수도 있다는 것은 생각해보면 납득을 할 수는 있지만 왠지 허를 찔린 기분이 들게 만들었다. 나를 중심으로 위로 2대, 아래로 2대 이상은 헤아리기 어렵다는 우리의 감각이 얼마나 무딘지, 그 시간들이 얼마나 헤아릴 수 없이 긴 시간인지를 불현듯 깨닫게 된다. 왠지 과거를 돌이켜보기보다는 미래를 내다보는 이야기에서 깊은 시간을 갑자기 실감했다.

이외에도 이 책에서는 깊은 시간의 여러 일면을 조금씩 다양하게 느껴볼 수 있다. 우리의 일상 속에 스며들어 있는 지질학의 풍경을 보여주는 도시지질학 이야기도 흥미롭다. "런던 길바닥 지질학" 웹사이트는 즐겨찾기를 해두고 지금도 한 번씩 들어가본다. 몇 달 동안 저자의 여정을 따라다니다 보니, 이제는 나도 건물 외벽의 치장석이나 길가의 조경석 하나도 허투루 보이지 않는다. 암석의 이름은 정확히 몰라도, 겸허한 마음으로 그 암석이 지나온 깊은 시간을 음미하기에는 부족함이 없다.

2023년 가을

김정은

찾아보기